普通高等教育"十二五"规划教材

Java程序设计

主　编　刘卫国

副主编　彭　胜　黎　明

参　编　姚昱旻　柳小文　郭　美

肖　敏　李首洪　李　博

欧阳佳　文碧望　石　玉

中国铁道出版社
CHINA RAILWAY PUBLISHING HOUSE

内容简介

本书讲解了 Java 语言的基本知识及程序设计的基本方法，使读者掌握面向对象程序设计的基本概念，从而具有利用 Java 语言进行程序设计的能力，为将来从事软件开发，特别是 Web 应用系统开发打下良好基础。全书共分 10 章，从内容上大致分为三个部分：第一部分为第 1 章～第 3 章，介绍 Java 程序设计的基础知识，包括 Java 语言概述、Java 语言基础以及算法与程序控制结构。第二部分为第 4 章～第 6 章，介绍 Java 面向对象程序设计的基本方法与技术，这是 Java 的核心与特色内容，包括类与对象、封装、继承与多态以及异常处理与输入/输出。第三部分为第 7 章～第 10 章，介绍 Java 的实际应用，包括多线程、网络程序设计、数据库应用以及图形用户界面开发技术。

本书内容讲解详细，程序代码均经过调试，案例实用。

本书适合作为高等院校计算机程序设计课程的教材，也可作为具有一定程序设计基础和经验的读者的参考用书。

图书在版编目（CIP）数据

Java 程序设计 / 刘卫国主编. —北京：中国铁道出版社，2012.4

普通高等教育“十二五”规划教材

ISBN 978-7-113-14002-1

Ⅰ.①J… Ⅱ.①刘… Ⅲ. ②JAVA 语言－程序设计－高等学校－教材 Ⅳ.①TP312

中国版本图书馆 CIP 数据核字（2011）第 001190 号

书　　名：Java 程序设计

作　　者：刘卫国　主编

策　　划：吴宏伟　　**读者热线：**400-668-0820

责任编辑：杜　鹃

编辑助理：何　佳

封面设计：刘　颖

封面制作：白　雪

责任印制：李　佳

出版发行：中国铁道出版社（100054，北京市宣武区右安门西街 8 号）

网　　址：http://www.51eds.com

印　　刷：航远印刷有限公司

版　　次：2012 年 4 月第 1 版　　2012 年 4 月第 1 次印刷

开　　本：787mm×1092mm　1/16　**印张：**19.25　**字数：**460 千

印　　数：1～3 000 册

书　　号：ISBN 978-7-113-14002-1

定　　价：34.00 元

普通高等教育"十二五"规划教材

编审委员会

PREFACE 序

湖南省高等教育学会计算机教育专业委员会与中国铁道出版社长期合作，致力于计算机基础教育系列教材的编写、出版和发行。自 2005 年合作出版《大学计算机基础》、《大学计算机基础实验教程》、《C 语言程序设计》、《C 语言程序设计实验教程》、《Visual Basic 程序设计》、《Visual Basic 程序设计实验教程》、《Visual FoxPro 程序设计》和《Visual FoxPro 程序设计实验教程》四套八本教材以来，无论在教材编写、出版的质量方面，还是在推广发行方面都取得了巨大成功。迄今为止，这一系列教材发行情况较好，学生受益面不仅在湖南省各个高校，而且遍布全国其他地区高校。它不仅凝聚了全体作者的智慧和辛勤的劳动，也包含了为这一系列教材进行编辑、加工、出版和发行的出版社同仁们所作出的不懈努力。

计算机技术水平和应用能力是当代大学生的基本素质之一。随着计算机的普及和广泛应用，特别是计算机网络技术和软件技术的迅速发展，人们的工作和生活方式发生了彻底的变化。人们离不开计算机，计算机的各种软件如雨后春笋一般呈现在人们眼前，这就要求大家不断地学习，不断地使用各种软件，以适应社会的发展和需要。特别是当今的大学生，仅仅学习《大学计算机基础》和《程序设计》两门课程已很难满足现实的需要。因此，各个大学除了开设《大学计算机基础》和《程序设计》两门基础课程以外，还根据各个专业的需要，开设了《计算机网络技术》、《计算机辅助设计技术》、《多媒体技术》等系列选修课程。正是在这样一种背景下，我们组织各高校优秀的教师，编写了这套系列教材，分别是：《Java 程序设计》、《Java 程序设计实践教程》、《SQL Server 数据库应用技术》、《Access 数据库应用技术》、《网络技术及应用》、《网站建设》、《动态网页设计》、《多媒体技术及应用》、《单片机原理与应用》、《计算机组装与维护》和《计算机辅助设计》共十部。

我们真诚地希望这套教材的出版发行，能够促进计算机基础教学水平的提高，能够让全体学生通过使用这套教材，学到真正所需要的知识和技能。我们也真诚地欢迎使用这套教材的老师们，给我们提出宝贵的修改意见，以便在今后的再版中更加完善。

湖南省高等教育学会计算机教育专业委员会 邹北骥

2010 年 11 月 22 日

前　言

FOREWORD

计算机程序设计是一门重要的计算机基础课程。通过本课程的学习，可使学生掌握利用计算机解决问题的基本思路和方法即算法，了解程序设计语言的组成要素和基本特征，具有编写程序和调试程序的基本技能。在程序设计中，算法是灵魂，语言是实现算法的工具。算法要通过语言描述才成为程序。由于不同学校、不同专业对学生程序设计能力的要求不尽相同，所以程序设计课程通常采用不同的教学语言。但程序语言只是一种载体，是一种学习程序设计的工具，无论选用哪种语言，都应掌握程序设计的基础知识与基本技术，学习的重点应落在程序设计的方法与应用开发能力上。

Java语言是目前流行的程序设计语言之一。随着Internet的发展，特别是Web应用开发技术的发展，Java语言越来越受到业界的青睐，越来越多的企业会选择使用Java及其相关技术来构建它们的应用系统。一方面是因为Java语言具有面向对象、平台无关性、可移植性、健壮性和安全性等优良特性，另一方面也因为Java技术对各个层次的分布式应用（包括嵌入式应用、桌面应用与企业级应用）都提供了全面系统的方法与技术。因此，目前Java已不仅仅是一种单纯的程序设计语言，而变成了一种支撑Internet应用的庞大技术体系，是一种开发软件的标准、规范与架构的统称。事实上，语言只是整个Java体系构架中的一部分，学习Java本身也不仅仅在于学习如何使用Java语言的语法，更多的时候是在学习如何应用Java所提供的资源与各种标准，以开发出架构更好、更容易维护的软件。

本书讲解了Java语言的基本知识及程序设计的基本方法，使读者掌握面向对象程序设计的基本概念，从而具有利用Java语言进行程序设计的能力，为将来从事软件开发，特别是Web应用系统开发打下良好基础。

全书共分10章，其内容体系大致分为三个部分：第一部分为第1章～第3章，这一部分从对Java语言的初步认识入手，介绍了Java程序设计的基础知识，包括语言概述、语言基础以及算法与程序流程控制。介绍了Java语言的基本数据类型与运算、程序的三种基本结构及其实现方法。第二部分为第4章～第6章，这一部分介绍面向对象程序设计的概念和基本方法，介绍Java的核心与特色内容，包括类与对象、封装、继承与多态以及异常处理与输入/输出。第三部分为第7章～第10章，这一部分内容是对基础知识的扩充和发展，介绍Java的实际应用，包括多线程、网络程序设计、数据库应用以及图形用户界面开发技术。

本书注重Java基础知识的介绍，结合Java流程控制语句介绍了程序设计的基本知识和一些常用算法，因此本书可以作为第一门程序设计教材供学生使用。同时，本书也强调面向对象程序设计的核心技术和基本应用技术，因此也可供具有一定程序设计基础和经验的读者阅读参考。

为了方便教学和读者上机操作练习，作者还组织编写了《Java程序设计实践教程》一书，作为与本书配套的教学参考书。《Java程序设计实践教程》与本教材相互配套，又是本教材很好的补充，其中一些内容可作为读者课外阅读材料，达到巩固与提高学生程序设计能力的目的。另外，还有与本书配套的教学课件与相关教学资源，供教师教学参考。

本书由刘卫国任主编，彭胜、黎明任副主编，参加编写的有姚昱旻、柳小文、郭美、肖敏、李首洪、李博、欧阳佳、文碧望、石玉，参与程序调试与资料整理的有欧鹏杰、胡勇刚等。邹北骥教授、施荣华教授、彭小宁教授对本书的编写给予了许多指导，在此表示诚挚的感谢。

由于作者学识水平有限，书中疏漏或不足之处在所难免，恳请广大读者批评指正。

作　者

2011 年 10 月

CONTENTS

目录

第 1 章　Java 语言概述

引言

在经历了以大型机为代表的集中计算模式和以 PC 为代表的分散计算模式之后，Internet 的出现使得计算模式进入了网络计算时代。网络计算模式的一个特点是计算机是异构的，即计算机的类型和操作系统是不一样的。网络计算模式的另一个特点是代码可以通过网络在各种计算机上进行迁移，这就迫切需要一种跨平台的程序设计语言，使得用其编写的程序能够在网络中的各种计算机上正常运行，Java 就是在这种需求下应运而生的。

随着 Internet 的发展，特别是 Web 应用开发技术的发展，Java 语言越来越受到业界的青睐，越来越多的企业会选择使用 Java 及其相关技术来构建它们的应用系统。如果进行 Internet 相关的程序开发，Java 语言是最佳选择。本章主要介绍 Java 语言的发展历史和应用、Java 语言的特点和优越性、Java 程序的运行机制以及 Java 语言的开发环境等内容。

学习目标

通过对本章内容的学习，读者应该能够：

- 了解 Java 语言的发展历史和现状。
- 理解 Java 语言的自身特点和 Java 程序的运行机制。
- 掌握 Java 开发工具（JDK）的安装与配置，能使用文本编辑器和 Java 集成开发环境（IDE）编写、运行最基本的 Java 程序。

1.1　Java 语言的发展历史与应用

Java 语言是美国 Sun 公司推出的新一代面向对象程序设计语言，而 Java 本是印度尼西亚的一个小岛——爪哇岛的名字，爪哇岛盛产咖啡，将两者联系在一起有着很有趣的故事。当初 Java 语言还不为世人所熟知，几位项目组的成员在讨论给这个新的语言取什么名字时，他们正在喝一种来自 Java 岛的咖啡，有人灵机一动说就叫 Java 怎样，很快得到了其他人的赞赏，于是 Java 这个名字就这样传开了，寓意着为世人端上一杯热咖啡。现在看来，Java 这杯咖啡已经飘香世界各地。

1.1.1　Java 语言的发展历史

Java 语言来源于 Sun 公司的 Green 项目。早在 1991 年，Sun 公司启动了 Green 项目，该项目最初的目的是为了开发一种分布式系统架构，使其能够在各种智能家电上运行。由于该项目组的成员都具有深厚的 C++开发背景，所以一开始准备使用 C++语言来完成这个项目，但很快便意识到 C++过于复杂和庞大且安全性差，并不适用于这个项目，因此有必要为这个项目专门研发一种新的程序设计语言，于是对一门新语言的研究就这样展开了。最后，项目组成员基于 C++开发了一种新的语言 Oak（橡树），这就是 Java 语言的前身。

Oak 语言是一种用于网络的精巧而安全的语言。该语言采用了许多 C++语言的语法，提高了安全性,并且是面向对象的语言,但是 Oak 语言在商业上并未获得成功。直至 1994 年,针对 Internet 的迅猛发展和 WWW 应用的快速增长，Sun 公司发现 Oak 语言所具有的跨平台、面向对象、安全性高等特点非常符合 Internet 的需要，于是改进了该语言的设计，实现了如下几个目标：

（1）创建一种面向对象的程序设计语言，而不是面向过程的语言。

（2）提供一个解释执行的程序运行环境，使程序代码独立于计算机系统平台。

（3）吸收 C 和 C++的优点，使程序员更容易掌握。

（4）剔除 C 和 C++中影响程序健壮性的部分，使程序更安全，例如指针、内存申请和释放等。

（5）实现多线程，使得程序能够同时执行多个任务。

（6）提供动态下载程序代码的机制。

（7）提供代码校验机制以保证安全性。

最终，更为完善的 Oak 版本被重新起了一个更响亮的名字——Java。1995 年春，Sun 公司发表了 Java 的完整技术规范，立即得到包括 Netscape 公司在内的各 WWW 厂商的广泛支持。不久，许多著名的大公司，如 IBM、Novell、Oracle、SGI 和 Borland 公司等都相继购买了 Java 的使用权，Java 得到了广泛的支持。Bill Gates 在反复仔细研究了 Java 的技术规范之后，认为“Java 确实是最卓越的程序设计语言”，继而 Microsoft 公司购买了 Java 的使用权并很快推出了集成化的 Java 开发环境——Visual J++，至此 Java 在软件界的地位不可动摇。

1995 年 Java 公开亮相后，经过一年的试用和改进，Java 1.0 版终于在 1996 年年初正式发表。这个版本包括两部分：Java 运行环境（Java Runtime Environment，JRE）和 Java 开发工具（Java Development Kit，JDK）。在 Java 运行环境中包括了核心 API（Application Program Interface）、集成 API、用户界面 API、发布技术、Java 虚拟机（Java Virtual Machine，JVM）5 部分，而 Java 开发工具还包括了编译 Java 程序的编译器（即 javac）。在 JDK 1.0 时代，JDK 除了 AWT（一种用于开发图形用户界面的 API）外，其他的库并不完整。

1997 年 2 月发布了 JDK 1.1，1998 年 12 月发布了 JDK 1.2 版本，1999 年 6 月 Sun 公司发布 Java 的 3 个版本：标准版（Java 2 Standard Edition，J2SE）、企业版（Java 2 Enterprise Edition，J2EE）和微型版（Java 2 Micro Edition，J2ME），表明了 Java 开始向桌面应用、企业应用和移动设备应用三大领域渗透。

2000 年 5 月，JDK 1.3 和 JDK 1.4 先后发布。2001 年 9 月，J2EE 1.3 发布。2002 年 2 月，J2SE 1.4 发布，自此 Java 的计算能力有了大幅提升。2004 年 9 月，J2SE 1.5 发布，该版本扩充了大量的 API 类库并且引进了诸多新的特性，它的发布是 Java 语言发展史上的又一里程碑事件。为了表示这个版本的重要性，J2SE 1.5 更名为 J2SE 5.0。

2005 年 6 月，Sun 公司公布 Java SE 6，该版本主要的改进是性能的提升，并且强化了对各种脚本语言的支持。此时，Java 的各种版本已经更名，已取消其中的数字“2”，J2SE 更名为 Java SE，J2EE 更名为 Java EE，J2ME 更名为 Java ME。

2006 年 11 月，Sun 公司宣布 Java 全线采纳 GNU General Public License Version 2，从而开始有步骤地公开 Java 的源代码。2007 年 12 月，Sun 公司正式发布 Java 开源集成开发环境（Integrated Development Environment，IDE）——NetBeans 6.0。

2008 年 9 月，第一届 JVM 语言峰会的召开标志着 Java 从一个以语言为中心的技术正在转变成为一个以平台为中心的技术，基于 JVM 的动态语言达 240 多种，这其中以 Jython、Ruby 的发展最为迅猛。

2009 年 4 月，Oracle 公司以 74 亿美元收购了 Java 的缔造者——Sun 公司。Oracle 公司负责产品开发的执行副总裁 Thomas Kurian 称 Java 为王冠上的一颗明珠，他示意将会增强和扩展 Java 编程模型，支撑各种新兴的应用开发模式。

1.1.2 Java 语言的应用

任何一种程序设计语言的诞生都有两个不可缺少的条件，一是行业的需要，二是语言本身的优势。Java 是一种基于 Internet 的网络程序设计语言，具有十分广阔的市场前景，它改变了传统的计算机应用方式，在安全性能和与硬件平台无关性等方面具有极大的优势。面向对象的编程环境、对多媒体信息的全面支持、多线程技术的使用都促进了 Java 语言的普及，目前它在各个重要的行业部门得到了广泛的应用，而且出现在各种各样的设备、计算机和网络中。从笔记本式计算机到数据中心，从游戏控制台到科学计算超级计算机，从手机到 Internet，Java 无处不在。

从权威的 Tiobe 全球程序设计语言使用和关注度排行来看，在最近 10 年的绝大部分时间里 Java 以较大优势位居所有程序设计语言的首位。2010 年 10 月份排行榜榜单中，Java、C、C++依然是前三甲（见 http://www.tiobe.com/index.php/content/paperinfo/tpci/index.html）。

Java 语言有着广泛的应用前景，大体上可以分成以下几个方面：

（1）所有面向对象的应用程序开发，包括面向对象的事件描述、处理和综合等。

（2）计算过程可视化以及可操作化软件的开发。

（3）动态画面的设计，包括图形图像的调用。

（4）交互操作的设计，包括选择交互、定向交互、控制流程等。

（5）Internet 的系统管理功能模块的设计，包括 Web 页面的动态设计、管理和交互操作设计等。

（6）Intranet（企业内部网）上的软件开发（直接面向企业内部用户的软件）。

（7）与各类数据库连接查询的 SQL 语句实现。

（8）网络通信与移动通信以及网络集成。

1.2 Java 语言的特点

Java 语言自产生以来，Sun 公司致力于将 Java 设计成为一种简单的、面向对象的、分布式的、解释执行的、健壮的、安全的、平台无关的、可移植的、高性能的、多线程的和动态的语言，正是这些特点，使得 Java 成为目前使用最为广泛的网络程序设计语言。

1. 简单

这里的简单当然不是功能上的简单，而是指 Java 语言在学习、使用和维护上比较方便。Java 的简单性是与 C/C++比较得出的结论，Java 是在 C/C++的基础上开发的，它继承了 C/C++的许多特性，但同时也舍弃了 C/C++中烦琐的、难以理解的或存在安全隐患的功能，比如指针、运算符重载和多重继承等，并对经常使用的操作进行了简化，比如字符串的操作和网络编程等。由于 Java 在设计时参考了许多 C/C++的语法和特性，使得无论是对程序语言的初学者还是对有一定基础的 C/C++程序员来说，Java 都是易学、易用和易维护的。

2．面向对象

现实世界是由各种各样的实体（事物、对象）所组成的，每种对象都有自己的内部状态和运动规律，不同对象间的相互联系和相互作用就构成了各种不同的系统，并进而构成整个客观世界。人们为了更好地认识客观世界，把具有相似内部状态和运动规律的实体（事物、对象）综合在一起，称为类。类是具有相似内部状态和运动规律的实体的抽象，进而人们抽象地认为客观世界是由不同类的事物间相互联系和相互作用所构成的一个整体。计算机软件的目的就是为了模拟现实世界，使各种不同的现实世界系统在计算机中得以实现，进而为人们工作、学习、生活提供帮助。

面向对象（Object-Oriented，OO）其实是现实世界模型的自然延伸，它是按人们认识客观世界的系统思维方式，采用基于对象（实体）的概念建立模型、模拟客观世界分析、设计和实现软件的办法。通过面向对象的理念使计算机软件系统能与现实世界中的系统一一对应。现实世界中的对象均有属性和行为，反映到计算机程序上，属性则表示对象的数据，行为表示对象的方法（其作用是处理数据或同外界交互）。如果说传统的面向过程程序设计语言是以过程为中心、以算法为驱动的话，面向对象程序设计语言则是以对象为中心、以消息为驱动。用公式表示，面向过程程序设计语言为：程序=算法+数据；面向对象程序设计语言为：程序=对象+消息。

关于面向对象程序设计有以下基本概念：

（1）对象（Object）。对象是指现实世界中各种各样的实体，它可以指具体的事物，也可以指抽象的事物。例如，学生李木子、苹果、飞机、音乐会、窗体等。每个对象皆有自己的内部状态和运动规律，如学生李木子具有学号、姓名、性别、出生年月、籍贯等内部状态，具有吃饭、上课、打球、借书、演讲等运动规律。在面向对象概念中，把对象的内部状态称为属性，运动规律称为方法。

（2）类（Class）。类是具有相同属性和方法的对象的集合。例如，学生是一个类，而张三、李四、王五等一个个具体的学生，是人这个类的一个个对象。

（3）消息（Message）。消息是指对象间相互联系和相互作用的方式。一个消息主要由 5 部分组成：发送消息的对象、接收消息的对象、消息传递办法、消息内容（参数）和反馈。

（4）类的特性。类的定义决定了类具有以下 3 个基本特性：封装、继承和多态。

- 封装：面向对象的类是封装良好的模块，类定义将其说明（用户可见的外部接口）与实现（用户不可见的内部实现）显式地分开，其内部实现按其具体定义的作用域提供保护。类是封装的最基本单位。封装防止了程序相互依赖而带来的变动影响。在类中定义的接收对方消息的方法称为类的接口。
- 继承：继承是类不同抽象级别之间的关系。父类是子类更高级别的抽象。子类可以继承父类的所有内部状态和运动规律。在计算机软件开发中采用继承性，提供了类的规范的等级结构；通过类的继承关系，使公共的特性能够共享，提高了软件的重用性。
- 多态：多态性是指同种方法可在不同的类中具有不同的运动规律。不同的子类可以演绎出不同的运动规律。例如，动物都会奔跑，而羊和狼奔跑的速度和动作都不一样。

Java 语言是面向对象的程序设计语言，其中的绝大语法元素都是对象。另外，Java 与 C++相比取消了复杂的多重继承，取而代之的接口概念使得 Java 更加容易使用。

3．分布式

分布式包括数据分布和操作分布。数据分布是指数据可以分散在网络的不同主机上，操作分布是指把一个计算分散在不同主机上处理。Java支持WWW客户机/服务器（Client/Server）计算模式，因此，它支持这两种分布性。对于前者，Java提供了一个称做URL的对象，利用这个对象，可以打开并访问具有相同URL地址的对象，访问方式与访问本地文件系统相同。对于后者，Java的Applet小程序可以从服务器下载到客户端，即部分计算在客户端进行，提高了系统执行效率。Java提供了一整套网络类库，开发人员可以利用类库进行网络程序设计，方便地实现Java的分布式特性。

4．解释执行

Java是解释执行的语言。高级语言程序必须转换为机器语言程序才能执行，但不同的计算机系统所使用的机器语言不同。Java为了实现"编写一次，随处运行"（Write Once，Run Anywhere）的目标，Java的源程序在编译时，并不直接编译成特定的机器语言程序，而是编译成与机器结构无关的字节码（Byte Code），然后，这种字节码在任何Java的运行环境中由Java虚拟机（JVM）解释执行。

JVM能直接在任何机器上执行，为字节码提供运行环境。当JVM解释执行Java程序时，Java实时编译器（Just In Time，JIT）会将字节码译成目标平台对应的机器语言的指令代码。

5．健壮性

Java在编译和运行程序时，都要对可能出现的问题进行检查，以消除错误的产生。它提供自动垃圾回收机制（Garbage Collection）来进行内存管理，防止程序员在管理内存时容易产生的错误。通过集成的面向对象的异常（Exception）处理机制，在编译时，Java提示出可能出现但未被处理的异常，帮助程序员正确地进行选择以防止系统崩溃。另外，在编译时Java还可捕获类型声明中许多常见的错误，防止动态运行时异常或错误不匹配问题的出现，保证程序更加可靠。

6．安全性

由于Java主要用于网络应用程序开发，因此对安全性有较高的要求。如果没有安全保证，用户从网络下载程序执行就非常危险。Java通过自己的安全机制防止了病毒程序的产生和下载程序对本地系统的威胁破坏。Java的安全性可从两个方面得到保证：一方面，Java不支持指针和内存释放等C++所具有的功能，一切对内存的访问都必须通过对象的实例变量来实现，这样就避免了非法内存操作和指针操作时容易产生的错误。另一方面，类装载时可将本机类和网络资源类的名称分开，这样，调入类时总要经过检查，可以防止程序员使用"特洛伊"木马等欺骗手段访问对象的私有成员，从而保证了安全性。

7．平台无关性

所有软件都有其运行的特定环境，即所谓的平台。平台无关有两种：源代码级和目标代码级。C/C++具有一定程度的源代码级平台无关，表明用C/C++写的应用程序不用修改，只需重新编译即可在不同平台上运行，而Java的平台无关性是指用Java写的应用程序不用修改就可在不同的软硬件平台上运行，这主要靠Java虚拟机（JVM）在目标代码级实现平台无关性。JVM是一种抽象机器，它附着在具体操作系统之上，本身具有一套虚拟机器指令，并有自己的栈、寄存器组等。JVM是Java平台无关的基础，也是Java程序可移植性的保证，在JVM上，有一个Java解释器用来解释Java编译器编译后的程序。Java编程人员在编写完软件后，通过Java编译器将Java源程序编译为 JVM 的字节代码。对于任何机器而言，只要配备了 Java 解释器，就可以运行这个程序，而不管这种字节码是在何种平台上生成的。另外，Java 采用的是基于 IEEE 标准的数据类型。通过 JVM 保证数据类型的一致性，也确保了 Java 的平台无关性，确定了其独一无二的可移植性，这也是设计 Java 语言的初衷和最显著的特点。

8. 可移植性

与平台无关的特性使 Java 程序可以方便地被移植到网络上的不同计算机。同时，Java 的类库中也实现了对不同平台的接口，使这些类库可以移植。另外，Java 编译器是由 Java 语言实现的，Java 运行环境由标准 C 语言实现，这使得 Java 系统本身也具有可移植性。

9. 高性能

早先的许多尝试解决跨平台的方案对性能要求都很高。其他解释执行的语言系统，如 BASIC、TCL、PERL 等都有无法克服的性能缺陷。然而，Java 字节码是经过精心设计的，能够直接使用 JIT 编译技术将字节码转换成高性能的本机代码。解释执行与实时编译技术的完美结合，既保证了 Java 的与平台无关性和可移植性，又提供了高效的运算性能。

10. 多线程

线程（Thread）是操作系统的一个概念，它是比进程（Process）更小的可并发执行的单位。C/C++采用单线程体系结构，而 Java 却提供了多线程支持。通过使用多线程，程序设计者可以分别用不同的线程完成特定的行为，而不需要采用全局的事件循环机制，这样就很容易地实现网络上的实时交互行为。

Java 在两方面支持多线程。一方面，Java 环境本身就是多线程的。若干个系统线程运行负责必要的无用单元回收、系统维护等系统级操作；另一方面，Java 语言内置多线程控制，可以简化多线程应用程序的开发。Java 提供了一个类 Thread，由它负责启动、运行、终止线程，并可检查线程状态。利用 Java 的多线程编程接口，开发人员可以方便地写出支持多线程的应用程序，提高程序执行效率。

必须注意的是，Java 的多线程支持在一定程度上受运行时支持平台的限制。例如，如果操作系统本身不支持多线程，Java 的多线程特性可能就表现不出来。

11. 动态特性

Java 的动态特性是其面向对象设计方法的发展，它允许程序动态地装入运行过程中所需要的类，这是 C++语言进行面向对象程序设计所无法实现的。在 C++程序设计过程中，每当在类中增加一个实例变量或一种成员函数后，引用该类的所有子类都必须重新编译，否则将导致程序崩溃。Java 采取如下措施来解决这个问题：

（1）Java 编译器不是将对实例变量和成员函数的引用编译为数值，而是将符号引用信息在字节码中保存后传递给解释器，再由解释器在完成动态链接类后，将符号引用信息转换为数值偏移量。在存储器生成的对象不在编译过程中决定，而是延迟到运行时由解释器确定。这样，对类中变量和方法进行更新时就不至于影响现存的代码。解释执行字节码时，这种符号信息的查找和转换过程仅在一个新的名字出现时才进行一次，随后代码便可以全速执行。

（2）在运行时确定引用的好处是可以使用已被更新的类，而不必担心会影响原有的代码。如果程序连接了网络中另一系统中的某一类，该类的所有者也可以自由地对该类进行更新，而不会使任何引用该类的程序崩溃。

（3）Java 还简化了使用一个升级的或全新的协议的方法。如果系统运行 Java 程序时遇到了不知怎样处理的程序，Java 能自动下载所需要的功能程序。

Java 是一种比 C/C++更具动态特性的语言。它在设计上强调为运行中的运算环境提供支持。Java 在运行时为模块与模块之间建立连接，并能够更直接地运用面向对象设计体系。程序库可以自由地增加新方法和实例变量，而不会对它们的客户产生任何影响。

1.3　Java 程序的运行机制

学习 Java 语言，有必要了解 Java 的运行机制，这将更有助于理解 Java 语言的特点。对于运行在 Internet 上的网络应用程序，需要有良好的可移植性。因为 Internet 是由各种各样不同类型的终端、服务器和 PC 等硬件设备组成，而且在这些设备上运行的软件系统也是多种多样，所以 Internet 上的网络应用程序应该具有在各种不同的软、硬件平台上均可正常工作的能力。Java 的运行机制使得它具有了这样的能力。

1.3.1　Java 程序的分类

Java 程序分为两类：Java 应用程序（Java Application）和 Java 小程序（Java Applet）。它们是利用 Java 语言生成的可运行代码中最常用的两种，两者都必须在 Java 虚拟机上运行。

Java 应用程序是可以在操作系统下独立运行的程序，只要有支持 Java 的虚拟机，它就可以独立运行而不需要其他文件的支持。Java 应用程序同平常用 C、C++等语言编写的控制台（Console）应用程序类似。Java 语言的特色在于它具有编写小应用程序的功能。虽然 Java 小程序的源代码编辑与字节码的编译生成过程与 Java 应用过程相同，但它不能单独运行，它的字节码文件必须嵌入到另一 HTML 文件中，并在支持 Java 虚拟机的浏览器上运行。

Java 应用程序一般是直接在本地机上运行，而 Java 小程序一般存放在 WWW 服务器上，它是根据本地机（客户端）的请求被下载到本地机后，才调用内置在浏览器中的 Java 解释器来解释执行。

1.3.2　Java 程序的运行过程

Java 程序的运行必须经过编辑、编译和运行 3 个步骤。编辑是指在 Java 开发环境中进行程序代码的输入、修改，最后存盘生成扩展名为.java 的 Java 源程序文件。编译是指使用 Java 编译器对源程序文件进行错误排查的过程，编译后将生成扩展名为.class 的字节码文件，并不像 C/C++语言那样最终生成可执行文件。运行是指使用 Java 解释器将字节码文件翻译成机器代码并运行。对于 Java 应用程序，在操作系统下直接启动 Java 解释器，由它解释执行程序。对于 Java 小程序，Java 解释器包含在一个 WWW 客户端浏览器内部，程序只能通过浏览器解释执行。这一过程如图 1-1 所示。

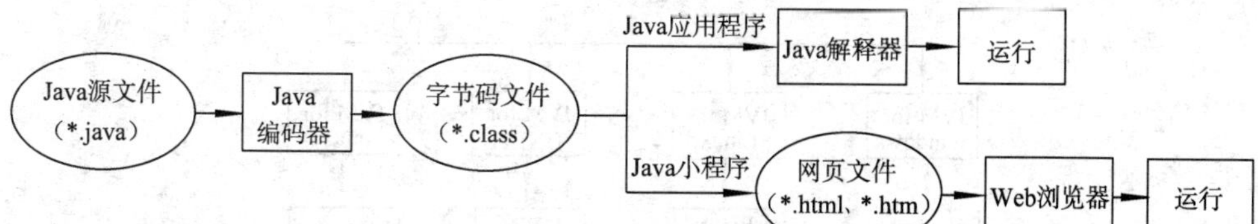

图 1-1　Java 程序的运行过程

Java 源程序是一种文本文件，可以使用任何文本编辑器编写，只是要注意存盘时源程序文件的扩展名必须是.java。建议把所有源程序文件都保存在一个指定的文件夹下，便于调试和运行。Windows 平台下有两种常用的编辑器：一是 Windows 自带的记事本，一是文本编辑工具 UltraEdit 和 EditPlus。使用 Windows 记事本编辑 Java 源程序文件，存储时应选择文件类型为“所有文件”，然后输入带有.java 扩展名的文件名；或者直接以带英文双引号“××.java”的形式输入文件名。UltraEdit 和 EditPlus 是两个非常易用且功能强大的文本编辑工具。编辑时，它们自动地把关键字、常量、变量等不同元素用不同的颜色区分开，从而有助于减少语法错误。

在 Java 源程序编译过程中，如果编译器没有返回任何错误信息，则表示编译成功，并在同一文件夹下生成字节码文件。如果编译出错，则需查找错误原因，进一步修改源程序，并重新编译。字节码文件是一种和任何具体机器环境及操作系统环境无关的中间代码，它是一种二进制文件，是 Java 源程序文件由 Java 编译器编译后生成的目标代码文件。系统开发人员和计算机都无法直接读懂字节码文件，它必须由专用的 Java 解释器来解释执行，因此 Java 是一种在编译基础上进行解释运行的语言。

高级语言的解释器（或称为解释程序）对程序边解释边执行，执行效率较低。因此，运行 Java 程序比可以直接在操作系统下运行的 C/C++等编译型语言程序速度要慢。这是 Java 语言的一个不足。

1.3.3 Java 虚拟机

Java 解释器负责将字节码文件翻译成具体硬件环境和操作系统平台下的机器代码，以便执行。因此，Java 程序不能直接运行在现有的操作系统平台上，它必须运行在被称为 Java 虚拟机（JVM）的软件平台之上。

Java 虚拟机是运行 Java 程序的软件环境，Java 解释器就是 Java 虚拟机的一部分。在运行 Java 程序时，首先会启动 JVM，然后由它来负责解释执行 Java 的字节码，并且 Java 字节码只能运行于 JVM 之上。这样，利用 JVM 就可以把 Java 字节码程序和具体的硬件平台以及操作系统环境分隔开，只要在不同的计算机上安装了针对于特定具体平台的 JVM，Java 程序就可以运行，而不用考虑当前具体的硬件平台及操作系统环境，也不用考虑字节码文件是在何种平台上生成的。JVM 把这种不同软硬件平台的具体差别隐藏起来，从而实现了真正的二进制代码级的跨平台移植。JVM 是 Java 平台无关性的基础，Java 的跨平台特性正是通过在 JVM 中运行 Java 程序实现的。Java 的这种运行机制可以通过图 1-2 说明。

Java 语言这种“一次编写，随处运行”的方式，有效地解决了目前大多数高级程序设计语言需要针对不同系统来编译产生不同机器代码的问题，即硬件环境和操作平台的异构问题，大大降低了程序开发、维护和管理的开销。

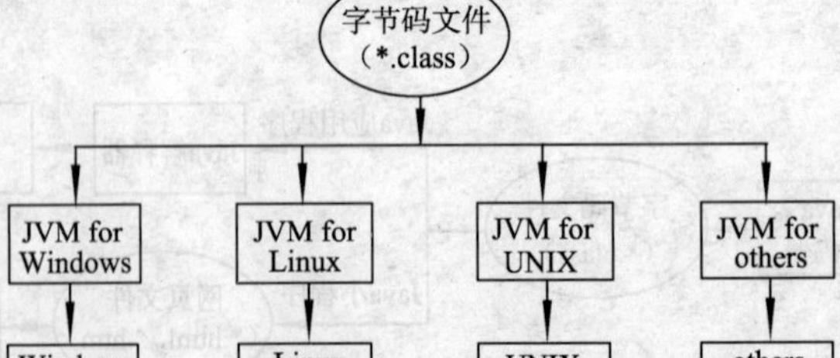

图 1-2 JVM 工作方式

需要注意的是，Java 程序通过 JVM 可以实现跨平台的特性，但 JVM 不是跨平台的。也就是说，不同操作系统之上的 JVM 是不同的，Windows 平台之上的 JVM 不能用在 Linux 平台上，反之亦然。

1.4 Java 程序的运行环境

Java 源程序的编辑和运行环境有多种，最常用的是 Java 开发工具（JDK），它运行在 Windows 中的 MS-DOS 窗口状态，用户需要在命令提示符下输入命令。除此方法外，还可以在 NetBeans 等集成开发环境（IDE）输入源程序并运行。对于初学者，为了更好地掌握 Java 编程的风格和过程，成为熟练的 Java 程序员，建议采用 JDK。

1.4.1 Java 平台的版本选择

随着 Java 技术的不断进步，Java 已不仅仅是一种程序设计语言，而变成了一种开发软件的平台，一种开发软件的标准、规范与架构的统称。事实上，语言只是整个 Java 体系构架中的一部分，学习 Java 本身也不仅仅在于学习如何使用 Java 语言的语法，更多的时候是在学习如何应用 Java 所提供的资源与各种标准，以开发出架构更好、更容易维护的软件。

1．Java SE

Java SE 是 Java 各应用平台的基础，可分为 4 个主要的部分，即 Java 虚拟机（JVM）、Java 运行环境（JRE）、Java 开发工具（JDK）及其 API、Java 语言等。

JVM 向 Java 程序提供运行环境，它包括在 JRE 中，所以要运行 Java 程序，必须先取得 JRE 并安装。JDK 除包含 JRE 的所有内容外，还提供了 Java 程序的开发工具，如 javac、java、appletviewer 等。因此，开发 Java 程序，必须先安装 JDK。Java 语言只是 Java SE 的一部分，除此之外，Java 还提供了庞大且功能强大的 API 类库，如字符串处理、数据输入/输出、网络组件、用户接口等功能。可以使用这些 API 作为基础来进行程序开发，而无须重复开发功能相同的组件。事实上，在 Java 的学习过程中，更多的是要学习如何使用 API 构造自己的程序。

本书作为 Java 的入门教材主要介绍 Java SE 6 的基础知识。

2．Java EE

Java EE 以 Java SE 为基础，面向分布式、多层式、组件式和 Web 化应用程序的开发，定义了一系列的服务、API 和协议。整个 Java EE 的体系是相当庞大的，常用的技术有：JSP、Servlet、Enterprise JavaBeans（EJB）、Java Remote Method Invocation（RMI）等，建议读者先奠定 Java SE 基础后，再深入学习。

3．Java ME

Java ME 是面向小型数字设备（如手机、PDA、股票机等）开发及部署的应用程序平台。目前，已有越来越多的手持设备支持 Java ME 所开发出来的程序，如 Java 游戏、股票相关程序、记事程序等。

1.4.2 Java 开发工具——JDK

JDK 是 Sun 公司开发并维护更新的 Java 开发工具包，它包括了 Java 运行环境、Java 工具和 Java 基础的类库，安装和设置 JDK 是学好 Java 的第一步。

1. 下载和安装 JDK

访问 http://www.oracle.com/technetwork/java/javase/downloads 可以下载 JDK 6 或更高版本，建议同时下载 Java SE 6 Documentation，这是 Java SE 6 的帮助文档，方便今后学习中随时查找。

下载完成后，即可进行 JDK 的安装。假设下载的是 jdk-6u22-windows-i586.exe 文件，则双击该文件运行 JDK 安装程序，依照屏幕的提示逐步完成安装。其中要选择安装的功能组件和选择合适的安装路径。如图 1-3 所示，确定的安装路径为 D:\Java\jdk1.6.0_22\。

在 JDK 安装完后，安装路径下将会有图 1-4 所示的文件夹结构。

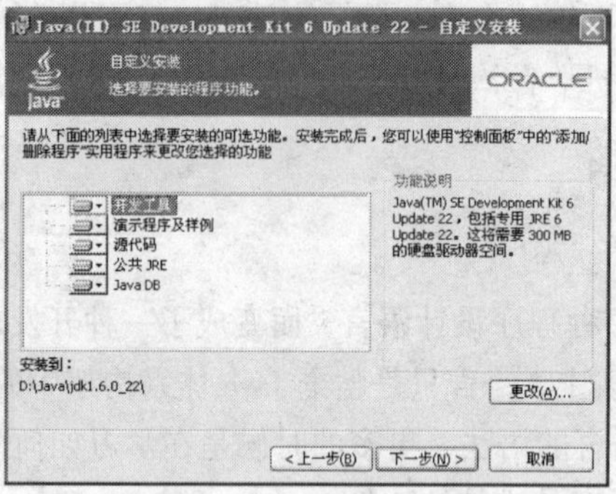

图 1-3　JDK 的安装

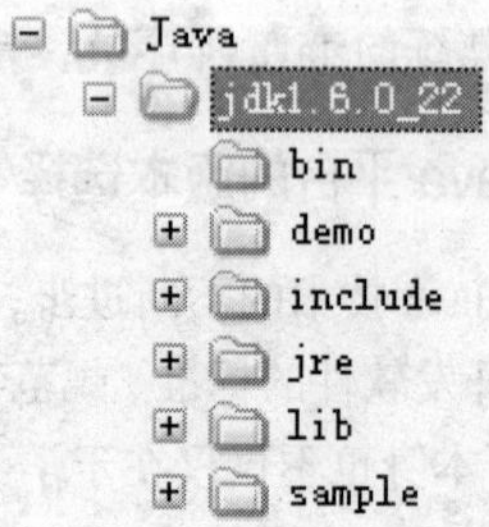

图 1-4　JDK 的文件夹结构

各文件夹的内容如下：

（1）bin 文件夹中包含 JDK 的工具程序，包括 javac、java、appletviewer、javadoc、jdb 等程序。javac（Java 编译器）将 Java 源程序文件转换成字节码文件，java（Java 解释器）执行 Java 字节码文件，appletviewer（小程序浏览器）执行 HTML 文件中的 Java 小程序，javadoc（Java 文档生成器）根据 Java 源程序中的文档注释生成 HTML 文档，jdb（Java 调试器）可以逐行执行程序、设置断点和检查变量。这些工具是程序编译、运行和调试都需用到的，使用之前必须进行配置。

（2）demo 文件夹中包含一些使用 Java 演示程序，用于展示如何编写 Java 程序。

（3）include 文件夹中包含 C 语言的头文件，支持 Java 本地接口和 Java 虚拟机调试程序接口的本地代码编程。

（4）jre 文件夹中是 JDK 自带的 JRE 资源包。Java 程序必须要有 JRE 才能运行，为了调试程序的方便，JDK 自带了一个 JRE，它比公用 JRE 多了一个 Server 端的 Java 虚拟机。

（5）lib 文件夹中包含 Java 开发工具所需的类库及其他资源文件，包括 tools.jar、dt.jar 等。

（6）sample 文件夹中包含一些 Java 示例程序。

安装文件夹下还有一些文件，其中 src.zip 是 JDK 提供的 API 函数源代码的压缩文件，如需查看 API 某些功能的实现方法，可以查看这个文件中的源代码内容。其他则是一些自述文件、版权文件等。

2. Windows XP 系统下配置和测试 JDK

JDK 安装完成后，可以直接使用，但为了使用方便，一般需要进行简单的配置。Windows XP 系统下 JDK 的配置就是解决 Path 和 Classpath 两个环境变量的设置问题。

环境变量可以理解为给系统或用户应用程序设置的一些参数。比如，Path 变量是告诉系统，当要求系统运行一个程序而不知道程序所在的完整路径时，系统除了在当前文件夹下面寻找此程序外，还应到哪些文件夹下去寻找；Classpath 变量可告诉 Java 的运行环境在哪里能找到所需的.class 文件。

对环境变量进行设置时，首先在“我的电脑”图标上右击，在弹出的快捷菜单中选择“属性”命令，然后在打开的“系统属性”对话框中选择“高级”选项卡，单击“环境变量”按钮，打开“环境变量”对话框。注意，在这里可以添加和修改两种环境变量，针对单个用户的“用户变量”和针对所有用户的“系统变量”，接下来所有配置操作都在该对话框中的“系统变量”区域进行，如图 1-5 所示。

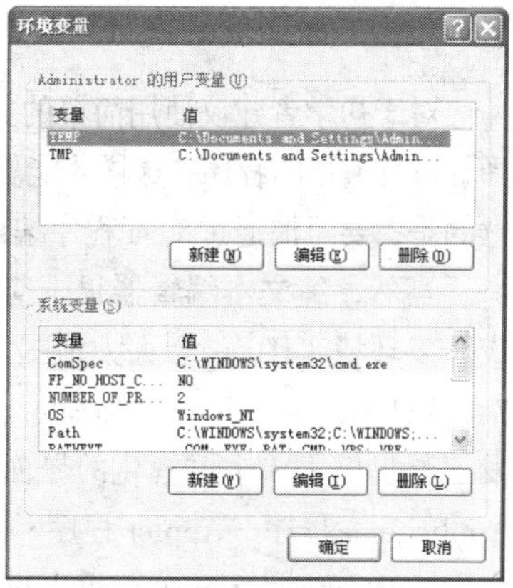

图 1-5　Windows XP 环境变量设置

为了以后方便修改，在配置 Path 和 Classpath 之前先自建一个新的环境变量 Java_home，用于指向 JDK 的安装路径，如 D:\Java\jdk1.6.0_22，这样当使用新的 JDK 版本时只要将该变量的值修改为新版本的安装文件夹即可。在“环境变量”对话框中单击“系统变量”区域下面的“新建”按钮，弹出“新建系统变量”对话框，在其中完成相应设置，如图 1-6 所示。

Windows 自带有 Path 变量，只需修改一下，加入 JDK 的 bin 文件夹。设置方法是选中“系统变量”中的 Path 选项并单击“编辑”按钮，或直接双击 Path 变量名，弹出“编辑系统变量”对话框，在其中已有的变量值中加上“%Java_home%\bin”路径，路径间用分号“;”分隔，如图 1-7 所示。

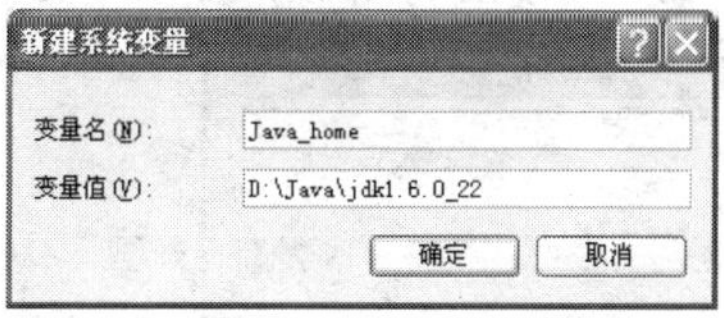

图 1-6　新增 Java_home 环境变量

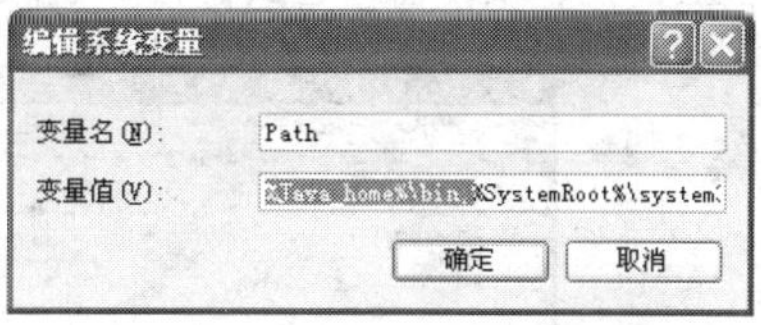

图 1-7　修改 Path 环境变量

要新建 Classpath 变量，并添加类文件所在的文件夹，可以单击“系统变量”区域下面的“新建”按钮，弹出“新建系统变量”对话框，在其中的“变量名”文本框中输入 Classpath 变量，在“变量值”文本框中输入“.;%Java_home%\lib”，如图 1-8 所示。

注意，Classpath 变量的值一般设置为英文句号“.”，表示当前文件夹。如果需要加上其他路径，则不同值之间加用分号“;”分隔。

环境变量设置完成后，在“环境变量”对话框中单击“确定”按钮，JDK 配置结束。

在 JDK 程序安装和配置完成后，可以通过如下步骤测试是否成功。单击“开始”按钮并选择“运行”命令，在打开的“运行”窗口输入 CMD 命令，或单击“开始”按钮并依次选择“所有程序”→“附件”→“命令提示符”命令，进入 DOS 环境，此时在命令提示符后面直接输入 javac 后按【Enter】键，系统会输出 javac 的帮助信息，如图 1-9 所示，这就说明 JDK 已经成功安装和配置，否则需要仔细检查上述步骤是否正确。

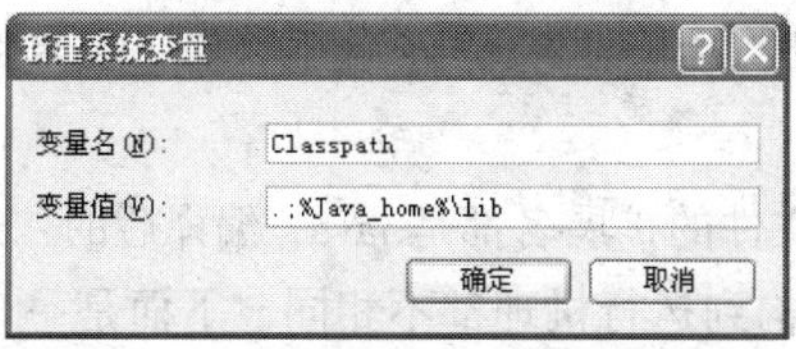

图 1-8　新建 Classpath 环境变量

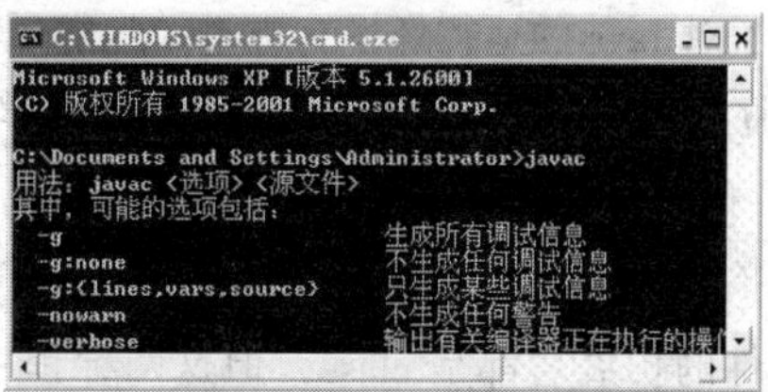

图 1-9　配置完成后测试 javac 命令

1.4.3 Java 集成开发环境——NetBeans

对于初学者建议使用简单的文本编辑器（如记事本）来编写 Java 程序，并且在命令行模式下来编译、执行编写的程序，这样才能更好地了解关于环境变量的设置和字符工具的使用。同时需要特别注意的是，要习惯通过 Java 程序编译和运行过程中的错误提示，了解程序出现的问题并加以改正。

当然，纯文本编辑器很少应用在实际的开发领域，因此当学习到一定程度以后，正确使用集成开发环境（IDE）会大大地提高 Java 应用系统的开发效率。目前，业界使用较多的 Java IDE 包括：Eclipse、Jbuilder、JCreator、Visual Age for Java、IntelliJ、Visual J++和 NetBeans 等。这些开发工具提供了一个可视化的界面,包含了 Java 集成开发环境中的所有内容,可以方便地开发纯 Java Application 程序、Applet 程序、JavaBeans 程序以及兼容 Java EE 的分布式企业应用。

NetBeans 是 Sun 公司重点推广的开源集成开发环境，它本身使用 Java 语言编写，具有很好的跨平台性，可以工作在 Windows、Linux 和 Mac OS 等各种操作平台，其强大的功能，可以帮助开发人员编写、编译、调试和部署 Java 程序。

可以从 http://netbeans.org/downloads/index.html 下载最新的 NetBeans 安装软件包，然后双击它，启动安装程序，接下来依照屏幕的提示逐步完成安装过程。初学者可以默认下载安装仅支持 Java SE 的精简版本。安装完成后，就可以启动 NetBeans。图 1-10 所示为 NetBeans 的运行界面，其中包含的界面元素有菜单栏、工具栏、项目窗口、文件窗口、服务窗口、任务窗口、源代码编辑窗口、输出窗口等。

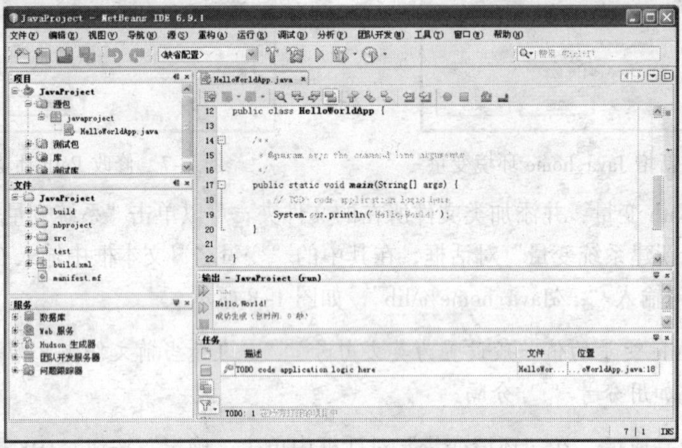

图 1-10　NetBeans 的运行界面

注意：安装 NetBeans 之前，首先需要安装 JDK，这是运行 Java 程序必不可少的，因为 Java 的编译和执行要使用到 JVM。

1.4.4 简单的 Java 程序

为了对 Java 的运行环境有更进一步的了解，下面将在命令行方式及集成开发环境下，分别介绍 Java 程序的编写、编译和运行过程，以此来学习 Java 应用程序的开发流程，并了解程序的基本结构。

1. 使用命令行方式来编辑和运行 Java 程序

无论是 Java 应用程序，还是 Java 小程序，源程序文件的扩展名都是.java，编译后的二进制字节码文件的扩展名都是.class，但这两种程序从程序结构到运行机理都不相同。下面是一个 Java 应用程序和一个 Java 小程序的例子，功能都是输出一行信息“Hello，World!”。

【例 1-1】一个简单的 Java 应用程序：HelloWorldApp.java。

```
public class HelloWorldApp {
    public static void main(String[] args) {      //Java 程序的主方法
        System.out.println("Hello,World!");       //输出"Hello,World!"到屏幕
    }
}
```

在具体学习 Java 语法之前，通过这个程序可以对 Java 程序有个大体的认识：

（1）Java 是程序块结构的语言，一个类就是一个程序块，变量和方法都在类里，类是构成 Java 程序的基本单位。在程序中，首先用保留字 class 来声明一个新的类，其类名为 HelloWorldApp，它是一个公共类（public），表示其他的类都能访问。第一个花括号和最后一个花括号以及它们之间的内容叫做类体。

（2）在该类中定义了一个 main()方法，之后的两个花括号之间的内容叫做方法体。一个 Java 应用程序必须有一个类且只能有一个类含有 main()方法，这个类称为应用程序的主类。public、static 和 void 分别是对 main()方法的说明。其中 public 表示访问权限，说明所有的类都可以使用这一方法；static 说明该方法是静态的，指出这个方法是针对这个类而不是针对类生成的对象，也就是说该方法是一个类方法，它可以通过类名直接调用而无需对象名；void 则指明 main()方法不返回任何值。对于一个应用程序来说，main()方法是必需的，而且必须说明为 public static void。换言之，main()方法是 Java 应用程序的标志。Java 解释器在没有生成任何实例的情况下，以 main()作为入口来执行程序。

Jave 程序中可以定义多个类，每个类中可以定义多个方法，但是最多只能有一个公共类，main()方法也只能有一个，作为程序的入口。main()方法定义中，括号"()"中的 String[] args 是传递给 main()方法的参数，参数名为 args，它是类 String 的一个实例，表明该参数是一个名为 args 的字符串数组。参数可以为 0 个或多个，每个参数用"类名 参数名"来指定，多个参数间用逗号分隔。

（3）在方法体内部，可以声明方法的局部变量及书写执行语句，实现数据处理功能。在 main()方法的方法体中，只有一条语句：

```
System.out.println("Hello,World!");
```

其作用是在标准输出设备（屏幕）上输出一行字符"Hello, World!"。这是一个字符串，必须用引号括起来，最后的分号是必需的，表明这是一条 Java 语句。这条语句实现与 C 语言中的 printf 语句和 C++中的 cout<<语句功能相同，实际上这条语句是调用了 println()方法。

为了实现屏幕输出，这里使用了系统包 java.lang 中的 System 类，该类中有静态成员变量 out，它是一个标准输出流，主要用于输出用户信息，通过 out 调用标准输出流类中的 println()方法。println()方法将作为参数的字符串输出到屏幕并换行。与此相似的方法是 print()，不同之处是 print()输出内容后不换行。

Java 语言系统以包的形式提供了许多的标准类库，这些类库是编制 Java 程序的基础。调用类库中的方法之前，先要使用 import 语句导入相应的类库（包），而系统包 java.lang 是 Java 最基本的类库，由系统自动导入，因此，HelloWorldApp.java 程序没有使用 import 语句。

（4）Java 程序的书写格式比较自由，例如一个语句可以写在多行，在一行上也可以写多个语句，但为了使程序更易于理解，增强可读性，一般都是一行写一个语句。

（5）程序中"//"后的内容为注释部分，注释可以放在一行的开头或某个语句之后，用于提高程序的可读性，它不产生目标代码，也不影响程序的运行结果。

Java 语言有 3 种注释：形如"/* 注释内容 */"的格式，可以注释一行或多行文本；形如"//

注释内容”的格式，可以注释一行文本；形如“/** 注释内容 */”的格式，可以注释一行或多行文本，并可用于生成专门的 Java API 文档。

（6）Java 应用程序的源文件主名与主类名相同（包括大小写），扩展名为.java（大小写均可），因此在例 1-1 中的源文件必须保存为 HelloWorldApp.java。注意，Java 是严格区分字母大小写的语言，因此输入程序时要注意区分大小写，例如 HelloWorldApp 不同于 helloworldapp。

另外，源文件命名时，如果源文件中有多个类，那么只能有一个类是 public 类，同时该 public 类就必须为主类（含有 main()方法），因此源文件的主名必须与该类名相同。如果源文件没有 public 类，那么源文件的主名只要和某个类的名字相同即可，扩展名仍为.java。

现在可以运行该程序，具体步骤如下：

（1）使用任意一个文本编辑器（如 Windows 自带的记事本）完成代码录入，存盘保存为 HelloWorldApp.java，注意文件名应和主类名相同，因为 Java 解释器要求公共类必须放在与其同名的文件中。

（2）在命令行方式下编译 Java 源代码的命令是 javac，在 DOS 模式下进入到文件所在文件夹（这里假设保存的文件夹为 D:\java），在命令提示符后面输入：

```
D:\java>javac HelloWorldApp.java
```

如没有错误发生则会在当前文件夹下生成 HelloWorldApp.class 的字节码文件。

如果 Java 程序中有多个类，则编译完成后，程序中的每个类都会生成一个字节码文件。

（3）命令行方式下解释执行字节码文件的命令是 java，在 DOS 模式下进入到文件所在文件夹，在命令提示符后面输入：

```
D:\java>java HelloWorldApp
```

结果会在屏幕上显示：

```
Hello,World!
```

注意：在运行字节码文件时，只需要写文件名，不能加文件扩展名.class，否则会报错。

【例 1-2】一个简单的 Java 小程序 HelloWorldApplet.java。

```
import java.awt.*;    //导入必要的包
import java.applet.*;
public class HelloWorldApplet extends Applet {
    String s;
    public void init() {
        s="Hello,World!";
    }
    public void paint(Graphics g) {
        g.setColor(Color.red);
        g.drawString(s,150,60);
    }
}
```

这是一个简单的 Java 小程序。在程序中，首先用 import 语句引入必要的包，使得该程序可能使用这些包中所定义的类，它类似于 C 中的#include 语句。Java 提供了大量的 API 类库，可以帮助程序员进行数学计算、字符串处理、绘图和网络应用等方面的工作。根据功能的不同，Java 类库被分成若干不同的包，每个包中包含许多具有特定功能和关系的类和接口。常用包的作用如表 1-1 所示。

表 1-1 常用 Java API 包的作用

包 名	作 用
java.lang	提供基本语言类，包括系统类、数据类型类、字符串类、线程管理类和异常处理类等。该包在程序运行时由编译器自动引入
java.io	提供读/写文件或其他的输入/输出流，包括基本输入/输出类、字节数据与字符数据流类、文件流类等
java.util	提供一些实用工具，包括数据结构类、日期类、随机数类、属性类和异常类等
java.awt	用来构建图形用户界面（GUI）的类，提供许多界面元素和资源，包括图形类、容器类、排列类、事件类和工具类等
java.net	提供实现网络功能的类，包括主机名解析类、实现套接字通信的 Socket 类和 ServerSocket 类、资源定位器（URL）类等
java.applet	提供实现 Java 小程序的类，其中的 Applet 类是非常有用的类，用于创建 Java 小程序，处理小程序和浏览器之间的相互关系
java.swing	提供许多新的组件，可以建立精致的图形用户界面。所有 swing 组件都在 Java 扩展包 javax.swing 中。javax.swing 包中提供的组件比 AWT 组件更多

如果要从一个包中引入多个类，则可以用星号来代替，例如“import java.awt.*;”表示引入包 java.awt 中所有的类，而“import java.applet.Applet;”只是引入包 java.applet 中的 Applet 类。Color 和 Graphics 类是 java.awt 包中的类。init()方法用于变量的初始化，paint()方法的作用是绘画或显示，参数 Graphics g 定义画笔对象。“g.setColor(Color.red);”是将画笔的颜色设置为红色，“g.drawString("Hello,World!", 150, 60);”是在程序中画字符串，数字 150 和 60 规定了字符串输出的起始位置（单位是像素）。

一个 Java 小程序也是由若干个类组成的，小程序的类不再需要 main()方法，但必须有一个类扩展了 Applet 类，即它是 Applet 类的子类。一般把这个类称做该 Java 小程序的主类，小程序的主类必须是一个 public 类。如例 1-2 中的 HelloWorldApplet 类是一个公共类，用 extends 指明它是 Applet 的子类。

Java 小程序的源文件的命名方法和应用程序的命名方法相同，例 1-2 的程序必须把它保存到文件 HelloWorldApplet.java 中，然后用 Java 编译器编译：

```
D:\java>javac HelloWorldApplet.java
```

编译后得到字节码文件 HelloWorldApplet.class。由于 Java 小程序中没有 main()方法作为 Java 解释器的入口，须编写 HTML 文件，把该小程序的字节码文件嵌入其中，然后用 appletviewer 程序或在支持 Java 的浏览器上运行。对应的 HTML 文件的一般格式如下：

```
<HTML>
    <HEAD>
        <TITLE> An Java Applet </TITLE>
    </HEAD>
    <BODY>
        <APPLET Code=HelloWorldApplet.class Width=400 Height=100>
        </APPLET>
    </BODY>
</HTML>
```

Java 小程序嵌入到 HTML 文件中必须使用<APPLET>标记。<APPLET>标记是 HTML 标记的一种扩展，用于将小程序放置到 HTML 页面中，并控制其相对于 HTML 页面其他部分的显示效果。Code 属性指明小程序字节码所在的文件，Width 和 Height 属性分别指明小程序工作窗口所占的宽度和高度

（以像素为单位）。把该 HTML 文件存入 HelloWorldApplet.html（存放的位置必须与字节码文件相同），然后运行：

```
D:\java>appletviewer HelloWorldApplet.html
```

这时屏幕上弹出一个窗口，其中显示“Hello,World!”，显示结果如图 1–11 所示。

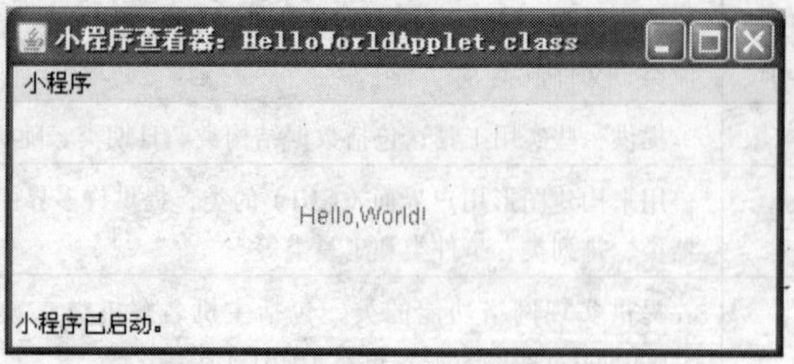

图 1–11　Java 小程序的输出结果

2. 使用 NetBeans 来编辑和运行 Java 程序

与命令行方式不同的是，集成开发环境下编译和运行只需单击相应的菜单或按钮，而不需要输入命令。同时，集成开发环境实现了对组成项目的若干个程序的管理。在 NetBeans 下编辑和运行 Java 程序的具体步骤如下：

（1）创建 Java 项目。使用集成开发环境，大都需要先创建一个项目。从 NetBeans 主菜单中选择“文件”→“新建项目”命令或单击工具栏上的“新建项目”按钮，弹出“新建项目”对话框，如图 1–12 所示。

在“新建项目”对话框中，分别在“类别”列表中选中 Java 选项，在“项目”列表中选中“Java 应用程序”选项，然后单击“下一步”按钮，进入项目设置界面，如图 1–13 所示。

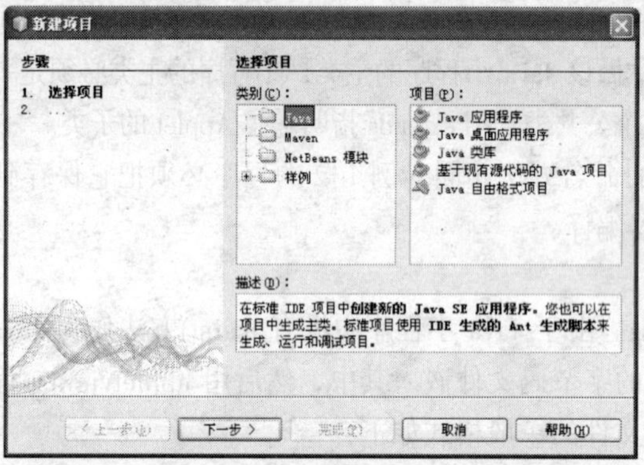

图 1–12　NetBeans“新建项目”对话框

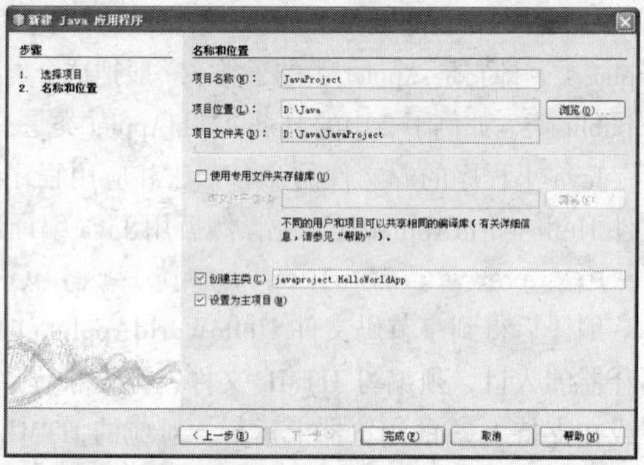

图 1–13　NetBeans 项目设置

接下来设置项目的名称和位置，同时选中“创建主类”和“设置为主项目”两个复选框，并将“创建主类”右边文本框中的内容改写为 javaproject.HelloWorldApp，该内容就是本项目主类的名称。设置完之后，单击“完成”按钮，进入主环境，此时光标会自动出现在 HelloWorldApp.java 的代码编辑窗口，如图 1–14 所示。

（2）编辑 Java 程序。在图 1–14 所示程序代码框架的 main()方法中添加以下代码，然后存盘。

```
System.out.println("Hello，World!");
```

（3）编译和运行 Java 程序。在主菜单中选择“运行”→“运行主项目”命令或者按【F6】键，可以运行主项目中设计的 Java 应用程序。图 1–15 所示为在 NetBeans 中运行 HelloWorldApp.java 的结果窗口。

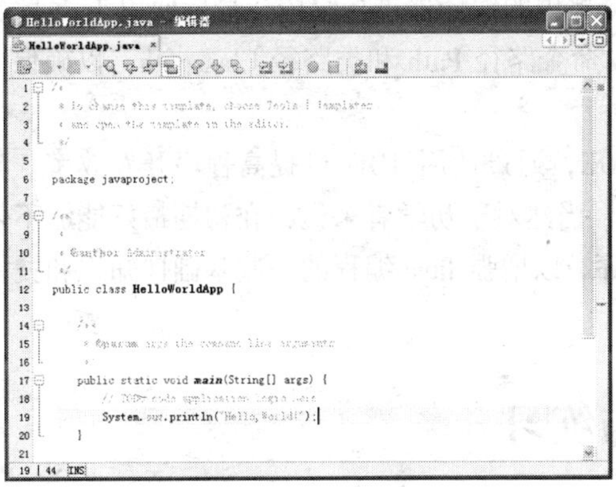

图 1-14　代码编辑

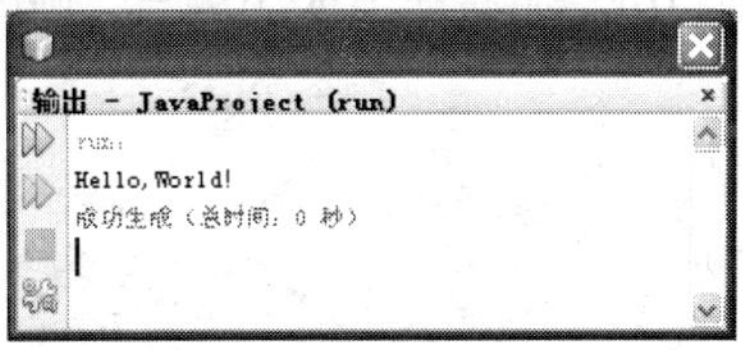

图 1-15　运行输出结果

小　　结

（1）1995 年春，Sun 公司正式推出了新一代面向对象程序设计语言——Java 语言。Java 语言最初是面向智能家电开发的，但 Internet 的出现和发展对 Java 的未来起着至关重要的作用。Internet 由不同的、分布式的系统组成，其中包括各种类型的计算机和操作系统。而 Internet 上的应用必须能够运行在所有的异构平台上。因此，平台无关性结构程序设计语言的需要是促使 Java 诞生的源动力，而 Internet 却最终促使 Java 走向成功。

（2）Java 的基本特点包括简单、面象对象、分布式、高效解释执行、健壮、安全、平台无关性、可移植、高效、多线程以及动态。其中，面向对象和平台无关性为 Java 最显著的两大特点。Java 是一门纯粹的面向对象的程序设计语言，直接按照对象和类的思想去组织程序。面向对象所具有的封装性、继承性、多态性等特点使其具有强大的生命力。

（3）Java 程序主要包括 Java 应用程序（Java Application）和 Java 小程序（Java Applet）两种。前者是在命令行中运行的独立的应用程序，它类似于以往用其他高级语言开发的程序；后者需要嵌入到网页在浏览器中执行。

Java Application 程序的基本结构：

```
import 包名
Public Class 主类名称 {
    public static void main(String[] args) {
        …(方法体)
    }
}
```

Java Applet 程序的基本结构：

```
import 包名
public class 主类名 extends Applet  {
    public void init() { … }
    …
    public void paint(Graphics g) { … }
}
```

（4）Java 应用程序的开发必须经过编写、编译和运行 3 个步骤。使用记事本等文本编辑工具进行程序代码的编写，使用 Java 开发工具集 JDK 提供的编译器进行编译，最后使用 Java 解释器解释运行。编译和运行 Java 之前，需要设置 Java 命令路径 Path 和类路径 Classpath，以确保 Java 程序能够顺利地编译和执行。

（5）目前已有很多 Java 开发集成环境即 IDE，通过使用 IDE 可提高程序开发效率。其中 NetBeans 为开源的 Java IDE，目前应用非常广泛。当然对于初学者来说，在初期最好能够不依赖于 Java IDE，直接在 JDK 下编写、调试和运行程序，以增强 Java 编程的一些基础性知识和技能的实践。

思考与练习

一、选择题

1. Java 语言的许多特点中，下列（　　）特点是 C++语言所不具备的。
   A. 高性能　　B. 跨平台　　C. 面向对象　　D. 有类库
2. Java 语言中，负责并发管理的机制是（　　）。
   A. 多线程　　B. 虚拟机　　C. 字节码　　D. 垃圾回收
3. 在 Java 语言中，不允许使用指针体现出的 Java 特性是（　　）。
   A. 可移植　　B. 解释执行　　C. 健壮性　　D. 安全性
4. 下列描述中，错误的是（　　）。
   A. Java 要求编程者管理内存
   B. Java 的安全性体现在多个层次上
   C. Applet 程序要求在支持 Java 的浏览器上运行
   D. Java 有多线程机制
5. Java 为移动设备提供的平台是（　　）。
   A. Java SE　　B. Java ME　　C. Java EE　　D. JDK 6
6. 下列叙述中正确的是（　　）。
   A. Java 源文件名与程序类名不允许相同
   B. Java 源文件中 public 类的数目不限
   C. 对 Java 源程序进行编译时，必须写出该源文件的文件名，包括扩展名.java
   D. 对 Java 源程序进行编译后，生成的文件是二进制可执行文件
7. Java 源文件中最多只能有一个（　　）类，其他类的个数不限。
   A. abstract　　B. public　　C. final　　D. interface
8. Java 源文件和编译后的文件扩展名分别为（　　）。
   A. .class 和.java　　B. .java 和.class
   C. .class 和.class　　D. .java 和.java
9. 一个可以独立运行的 Java 应用程序（　　）。
   A. 可以有一个或多个 main()方法　　B. 最多只能有两个 main()方法
   C. 可以有一个或零个 main()方法　　D. 只能有一个 main()方法

10. Java 程序的执行过程中用到一套 JDK 工具，其中 javac 是指（　　）。

A. Java 文档生成器　　B. Java 解释器

C. Java 编译器　　D. Java 类分解器

二、填空题

1. Java 语言是对________语言进行改进并重新设计的结果。
2. Java 源程序文件的扩展名是________，Java 源程序经编译后生成________文件，其扩展名是________。
3. Applet 程序能够嵌入________格式的文件中，并能在浏览器中运行的 Java 程序。
4. ________是 Java 程序中基本的结构单位。
5. 在 Java 中，负责对字节代码解释执行的是________。
6. 使用记事本或其他编辑软件建立了 Java 程序文件 jasmine.java,对源程序文件进行编译时，在 DOS 命令窗口将当前文件夹转换到 Java 源程序所在的文件夹，然后输入________形式的命令进行程序编译。执行程序时，在同样的命令提示符下输入________形式的命令执行程序。完成了程序的开发，查看相应文件夹，其中应该具有两个文件，分别是 jasmine.java 和________。

三、问答题

1. Java 语言有哪些特点？
2. 比较 Java SE、Java EE 和 Java ME 的特点。
3. 简述 Java 的运行过程。
4. 一个 Java 源程序中可以有多个公共类（主类）吗？可以有多个类吗？若有多个类时，程序的文件名是什么？
5. 在安装 JDK 后，还要配置环境变量 Path 和 Classpath，其目的是什么？

第 2 章　Java 语言基础

引言

处理任何问题都涉及数据和数据操作两方面的内容。数据是指能够输入到计算机中，并能够被计算机识别和加工处理的符号的集合，是程序处理的对象，操作步骤反映了程序的功能。不同类型的数据有不同的操作方式和取值范围，程序设计需要考虑数据如何表示以及操作步骤（即算法）。

Java 语言具有丰富的数据类型和相关运算。本章将首先介绍 Java 语言的基本组成要素，即符号集的语法含义和组成规则。然后讨论基本数据类型、常量、变量、字符串及数组的说明以及它们的具体使用方法。这是学习 Java 程序设计必须掌握的基础知识。

学习目标

通过对本章内容的学习，读者应该能够：

- 了解 Java 的关键字、标识符和 Java 基本的数据类型。
- 理解变量和常量的基本概念及其表示方法。
- 理解字符串和数组的创建方法。
- 掌握 Java 基本的运算表达式，能够应用 Java 语言的规范编写简单的程序。

2.1　Java 符号集

任何一门程序设计语言都必须包括标识符、关键字、注释符等，它们是构成程序的基本元素，不同的语言所采用的符号标准有所不同。Java 语言源代码采用的是被称为统一码的 Unicode 字符集，它支持多种语言。将 Unicode 字符集中的字符按照一定的使用规则就可以构成 Java 语言的符号。

2.1.1　Java 中的标识符

在 Java 语言中，用来为变量、类、数组或方法等命名的有效字符序列被称之为标识符（Identifier）。标识符是用户自定义的名称来标识程序中的各类变量、类、数组或方法等。

合法的 Java 标识符必须遵循以下的命名规则：

（1）只能由字母、下画线、数字和符号$组成，不能包含其他符号，例如空格以及#、%等特殊符号。

（2）只能以字母、下画线和符号$作为标识符的第一个字符。

（3）不能与关键字同名，即标识符内可以包含关键字，但不能与关键字完全一样。

（4）严格区分大小写，但长度没有限制。

此外，为了便于理解，提高程序可读性，建议使用简短且能清楚表明意思的单词或拼音序列作为标识符。

下列是合法的标识符：

Username，UserName，username，www_123，_teacher，study$

Java 标识符区分大小写，因此 Username、UserName、username 是 3 个不同的标识符。

下列是非法的标识符：

88student，my%name，this

其中“88student”以数字开头，“my%name”含有“%”，“this”是 Java 的关键字，这些都不能作为标识符。

注意： Java 源代码使用的是 Unicode 码，Unicode 码用 16 位表示一个字符，其标准字符集里包含了 65 535 个字符，比通常使用的 ASCII 码字符集大得多。Unicode 兼容了许多不同的字母表，包括常见语种的字母。英文字母、数字和标点符号在 Unicode 和 ASCII 字符集中有相同的值。因此，Java 可使用的字符不仅可以是英文字母，也可以是汉字、朝鲜文、俄文、希腊字母以及其他许多语种文字。

2.1.2　Java 的关键字

Java 的关键字（Key word）又称保留字（Reserved word），是在 Java 语言中被赋予了特定语法含义的一串字符，它不能用来作为标识符为变量、类、数组等命名，所有的 Java 关键字都是小写字母。将常用的一些关键字按照它们的作用进行分类如下：

（1）基本数据类型：boolean、byte、char、double、float、int、long、short。

（2）访问控制：private、protected、public。

（3）程序控制：break、continue、return、do、while、if、else、for、instanceof、switch、case、default。

（4）变量、类、包、接口、方法的修饰：abstract、class、extends、final、implements、interface、native、new、static、synchronized、transient、volatile、super、this、void、import、package。

（5）错误处理：catch、finally、try、throw、throws。

注意： Java 中的 true、false 和 null 并不是关键字，但也不能将它们作为标识符使用。此外，goto、const 是 Java 预留的关键字，目前尚未被使用。

2.1.3　Java 的分隔符

Java 的分隔符用来使编译器确认代码在何处分隔，即在程序中起到分隔不同字符串的作用。Java 的分隔符主要分成没有特别意义的空白符和拥有确定含义的普通分隔符两类，Java 语言规定任意两个相邻标识符、数、保留字或两个语句之间必须至少有一个分隔符，以便编译器能识别。不同的分隔符出现的位置有明确的规定，不能互相代用。

1. 空白符

空白符包括空格、回车、换行和制表符（Tab）等符号，它们都是用来实现分隔功能，帮助 Java 编译器理解源程序。系统在编译时，只用空白符区分各种基本成分，然后忽略它。空白符在程序各种基本成分之间可以有一个或多个空白符，一个和多个空白符的作用是相同的。按照编码惯例，也常在运算符和运算数之间，如+、=的左右两侧使用空格，以提高代码的可读性。

2. 普通分隔符

普通分隔符的作用与空白符相同，但它在程序中还有特殊的意义，不能忽略。Java 程序中常用的普通分隔符主要有以下 6 种：

（1）大括号“{”和“}”。用来定义程序块、类、方法以及局部范围，也用来包括自动初始化的数组的值，它们必须成对使用。

（2）中括号“[”和“]”。用来进行数组的声明和引用数组元素。声明时中括号里的值是数组的长度，引用时中括号中的值为被引用数组元素的下标。

（3）圆括号“(”和“)”。在定义和调用方法时用来容纳参数表，在控制语句或强制类型转换时表示执行或计算的优先权。

（4）分号“;”。是 Java 语句的结束符。Java 程序以分号来作为语句的结束标识，否则一条 Java 语句即使是分行或跨多行书写仍然是未结束的。

（5）逗号“,”。用于在方法声明或调用的参数列表中分隔多个参数，也可用于在一条声明语句中同时声明多个属性或局部变量时起分隔作用。

（6）圆点“.”。用于访问对象成员（属性或方法）时标明调用或隶属关系，其格式为：

对象名.成员名

【例 2-1】分隔符示例。

```
public class TestOne {                          //1: 类定义
    int a,b;                                    //分号标明语句的结束,逗号用于分隔多个变量
    double wages=1800, tax=0.05;
    public void func(int x,int y)  {            //2: func()方法定义, 圆括号用来容纳参数
        double result;
        result=wages*tax;
        System.out.println(result);             //圆点用于标明访问对象成员的隶属关系
        a=x;
        b=y;
        System.out.println(a+","+b);
    }                                           //2: func 方法定义结束
    public static void main(String[] args)  {   //3: main()方法定义, 中括号标明数组
        TestOne obj=new TestOne();
        obj.func(10,20);
    }                                           //3: main 方法定义结束
}                                               //1: 类定义结束
```

2.2　常量和变量

程序中所处理的数据表现为两种常见的形式：常量和变量。常量就是指在程序执行期间其值不能发生变化的数据，变量的值则是可以变化的，它代表 Java 程序中的基本存储单元。程序中的任一数据都属于某一特定的类型，类型决定了它们的表示方式、取值范围以及可用操作。不同类型的常量有不同的表示方法，变量在使用之前也要说明它的类型。本节先介绍 Java 语言常量和变量的概念及使用，关于数据类型将在 2.3 节介绍。

2.2.1　常量的概念与使用

常量（Constant）是指在程序执行过程中始终保持不变的量。具体应该包含两层意思：其一，

一个数值本身就是一个常量，如整型常量 1、2、3 等，实型常量 2.3、3.14159、6.0 等，字符常量 'a'、'b'、'c'等，布尔型常量 true 和 false。如果在程序中直接使用数值常量，其含义不易显现，使得程序的可读性变差；另外，如果数值改变，凡在程序中使用到该数值的地方都需要做相应更改，这样既麻烦又容易出错，使程序的可维护性降低。因此有了常量的第二层意思：表示值不可变的变量。在 Java 中通过关键字 final 来修饰某个变量，然后给这个变量赋值之后，该变量就不能再被赋值，即变成了一个常量，有时称为符号常量。例如：

```
final double PI=3.14; //PI 是一个双精度浮点型的常量
final int NUM=1000;   //NUM 是一个整型的常量
```

利用关键字 final 来定义的一个常量习惯上采用大写字母命名，并且中间最好使用下画线作为分隔符来进行连接多个单词，以便和一般变量区分。

注意：final 关键字定义的变量是常量，final 定义的方法不能被重写，final 定义的类不能被继承。

2.2.2　变量的概念与使用

变量（Variable）是程序中数据的临时存放场所，变量包含的内容被称为变量的值。顾名思义，变量在程序运行时，其取值是可以随时改变的。在高级语言程序中，使用变量并不需要知道变量在计算机内存中的地址，只要通过变量名引用变量就可以查看或更改变量的值，因此在程序中使用变量前必须先对变量进行声明。

Java 语言对变量的声明包括为变量命名、确定变量的类型及其作用域 3 个部分。变量名必须是一个合法的标识符，应该具有特定的含义以增加程序的可读性。变量的类型可以是 Java 语言所支持的任何一种数据类型，类型的种类在下一节中会具体介绍。其声明格式如下：

```
类型名 变量名 1[=变量初值 1][,变量名 2[=变量初值 2],…];
```

声明变量时可以同时对该变量赋值，此时的赋值称为初始化，在使用变量之前一般都要先对其进行初始化。如果同时声明多个变量，则需要使用逗号将各个变量隔开，最后以分号结束声明语句。例如：

```
Int a,b,c;          //声明 3 个整型变量 a，b，c
double d1,d2=0.0; //声明 2 个双精度浮点型变量 d1、d2，并同时对 d2 初始化
```

变量的作用域是指变量能够被引用的区域，简单地说就是可以使用该变量的程序范围。变量在程序中声明的位置就决定了该变量的作用域，即声明一个变量的同时也就指明了此变量的作用域。在一个确定的程序区域内，变量名应该是唯一的。通常，一个域用一对大括号“{”和“}”来划定。按作用域来分，Java 变量包括 4 种：局部变量、类变量、方法参数和异常处理参数。局部变量在方法或方法的一个块代码中声明，它的作用域为它所在的代码块。类变量在类中声明，注意不是在类的某个方法中声明，它的作用域是整个类。方法参数传递给方法，它的作用域就是这个方法。异常处理参数传递给异常处理代码，它的作用域就是异常处理代码部分。

变量的作用域在后面的章节还会详细介绍，这里先有一个初步认识。

【例 2-2】变量作用域示例。

```
public class TestTwo {
    public static void main(String[] args) {
        int a=32;{
```

```
        int b=78;
        System.out.println("a is "+a);  //a 在其作用域范围内可见
        System.out.println("b is "+b);  //b 在其作用域范围内可见
      }
     b=a;  //错误，此处只有 a 可见，b 超出了其作用域范围，是不可见的
   System.out.println("a is"+a);
   }
}
```

由上面的程序可以看出，一个变量只有在被声明后才可以被引用。变量在定义它的块（包括该块内嵌套的所有块）内都是可见的。变量 b 只能在最内层的块中可见，离开了该层变量 b 就不存在了。而变量 a 在最外层大括号结束前都是可见的。

因此，局部变量的访问规则可以这样来描述：在程序中，从声明它们的位置开始，到声明它们的块结束处，这些变量都可被访问。在声明它们的块结束之后，就不能再被访问了。

注意：Java 不允许将内部作用域声明的变量与其外部作用域声明的变量重名，这样做在 C/C++中是合法的，但在 Java 中不合法。

【例 2-3】变量重复定义示例。

```
class ScopeErr {
   public static void main(String[] args) {
      int bar=1;
      {  …
         int bar=2;     // 出错，变量 bar 重复定义
      }
      …
   }
}
```

2.3 基本数据类型

根据数据描述信息的含义，将数据分为不同的种类，对数据种类的区分规定，称为数据类型（Data type）。一种高级程序设计语言，它的每个常量、变量或表达式都有一个确定的数据类型。数据类型明显或隐含地规定了程序执行期间变量或表达式所有可能取值的范围，以及在这些值上允许的操作。因此数据类型是一个值的集合和定义在这个值集上的一组操作的总称。

Java 语言是一种强类型语言，即 Java 语言中的每一个变量都必须被声明为某一种数据类型。Java 语言的数据类型分为基本数据类型和复合（引用）数据类型两大类，不支持 C/C++语言中的指针类型、结构体类型和共用体类型。基本数据类型为 Java 语言定义的数据类型，通常是用户不可修改的，它用来实现一些简单的数据类型；复合数据类型是用户根据自己的需要定义并实现其运算的类型，它是由简单数据类型及其运算复合而成的。Java 语言的数据类型如图 2-1 所示。

本节只介绍 Java 的基本数据类型，复合数据类型将在后面各章中介绍。Java 语言的基本数据类型总共有 8 种，分别是整型（int）、长整型（long）、短整型（short）、字节（byte）、单精度浮点型（float）、双精度浮点型（double）、字符型（char）和布尔型（boolean）。

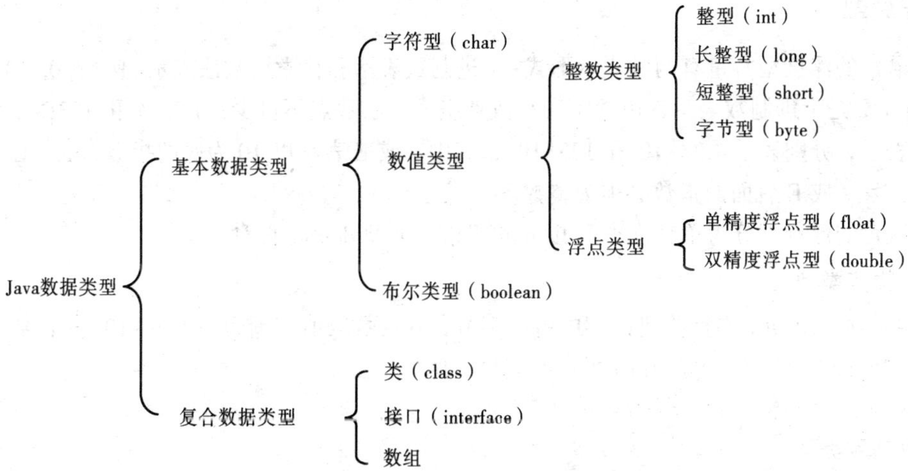

图 2-1　Java 的数据类型

2.3.1　整型

Java 语言的整型常量可以使用十进制、八进制和十六进制表示。例如，350 代表十进制数值 350，0371 首位是 0 表示这是一个八进制数，0x3ABC 首位是 0x 表示这是一个十六进制数。

Java 语言有 4 种整型类型，分别用关键字 int、long、short 和 byte 声明对应类型的整型变量。

1. 整型

整型（int）是最为常用的一种整型，它在计算机内存中占 4 字节，其取值范围为-2^{31}～$2^{31}-1$。使用关键字 int 来声明变量，例如：

```
int x, y=100;
```

2. 长整型

由于 int 的取值范围有限，在需要表示极大数的时候，就需要使用长整型（long）。长整型在计算机内存中占 8 字节，其取值范围为-2^{63}～$2^{63}-1$。使用关键字 long 来声明变量，例如：

```
long a, b=999999999999L;     //必须以 L 结尾
```

3. 短整型

短整型（short）在计算机内存中占 2 字节，其取值范围为-2^{15}～$2^{15}-1$。使用关键字 short 来声明变量，例如：

```
short p, q=-29000;
```

4. 字节型

字节型（byte）是 Java 语言中最小的数据类型，它在计算机内存中占 1 字节，其取值范围为-2^{7}～$2^{7}-1$。使用关键字 byte 来声明变量，例如：

```
byte r=125;
```

注意： 整数常量默认为 int 类型，若要表明是一个长整型常量，则必须在数值后直接跟一个字母 L 或 l，如 123L 表示是一个长整型数。

2.3.2 浮点型

Java 语言的浮点型常量有两种表示形式：十进制数表示和科学记数法表示。例如，0.123，.123，123.，123.0 都是十进制数表示，由数字和小数点组成，小数点不可少；1.23e4 和 123E-4 都是科学记数法表示，分别表示 1.23×10^4 和 123×10^{-4}，其中 e 或 E 表示以 10 为底的指数，e 或 E 之前必须有数字，且 e 或 E 后面的指数必须为整数。

Java 语言的浮点型分为单精度类型 float 和双精度类型 double 两种。

1．单精度类型

单精度类型（float）在计算机内存中占 4 字节，其负数取值范围为 $-10^{38}\sim-10^{-38}$；正数的取值范围为 $10^{-38}\sim10^{38}$。使用关键字 float 来声明变量，例如：

```
float i=125.56F;    //必须结尾为 F 或 f
```

2．双精度类型

双精度类型（double）比单精度类型 float 具有更高的精度和更大的表示范围，在计算机内存中占 8 字节，其负数取值范围为 $-10^{308}\sim-10^{-308}$；正数的取值范围为 $10^{-308}\sim10^{308}$。使用关键字 double 来声明变量，例如：

```
double j=46E100;
```

注意：浮点型常量默认为 double 类型，若要表明是一个 float 常量，则必须在数值后直接跟一个字母 F 或 f，如 0.123F 表示是一个单精度 float 常量。

Java 语言没有无符号型数，整型和浮点型数据所占的内存字节数是明确规定不变的，这样保证了 Java 语言的安全性、健壮性和平台无关性。

2.3.3 字符型

Java 语言使用 16 位 Unicode 编码来表示字符，共有 65 535 种字符。Java 语言的字符型常量是用单引号括起来的单个字符，如'a'、'A'、'5'等。

Java 语言允许使用一种特殊形式的字符常量来表示一些难以用一般字符表示的字符，这种特殊的字符是以一个“\”开头的字符序列，称为转义字符。Java 语言的主要转义字符如表 2-1 所示。

表 2-1　Java 语言的转义字符

转义字符	含　义	转义字符	含　义
\ddd	1～3 位八进制数所表示的字符	\r	回车
\uxxxx	1～4 位十六进制数所表示的 Unicode 字符	\n	换行
\'	单引号字符	\f	走纸换页
\"	双引号字符	\b	退格
\\	反斜杠字符	\t	水平制表符

其中“\ddd”只能表示“\000”～“\377”范围内的字符，即 ASCII 字符集部分，不能表示全部 Unicode 字符。Java 的字符型数据在计算机内存中占 2 字节，字符型数据无符号，其取值范围是 $0\sim2^{16}$。

使用关键字 char 来声明字符型变量，例如：

```
char  name, sex='男';
```

在 Java 中负责字符操作的还有字符串。字符串常量是用双引号括起来的一串字符，其中可以包括转义字符，如"Hello,World!"、"ABC\u3a4f\n45"、""等。Java 语言将字符串看做一个对象，常用的字符串类有 String 类和 StringBuffer 类。

2.3.4　布尔型

布尔型常量只有 true 和 false 两个，用 true 表示真，用 false 表示假，它们不对应于任何整数值，只能是关系运算和逻辑运算的结果值，常用于控制程序流程判断。布尔型数据在计算机内存中占 1 字节，使用关键字 boolean 来声明布尔型变量，例如：

```
boolean x, y=true;
```

2.3.5　基本数据类型值间的转换

在编写程序的过程中，有时会需要将一种数据类型的值赋给另一种不同数据类型的变量，或者在表达式中出现不同数据类型数据参与运算，这就涉及不同数据类型间的转换。Java 语言的基本数据类型转换主要有两种方式：自动类型转换和强制类型转换。

1. 自动类型转换

自动类型转换也称为隐式类型转换。当两种数据类型彼此兼容，且目标类型的取值范围大于源类型，编译器会实现自动类型转换。

Java 语言除了布尔型以外，整型、实型和字符型是彼此兼容的数据类型，它们可以混合运算。在运算时，不同类型的数据会遵循精度低的转换成精度高的这一原则，转换成同一数据类型，最后才进行运算。整型、实型和字符型精度由低到高的次序如下：

```
byte, short, char → int → long → float → double
```

【例 2-4】自动类型转换示例。

```
byte a=127;
int b=a;              //将变量 a 转换成 int 型后赋值给变量 b
long c=b;             //将变量 b 转换成 long 型后赋值给变量 c
float d=c;            //将变量 c 转换成 float 型后赋值给变量 d
double e=d;           //将变量 d 转换成 double 型后赋值给变量 e
char x='x';
int y=x;              //变量 x 转换成对应的 ASCII 码值 120
System.out.println("output: "+i);  //输出结果: output: 120
```

2. 强制自动类型转换

也称为显式类型转换。如果需要将精度高的数据赋值给精度低的变量，或者将精度高的数据转换成精度低的数据，则必须使用强制类型转换，其格式为：

```
(目标类型)(表达式)
```

【例 2-5】强制类型转换示例。

```
int a=3.5;            //编译出错，精度高的数据不能给精度低的变量赋值
int b=(int)3.5;       //将 double 型数据 3.5 强制转换成 int 型，再赋值给 int 型变量 b
int c=(int)5.2F;      //将 float 型数据 5.2 强制转换成 int 型，再赋值给 int 型变量 c
float d=c;
System.out.println(c+ "   "+d);  //输出结果: 5  5.0
```

2.3.6 基本数据类型类

前面已经介绍了 Java 的基本数据类型，利用这些基本数据类型来定义变量十分方便。但是如果需要完成一些基本数据类型量的变换和操作，如将一个字符串转化为整数或浮点数，就需要使用基本数据类型类的相应方法。

Java 的每种基本类型都有在 java.lang 包中声明的相应类，它的名字也与该基本数据类型的名字相似，如表 2-2 所示。在包含了基本类型的类中定义了自己的方法，这些方法主要用来操作和处理它所对应的基本数据类型。

表 2-2　基本数据类型及其对应的类

基本数据类型	数据类型类	基本数据类型	数据类型类
int	Integer	long	Long
short	Short	byte	Byte
char	Character	boolean	Boolean
float	Float	double	Double

下面以 Integer 类为例，介绍其相关的方法及其作用，其他数据类型类中的方法与 Integer 类中的方法类似。

（1）Integer 类中定义了 MAX_VALUE 和 MIN_VALUE 两个属性，分别返回 int 类型数据的最大值和最小值。例如：

```
System.out.println("Integer.MAX_VALUE: " + Integer.MAX_VALUE );
```

结果为：

```
Integer.MAX_VALUE: 2147483647
```

（2）构造方法 public Integer(int value)和 public Integer(String s)可以分别通过一个 int 类型数据和一个字符串对象来生成一个 Integer 对象。例如：

```
Integer i=new Integer("1234");
```

生成了一个值为 1234 的 Integer 对象。

（3）以下数据类型转换方法将当前对象所对应的 int 量转换成其他基本数据类型的量，并返回转换以后的值。

- public int intValue()：返回该整型数所表示的整数。
- public long longValue()：返回该整型数所表示的长整数。
- public short shortValue()：返回该整型数所表示的短整数。
- public byte byteValue()：取得用字符型表示的整数。
- public float floatValue()：取得该整数的浮点数表示。
- public double doubleValue()：取得该整数的双精度表示。

（4）字符串与 int 量相互转化的方法。

- public String toString()：将该整数类型转换为字符串。
- public static String toString(int i)：将该整数类型转换为字符串。不同的是，此为 Integer 类的方法，使用时无需创建 Integer 对象。

- public static String toString(int i, int radix)：将整数 i 以基数 radix 的形式转换成字符串。
- public static int parseInt(String s)：把一个字符串 s 转化为一个整数，是 Integer 类的方法。s 必须是十进制数组成，否则抛出 NumberFormatException 异常。

【例 2-6】字符串和 int 数相互转换示例。

```
class Transfer {
    public static void main(String[] args) {
        int n,m=152;
        String str;
        str="213";
        n=Integer.parseInt(str);
        System.out.println(n);
        str=Integer.toString(m);
        System.out.println(str);
        int d=(new Integer(str)).intValue();
        System.out.println(d);
    }
}
```

输出结果为：

```
213
152
152
```

- public static Integer valueOf(int i)：返回一个表示指定的 int 值的 Integer 对象，也是 Integer 类的方法。
- public static Integer valueOf(String s)：返回保持指定的 String 的值的 Integer 对象，是 Integer 类的方法。

注意：从返回值可以看出 parseInt()和 valueOf()的区别。parseInt()返回的是基本类型 int，而 valueOf()返回的是 Integer 类，Integer 类是可以使用对象方法的，而 int 类型就不能。

下面的语句先使用 valueOf()方法将字符串转化为 Integer 对象，再调用该对象的 intValue()方法返回其对应的 int 数值。

```
int i=Integer.valueOf("1234").intvalue();
```

该语句也可以用以下语句来代替：

```
Int i=Integer.parseInt("1234");
```

所不同的是，valueOf()方法会生成一个临时的 Integer 对象。

2.4　常用数值计算方法

在 Java 的 Math 类中包含了一些数值常量，如 E 和 PI，以及一些基本的数值计算方法，如指数、对数、平方根和三角函数等，给数值计算带来了方便。常用的数值方法如表 2-3 所示。这些方法都是静态方法，可以通过类名直接调用，调用的一般格式为：

```
Math.方法名(实参表)
```

表 2-3　Math 类提供的常用数值计算方法

方　法	功　能
public static final double E	自然对数的底
public static final double PI	圆周率 π
public static final double sin(double a)	正弦函数
public static final double cos(double a)	余弦函数
public static final double tan(double a)	正切函数
public static final double asin(double a)	反正弦函数
public static final double acos(double a)	反余弦函数
public static final double atan(double a)	反正切函数
public static final double exp(double a)	以 e 为底的指数函数
public static final double log(double a)	自然对数函数
public static final double sqrt(double a)	平方根函数
public static final double ceil(double a)	返回不小于该参数的最小整数（最接近负无穷）的 double 型值
public static final double floor(double a)	返回不大于该参数的最大整数（最接近正无穷）的 double 型值
public static final double random()	返回 0.0 到 1.0 间的随机数
public static final int abs(int a)	返回 int 型值的绝对值
public static final int max(int a,int b)	返回两个 int 型值中较大的一个
public static final int min(int a,int b)	返回两个 int 型值中较小的一个

【例 2-7】当 $x=\sqrt{1+\pi}$ 时，求 $y=\dfrac{|x-5|+\cos 47^{\circ}}{2\ln x+e^{2}}$ 的值。

这是一个求表达式值的问题。x 是一个表达式，要用赋值语句求得。y 的值由一个表达式的值得到，要注意表达式的书写规则。

程序代码如下：

```
class UseMath {
    public static void main(String[] args) {
        double x,y;
        x=Math.sqrt(1+Math.PI);
        y=(Math.abs(x-5)+Math.cos(47*Math.PI/180))/(2*Math.log(x)+Math.exp(2));
        System.out.println("y="+ y);
    }
}
```

输出结果为：

```
y=0.4139445540527659
```

注意：程序中使用了一些 Math 类中的常量和方法，它们都是 Math 类的静态成员，一般情况下，可通过“类名.静态成员名”的格式来引用一个类中的静态成员。但若使用了 Java 语言的静态引入功能，则可省去静态成员名称前的类名。即若在程序的最前面增加语句：

```
import static java.lang.Math.*;
```

那么，程序中所有的 Math 可省去不写，这样可简化程序的书写和输入。

2.5　运算符和表达式

运算符是一类特殊的符号，专门用来实现不同数据类型的各种运算。Java 语言提供了丰富的运算符，其中包括赋值运算符、算术运算符、关系运算符、逻辑运算符和位运算符等。

一个常量或者一个变量可以看成是最简单的表达式。一般的表达式是指由运算符和操作数组合在一起的符合 Java 语法规则的式子。根据运算符的不同，表达式主要有赋值表达式、算术表达式、关系表达式和逻辑表达式等。

2.5.1　赋值运算

在 Java 语言中赋值运算符用一个等号“=”来表示。赋值运算符的作用是给一个变量赋值，其结合方向是从右到左的。赋值运算符是一个双目运算符，需要连接两个运算量：左边必须是变量，右边则是表达式。赋值运算的一般形式为：

变量=表达式

赋值运算的意义是先计算表达式的值，然后将该值传送到变量所对应的存储单元中。即计算表达式的值，并将该值赋给变量。赋值表达式的值即是被赋值变量的值。例如：

```
x=67.2
```

将常量 67.2 赋给 x，赋值表达式的值是 67.2。

Java 语言还提供了一类特殊的复合赋值运算符，即将普通的赋值运算符和其他的运算符结合起来。一般地，记 θ 为一个双目运算符，复合赋值运算的格式为：

```
xθ=e
```

其等价的表达式为：

```
x=xθ(e)
```

例如：

```
x+=5.0 等价于 x=x+5.0
x*=u+v 等价于 x=x*(u+v)
a+=a-=b+2 等价于 a=a+(a=a-(b+2))
```

注意，当 e 是一个复杂表达式时，等价表达式的括号是必需的。即 e 表示表达式，使用复合赋值运算符连接两个运算量时，要把右边的运算量视为一个整体。例如，x*=y+5 表示 x=x*(y+5)，而不是 x=x*y+5。

【例 2-8】赋值运算符示例。

```
public class AssOper {
   public static void main(String[] args) {
      int a=10;
      int b=9;
      int c=8;
      int d=6;
      a+=5;          //等价于 a=a+5
      b-=4;          //等价于 b=b-4
      c*=a+b;        //等价于 c=c*(a+b)
      System.out.println(c);
      d+=b+(c=2);  //等价于 d=d+(b+(c=2))
      System.out.println(d);
```

```
    }
}
```

输出结果为：

```
160
13
```

2.5.2 算术运算

1. 基本的算术运算

Java 基本的算术运算符有：

+（加）、-（减）、*（乘）、/（除）、%（求余）、+（取正）、-（取负）

其中+、-和*三种运算符与数学中使用的习惯完全一致，这里不再赘述。下面着重介绍/和%运算符。

除法运算要特别注意，两个整数相除结果为整数，如 7/4 的结果为 1。在书写表达式时，要注意防止由于两个整数相除而丢掉小数部分，使运算误差过大，如 5*4/2 与 5/2*4 在数学上是等价的，但在 Java 语言中其值是不相等的，前者结果是 10，后者结果是 8。但有时利用两个整数相除又能达到自动取整的效果，如设 m，n 均为整型变量（n≠0），则 m-m/n*n 可得到 m 除以 n 的余数。

求余运算符要求参与运算的两个运算量均为整型数据，其结果为两个数相除的余数，如 5%3 的值为 2。一般情况下，求余运算所得结果与被除数的符号相同。如-5%3 的值为-2，而 5%-3 的值为 2。

加、减、乘、除和求余运算都是双目运算符，它们的结合性都是从左至右。

取正和取负这两个运算符是单目运算符，它们的结合性从右至左，优先级高于+、-、*、/、%等双目运算符。

【例 2-9】算术运算符示例。

```
public class AssOper {
    public static void main(String[] args) {
        int a=1+2, b=a*3, c=b/4;
        int d=a-c, e=-b;
        System.out.println("a= "+a);
        System.out.println("b= "+b);
        System.out.println("c= "+c);
        System.out.println("d= "+d);
        System.out.println("e= "+e);
        double x=5;
        double y=31/x;
        System.out.println("x="+x);
        System.out.println("y="+y);
        int p=35;
        System.out.println("p mod 10="+p%10);
    }
}
```

输出结果为：

```
a=3
b=9
c=2
```

```
d=1
e=-9
x=5.0
y=6.2
p mod 10=5
```

由上面的例题可以看出，在对整型数据进行除法运算时，所得结果只保留整数部分。Java 语言的求余运算符用于整型数据才有意义。

2．自增、自减运算

自增运算符（++）和自减运算符（--）的作用是分别对其操作数（一般为一个变量）加 1 或减 1，因此有 x=x+1 可以用 x++来表示；x=x-1，可以用 x--来表示。这两个运算符既可以出现在操作数之前，也可以出现在操作数之后。若在一个较复杂的表达式中，该运算符出现在操作数前面，则编译器会在获得该操作数的值之前执行相应的加 1 或减 1 的操作，并将其用于表达式的其他部分；若出现在操作数的后面，则编译器会先获得该操作数的值再执行加 1 或减 1 的操作。例如，设 x，y 为整型变量，且 x 的值为 4，则

```
y=++x;
```

使 y 的值为 5，而

```
y=x++;
```

使 y 的值为 4。

【例 2-10】自增自减运算符示例。

```
public class PlusPlus {
    public static void main(String[] args) {
        int a=5;
        int b=++a;
        int c=--b+a;
        System.out.println(c);
    }
}
```

输出结果为：

```
11
```

2.5.3 关系运算与逻辑运算

1．关系运算

关系运算符用于两个量之间的比较判断，常常用在 if 语句和各种循环语句的条件表达式中，其运算结果为一个布尔类型的值。Java 语言定义了 6 种关系运算符：

<（小于）、<=（小于等于）、>（大于）、>=（大于等于）、==（等于）、!=（不等于）

在上述 6 种关系运算符中前 4 种（<、<=、>、>=）的优先级高于后两种（==、!=）。另外，关系运算符的优先级低于算术运算符的优先级。例如，a<b+c 等价于 a<(b+c)。

关系表达式是由关系运算符将两个表达式连接起来的式子，一般格式为：

```
表达式 1 关系运算符 表达式 2
```

关系表达式的结果为 true（真）或 false（假）。

【例 2-11】关系运算符示例。

```
public class RelaOper {
```

```
    public static void main(String[] args) {
        int a1=7, a2=5;
        double b1=5.7, b2=5.7;
        char c1='B', c2='b';
        boolean d1=a1==a2, d2=b1!=b2;
        System.out.println(a1<a2);
        System.out.println(b1>=b2);
        System.out.println(c1>c2);
        //输出结果为 false，因为字符 B 的 Unicode 编码值小于字符 b 的 Unicode 编码
        System.out.println(d1==d2);
    }
}
```

输出结果为：

```
false
true
false
true
```

2. 逻辑运算

Java 的逻辑运算符有：

&&（逻辑与）、||（逻辑或）、!（逻辑非）

其中，运算符&&和||是双目运算符，要求有两个运算分量，用于连接多个条件，构成更复杂的条件。运算符!是单目运算符，用于对给定条件取非。逻辑运算产生的结果也是一个逻辑量：true 或 false。

逻辑运算符中，! 的优先级最高，其次是&&，||的优先级最低。另外，逻辑运算符的优先级低于关系运算符的优先级。

逻辑表达式是用逻辑运算符将逻辑量连接起来的式子。除！以外，&&和||构成的逻辑表达式一般形式为：

```
p1 逻辑运算符 p2
```

其中 p1、p2 是两个逻辑量。

若逻辑运算符为&&，则当连接的两个逻辑量全为真时，逻辑表达式取值为真，只要有一个为假，便取假值。若逻辑运算符为||，则当连接的两个逻辑量中只要有一个为真，逻辑表达式的值为真，只有两个逻辑量同时为假时，才产生假值。! 是 个单目运算符，只作用于后面的 个逻辑量。它对后面的逻辑量取非，如果逻辑量为假，便产生真值，如果逻辑量为真，便产生假值。逻辑运算的功能可用如表 2-4 所示的真值表来表示。

表 2-4　逻辑运算真值表

p	q	p&&q	p||q	!p
false	false	false	false	true
false	true	false	true	true
true	false	false	true	false
true	true	true	true	false

逻辑与和逻辑或运算分别有如下性质：

（1）对于 a && b，当 a 为 false 时，不管 b 为何值，结果为 false。

（2）对于 a || b：当 a 为 true 时，不管 b 为何值，结果为 true。

根据上述性质，在计算连续的逻辑与运算时，若有运算分量的值为 false，则不再计算后继的逻辑与运算分量，并以 false 作为逻辑与算式的结果；在计算连续的逻辑或运算时，若有运算分量的值为 true，则不再计算后继的逻辑或运算分量，并以 true 作为逻辑或算式的结果。也就是说，对于 a && b，仅当 a 为非零时，才计算 b；对于 a || b，仅当 a 为 false 时，才计算 b。

【例 2-12】逻辑运算符示例。

```
public class LogicOper {
   public static void main(String[] args) {
       int y,x=1;
       boolean flag1=((y=2)==2)&&((x=3)==3);
       //x 的值为 3,因为&&左边表达式的值为 true,运算右边表达式的值才能得出结果
       System.out.println("x 的值为: "+x);
       x=1;
       boolean flag2=((y=2)==0)&&((x=3)==3);
       //x 的值仍为 1，因为&&左边表达式为 false,不会运算右边表达式的值
       System.out.println("x 的值为: "+x);
       System.out.println("flag1&flag2 结果为: "+(flag1&flag2));
       System.out.println("flag1|flag2 结果为: "+(flag1|flag2));
       System.out.println("flag1^flag2 结果为: "+(flag1^flag2));
       System.out.println("!flag2 结果为: "+(!flag2));
       System.out.println("flag1&&flag2 结果为: "+(flag1&&flag2));
       System.out.println("flag1||flag2 结果为: "+(flag1||flag2));
   }
}
```

输出结果为：

```
x 的值为: 3
x 的值为: 1
flag1&flag2 结果为: false
flag1|flag2 结果为: true
flag1^flag2 结果为: true
!flag2 结果为: true
flag1&&flag2 结果为: false
flag1||flag2 结果为: true
```

2.5.4　位运算符

任何数据在计算机内部都是以二进制的形式存储的，如一个 int 型变量在内存中占 4 字节共 32 位。为了方便对二进制位进行操作，Java 语言提供了二进制位运算符。位运算符只能用于整型或字符型操作数，即 int、long、short、byte 和 char 中的任意一种。

1．按位与运算符（&）

参与按位与运算的两个操作数，首先转换成二进制数，然后低位对齐，高位不足的补零，当两个对应的二进制位都为 1 时，该位的结果值为 1，其余情况结果值均为 0，即 0&0=0，0&1=0，1&0=0，1&1=1。

按位与运算常用于将某个操作数的某些位清零或提取某些位的值。例如想将一个 byte 型的数据 a 高 4 位清零，而保留其低 4 位的值，则可以将 a 与一个高 4 位为 0，低 4 位为 1 的值做按位与运算。

2．按位或运算符（|）

参与按位或运算的两操作数，首先转换成二进制数，然后低位对齐，高位不足的补零，当两个对应的二进制位都为 0 时，该位的结果值为 0，其余情况结果值均为 1，即 0|0=0，0|1=1，1|0=1，1|1=1。

按位或运算可以实现将一个数据的某些位定值为 1，例如想使一个 byte 型的数据 a 的低 4 位变为 1，高 4 位不变，只需将 a 与一个高 4 位为 0，低 4 位为 1 的值做按位或运算。

3．按位异或运算符（^）

参与按位异或运算的两操作数，首先转换成二进制数，然后低位对齐，高位不足的补零，当两个对应的二进制位相同时，该位的结果值为 0 时，不相同时结果值为 1，即 0^0=0，0^1=1，1^0=1，1^1=0。

按位异或运算可以实现将一个数据的某些位翻转，其规律是“与 1 异或”该位翻转，“与 0 异或”该位不变。

4．按位取反运算符（~）

参与按位取反运算的操作数只有一个，将其转换成二进制数后，将该数字中为 1 的位变成 0，为 0 的位变成 1，即~1=0，~0=1。

【例 2-13】位运算符示例。

```
public class c2_11 {
    public static void main(String[] args) {
        String  bitnary[]={"0000","0001","0010","0011","0100","0101","0110",
        "0111","1000","1001","1010","1011","1100","1101","1110","1111"};
        int a=5, b=9;
        int c=a&b;
        int d=a|b;
        int e=a^b;
        int f=(~a&b)|(a&~b);
        System.out.println("a="+ bitnary[a]);
        System.out.println("b="+ bitnary[b]);
        System.out.println("a&b="+ bitnary[c]);
        System.out.println("a|b="+ bitnary[d]);
        System.out.println("a^b="+ bitnary[e]);
        System.out.println("(~a&b)|(a&~b)="+bitnary[f]);
    }
}
```

输出结果为：

```
a=0101
b=1001
a&b=0001
a|b=1101
a^b=1100
(~a&b)|(a&~b)=1100
```

5．移位运算符

移位运算符也是对二进制位操作的运算符，在运算时先将操作数转换成二进制数，然后再向右或向左移动相应的位数。

（1）左移运算符（<<），用来将一个数的各个二进制位向左移动指定的位数，如果在移动的

过程中，溢出被舍弃的高位中不包含 1，则每左移 1 位相当于该数乘以 2，左移 n 位，则相当于该数乘以 2^n。左移运算符是做无符号的位移处理，即它不会将所处理的值的最高位视为正负符号，因此左移后，所得结果的值正负可能会与原来的不同。

（2）右移运算符（>>），用来将一个数的各个二进制位向右移动指定的位数，移出的右端低位被舍弃，位移后所空出的高位全部改成原来的最高位的值（代表正负号的位），也就是说，数据在做右移后，所得的结果符号不变，正数仍旧是正数，负数仍旧是负数。右移运算符是做带符号的位移处理。右移一位相当于该数除以 2，右移 n 位相当于该数除以 2^n。

（3）无符号右移运算符（>>>），用来将一个数的各个二进制位向右移动指定的位数，移出的右端低位被舍弃，位移后所空出的高位全部以 0 填充。无符号右移运算符是做无符号的位移处理，即它不会将所处理的值的最高位视为正负符号，右移后会直接在空出的高位补 0。如果做位移的原始值并不是代表数值，比如表示颜色图案的值，其最高位并非为符号位，可以使用这种无符号的位移。

【例 2-14】移位运算符示例。

```
class MoveOper {
    public static void main(String[] args) {
        byte a=5>>1;
        byte b=-5>>1;
        byte c=5<<1;
        byte d=-5<<1;
        byte e=(byte)(-65<<1);
        int f=-5>>>1;
        System.out.println("a="+a);
        System.out.println("b="+b);
        System.out.println("c="+c);
        System.out.println("d="+d);
        System.out.println("e="+e);
        System.out.println("f="+f);
        System.out.println((a>b)?a:(c>d)?c:d); //右结合性，先计算(c>d)?c:d
    }
}
```

输出结果为：

```
a=2
b=-3
c=10
d=-10
e=126
f=2147483645
2
```

注意：Java 语言中的数值是以补码的形式表示的。正数的补码就是其原码，负数的补码是符号位为 1，其余各位求反，末位加 1。

2.5.5 其他运算符

除了以上介绍的运算符，Java 语言还提供了三元运算符、对象运算符等其他运算符。

1. 三元运算符

三元运算符又称条件运算符，其语法格式如下：

布尔表达式?表达式 1:表达式 2

该运算符需要 3 个操作数，当布尔表达式的值为 true 时，以表达式 1 的值作为条件表达式的值，否则以表达式 2 的值作为条件表达式的值。

【例 2-15】三元运算符示例。

```
class ThreeOper {
    public static void main(String[] args) {
        int a=6, b=8, c=2, d=10;
        System.out.println(a>b?a:b);
        System.out.println(a<b?a:b);
        System.out.println((a>b)?a:(c>d)?c:d); //右结合性，先计算(c>d)?c:d
    }
}
```

输出结果为：

```
8
6
10
```

2. 对象运算符（instanceof）

对象运算符 instanceof 用来判断一个对象是否是某一个类或者其子类的实例。如果对象是该类或者其子类的实例，返回 ture，否则返回 flase。

3. ()和[]

括号运算符()的优先级是所有运算符中最高的，所以它可以改变表达式运算的先后顺序。在有些情况下，它可以表示方法或函数的调用。

方括号运算符[]是数组运算符。

4. "." 运算符

"." 运算符用于访问对象实例或类的成员方法。

5. new 运算符

new 运算符用于创建一个新的对象或新的数组。

2.5.6 运算符的优先级及结合性

优先级是指同一表达式中不同运算符被执行的先后次序，在表达式求值时，先按运算符的优先级别由高到低的次序执行，如果一个运算对象两侧的优先级别相同，则按规定的"结合方向"处理，称为运算符的"结合性"。表 2-5 列出了 Java 语言各类运算符的优先级及结合性。

表 2-5 运算符优先级和结合性

运　算　符	优　先　级	结　合　性
[] () . , ;	1	从左至右
++ -- +(正) -(负) ! ~(单目运算)	2	从右至左

续表

运　算　符	优　先　级	结　合　性
* / %	3	从左至右
+（加） -（减）	4	从左至右
<< >> >>>	5	从左至右
> >= < <=	6	从左至右
== !=	7	从左至右
&	8	从左至右
^	9	从左至右
|	10	从左至右
&&	11	从左至右
||	12	从左至右
?:（三元运算）	13	从右至左
=	14	从右至左

在实际的开发中，其实并不需要去刻意去记忆运算符的优先级别，也不要刻意使用运算符的优先级别，对需要强调运算符优先级的地方尽可能使用小括号，这样做不但方便编写代码，也便于代码的阅读和日后的维护。

2.6 字　符　串

Java 语言的 java.lang 包中提供了 3 个字符串类：String 类、StringBuffer 类和 StringBuilder 类。String 类是不可变字符串，StringBuffer 类和 StringBuilder 类是可变字符串。这 3 种字符串都是 16 位的 Unicode 字符序列，且都被声明为 final，不能被继承。本节只介绍常用的 String 类和 StringBuffer 类。

2.6.1 String 类

String 类可以用来构造字符序列不能改变的字符串，即 String 类一旦被实例化后其长度是固定的，如果需要赋新值将会重新开辟内存空间，产生新的对象。

1．创建字符串

字符串对象是用一对双引号括起来的字符序列，但双引号本身不属于字符串的内容。在 Java 语言中，字符串被看做是 String 类的实例，每一个字符串被当做对象来使用。String 类提供了多种构造方法来创建不同的字符串对象。

（1）String()方法。创建一个空字符串对象。例如：

```
String s;
s=new String();
```

（2）Sring(String original)方法。用一个已经创建的字符串创建另一个字符串对象，相当于复制字符串。例如：

```
String s="Hello world";
```

```
String k=new String(s);          //相当于 k="Hello world"
```

（3）String(char value[])方法。用一个字符数组创建一个字符串对象。例如：

```
char c[]={'a','b','c','d'};
String str=new String(c);          //相当于 str="abcd"
```

（4）String(StringBuffer buffer)方法。用 StringBuffer 对象创建一个字符序列可以改变的字符串对象。

2．获取字符串的长度

利用 String 类中的 length()方法可以获得指定字符串的长度。例如：

```
String s="We are chinese.";
String k="what a beautiful day.";
int a,b;
a=s.length();
b=k.length();
```

那么 a 的值为 s 字符串的长度（包括空格）是 15，b 的值为 k 字符串的长度（包括空格）是 21。

3．字符串的比较

（1）equals()方法和 equalsIgnoreCase()方法。在比较基本数据类型的数据时是利用运算符==判断数据是否相等，由于 Java 的字符串是一个对象，也就是引用数据类型，所以不能用==来判断字符串的内容是否相等。String 类中的 equals()方法可以比较两个对象实例是否相同。equals()方法返回 boolean 类型的结果，其参数为一个字符串对象（设为 obj），当且仅当 obj 不为 null 且当前字符串对象与 obj 有相同的字符串时返回 true，否则返回 false。equalsIgnoreCase()方法的功能与 equals()方法类似，只是在比较字符串时忽略大小写。

【例 2-16】equals()方法示例。

```
class CharTest1 {
    public static void main(String[] args) {
        String a="abcdefg";
        String b="abcdefg";
        if(a.equals(b)){        //注意此处比较字符串内容使用了 equals()方法
            System.out.println("a 和 b 的值相等");
        }
    }
}
```

（2）compareTo()和 compareToIgnoreCase()方法。可以使用 compareTo()和 compareToIgnoreCase()方法将两个字符串按其对应的 Unicode 码值进行比较。前者在比较时区分字符的大小写，后者在比较时不区分字符的大小写。当遇到第一个不相同的字符时，则将相应字符的差作为字符串的比较结果。如果字符串内容相同返回 0，如果给定的字符串内容比参数字符串的内容小，则返回一个负数，如果给定字符串的内容比参数字符串的内容大，则返回一个正数。

【例 2-17】compareTo()和 compareToIgnoreCase()方法示例。

```
class CharTest2 {
    public static void main(String[] args) {
        String s="abc";
        System.out.println(s.compareTo("ABC"));               //输出结果为 32
        System.out.println(s.compareToIgnoreCase("ABC"));     //输出结果为 0
        System.out.println(s.compareTo("blue"));              //输出结果为-1
        System.out.println(s.compareTo("abc"));               //输出结果为 0
```

```
    }
}
```

4．字符串的连接

（1）“+”运算符。可以利用运算符“+”将两个字符串连接成一个新的字符串，新串的内容为进行“+”运算的两个字符串内容的合并。“+”运算符可以使一个字符串与一个其他数据类型的数据进行连接，连接时编译器会先将其他数据类型的数据转化为字符串数据，然后再进行字符串间的连接操作。

（2）concat()方法。该方法可以将当前字符串对象与给定字符串连接起来，其语法格式为：

```
str1.concat(String str2)
```

其结果将返回 str2 连在 str1 的后面形成的新字符串。

【例 2-18】字符串连接的示例。

```
public class StringConnect {
    public static void main(String[] args) {
        String s1=new String("We are ");
        String s2=new String("Chinese!");
        String s3="广州"+"亚运会";
        int a=20;
        System.out.println(s1+s2);
        System.out.println(s1+20);
        System.out.println(s1.concat(s2));
        System.out.println(s3+"很成功! ");
    }
}
```

输出结果为：

```
We are Chinese!
We are 20
We are Chinese!
广州亚运会很成功!
```

5．从字符串到基本数据类型数据

如果需要将数字格式的字符串，如“100”、“120.5”转换成相应的基本数据类型，则可以使用基本数据类型的包装类来实现。例如，“int a=Integer.parseInt("100");”将字符串“100”转换成整型数据并赋值给变量 a，“float b=Float.parseFloat("120.5");”将字符串“120.5”转换成浮点型数据赋值给变量 b，“double c=Double.parseDouble("2.5");”将字符串“2.5”转换成双精度浮点型数据赋值给变量 c。

2.6.2 StringBuffer 类

StringBuffer 类的对象也是字符串，但是 SringBuffer 类的内部实现方式与 String 类是不同的。String 类对象实现的是一种不能改变的静态字符串，即对于 String 类的对象一旦创建完毕，就不能再修改其内容。而 StringBuffer 类实现的是一种动态可改变的字符串，即当 StringBuffer 类的对象其内容发生时将继续使用原来的内存空间，而不会重新产生新的对象。如果经常需要对一个字符串所包含的字符序列进行修改，比如插入、删除等操作，使用 StringBuffer 类将更加方便与高效。

1. StringBuffer 类对象的构造方法

StringBuffer 类对象的初始化与 String 类的初始化不一样，需要使用构造方法进行初始化。Java 语言为 StringBuffer 类提供了 3 种构造方法：

（1）public StringBuffer() 方法：创建一个没有字符的字符串缓冲区，初始容量为 16 个字符。

（2）public StringBuffer(int length)方法：创建一个长度大小为 length 的没有字符的字符缓冲区。

（3）public StringBuffer(String str)方法：用一个已有的字符串 str 来创建一个字符串缓冲区对象，另外再分配 16 个字符的缓冲区。

例如，“StringBuffer str1=new StringBuffer();”创建了一个空的 StringBuffer 类对象 str1，并为其分配了长 16 字节的字符缓冲区。“StringBuffer str2=new StringBuffer("abc");”创建了一个值为"abc"的 StringBuffer 类对象 str2，并在其后面留了 16 字节的空缓冲区。“StringBuffer str3=new StringBuffer(512);”创建了一个空的 StringBuffer 类对象 str3，并为其分配了长 512 字节的字符缓冲区。

由上面的第 2 条语句可以看出，可以通过 String 类的对象构造出相应的具有相同字符序列的 StringBuffer 类对象。

2. 修改 StringBuffer 类对象

StringBuffer 类对象最大的特点就是该对象实例的内存空间可以自动改变大小，便于存放可变的字符串以及对字符串对象进行修改。常用的 StringBuffer 类对象的修改方法有以下几种：

（1）public StringBuffer append(String str)方法：将字符串 str 连接到当前的字符串尾。该方法的参数可以为 int、char、float 等任何数据类型，把这些不同的数据类型转换成字符串，然后与当前字符串连接。

（2）public StringBuffer insert(int offset,String str)方法：将字符串 str 插入当前字符串的指定位置 offset，字符串中字符的位置从 0 开始。该方法与 append 方法一样，可以支持多种数据类型的数据插入当前的字符串。

（3）public StringBuffer delete(int start,int end)方法：删除当前字符串指定位置从 start 开始到 end（不包括 end）之间的字符。

（4）public StringBuffer deleteCharAt(int index)方法：删除指定位置的字符。

（5）public StringBuffer replace(int start,int end,String str)方法：用字符串 str 从指定位置 start 到 end（不包括 end）之间的字符。

（6）public StringBuffer reverse()方法：将字符串的字符序列变成倒序的字符序列。

【例 2-19】StringBuffer 类常用方法的示例。

```
public class StringConnect {
    public static void main(String[] args) {
        StringBuffer str1=new StringBuffer("Hello");
        String str2=",world!";
        char c[]={'A','l','i','c','e','!'};
        int a=100;
        System.out.println(str1.append(str2));
        System.out.println(str1.delete(6,12));
        System.out.println(str1.append(c));
        System.out.println(str1.deleteCharAt(5));
        System.out.println(str1.insert(5,","));
        System.out.println(str1.insert(5,a));
```

```
        System.out.println(str1.replace(5,9,str2));
        System.out.println(str1.reverse());
    }
}
```

输出结果为：

```
Hello,world!
Hello,
Hello,Alice!
HelloAlice!
Hello,Alice!
Hello100,Alice!
Hello,world!Alice!
!ecilA!dlrow,olleH
```

3. StringBuffer 类对象转换成 String 类对象

StringBuffer 类中还提供了一个字符串的转换方法：toString()，StringBuffer 类对象可以调用该方法将自身转换成字符序列不能改变的 String 对象。

【例 2-20】StringBuffer 类 toString()方法的示例。

```
public class StringConnect {
    public static void main(String[] args) {
        StringBuffer str1= new StringBuffer("Hello");
        str1.append('!');
        System.out.println(str1.toString());
        String str2=str1.toString();  //将 StringBuffer 类对象 str1 转换成 String
        类对象 str2
        // str2.append('!'); 这一句编译出错，因为 str2 是不可改变的 String 类对象
        System.out.println(str2);
    }
}
```

2.7　数　　组

数组是在实际程序设计中常用到的一种数据结构，几乎所有的程序设计语言都支持数组，数组中的各个数据元素是通过数组名与下标的结合方式来表示的。Java 语言中数组属于引用数据类型，被看做是对象，数组中的每个元素相当于该对象的成员变量，但这些变量的数据类型必须一致。

2.7.1　数组的概念与创建

数组是一组具有相同数据类型的数据的集合，这些数据用一个统一的名称（称为数组名）来标识，数组里的每个数据由下标来区别。Java 语言中认为数组是引用数据类型，具有对象的性质。所有的数组含有一个属性 length，这个属性的值就是数组的长度，即包含元素的个数。对于数组元素的访问可以通过数组名加下标的方式来进行，数组元素的下标从 0 开始。在 Java 语言中，数组必须先声明，再创建和使用。

1. 数组的声明

数组的声明有两种格式，以一维数组为例，其语法格式为：

```
数组元素类型  数组名[];
数组元素类型[] 数组名;
```

其中数组元素类型为任意一种数据类型，数组名必须是一个合法的标识符，[]表明该处声明一个数组。两种格式是等价的。例如，“int a[];”与“int[] a;”等价，“String c[];”与“String[] c;”等价。

声明数组时只是规定了数组名、数组元素的数据类型，但并不需要给出数组的长度。

如果需要在一条语句中声明多个数组，则相应语法格式如下：

```
数组元素类型  数组名 1[], 数组名 2[], …, 数组名 n[];
数组元素类型[]  数组名 1,数组名 2, …, 数组名 n;
```

例如：

```
int a[],b[],c[];  //与 int[] a,b,c;等价
```

2．创建数组

由于 Java 语言中的数组是一个对象，因此声明数组时并没有为其分配任何内存空间，要使用数组则必须先通过创建数组为其分配内存空间。

（1）通过数组初始化语句创建数组。可以在声明数组的同时为其直接指定初值，即通过静态初始化在定义数组的同时就为数组元素分配内存空间并赋值，其语法格式为：

```
数组元素类型[] 数组名={数组元素 1,数组元素 2,…,数组元素 n};
```

例如：

```
int[] a={100,200,300,400,500};
char b[]={'x','y','z'};
```

在执行上面语句后，数组 a 和数组 b 就分别得到了内存空间，可以利用“数组名[下标]”的形式去访问数组元素。上例中 a[0]、a[1]、a[2]、a[3]、a[4]的值分别为 100、200、300、400、500，b[0]、b[1]、b[2]的值分别为 x、y、z。

（2）通过 new 操作符创建数组。在数组不带初始化语句的声明后，可以利用 new 操作符动态初始化为数组分配内存空间，此时必须指明数组的长度，其语法格式为：

```
数组名=new 数组元素类型[数组元素的个数];
```

例如：

```
a=new int[8];
b=new char[10];
```

或：

```
int[] a=new int[8];
char[] b=new char[10];
```

语句为数组 a 分配 8 个整型的内存空间，为数组 b 分配 10 个字符型的内存空间，声明和动态创建数组同时完成。这样创建的数组，在其不再使用时 Java 虚拟机的垃圾收集器会自动地回收数组元素所占用的内存空间。

3．多维数组

Java 语言中的多维数组可以通过建立数组的数组来得到。例如当一个数组中的每一个元素都是一个一维数组时，则认为该数组就是二维数组。同样，如果当一个数组里的每一个元素都是一个二维数组时，则认为该数组就是三维数组，依此类推就可以得到多维数组的概念。

可以把二维数组看成是一个具有行和列的表，则只要给定表的行号和列号（即二维数组的两个下标）就可以确定表中的元素。因此多维数组需要有多个下标来确定，*n* 维就需要 *n* 个下标。

二维数组的声明也有两种，其语法格式为：

```
数组元素类型 数组名[][];
数组元素类型[][] 变量名;
```

其中括号的个数即为数组的维数，注意括号内同样不能写上各维的长度。例如：

```
int[][] a;
int b[][];
```

创建多维数组的方法与创建一维数组的方法相似，同样有静态的初始化创建和利用 new 运算符动态初始化的创建。例如：

```
int[][] arr1={{36,91,2}, {-23,2,3}, {12,3,-23,87}};
```

该语句声明的二维数组 arr1 由 3 个一维数组组成，它们的长度分别为 3，3，4。

又如：

```
int arr2[][]=new int[3][4];
```

该语句创建了一个 3×4 的二维数组，每个数组元素的值为默认值 0。

2.7.2 数组的引用

一维数组和多维数组都可以通过数组名与下标相结合来访问其数组元素，例如下面创建的两个数组：

```
int[] a=new int[4];
int[][] b=new int[2][2];
```

数组 a 的数组元素分别表示为 a[0]、a[1]、a[2]、a[3]；数组 b 的数组元素分别表示为 b[0][0]、b[0][1]、b[1][0]、b[1][1]，注意数组元素的下标都是从 0 开始的。

【例 2-21】使用数组的示例。

```
class ArrayTest{
    public static void main(String[] args) {
        int i;
        int[] a=new int[5];
        for(i=0;i<a.length;i++) {
            a[i]=i;
        }
        for(i=a.length-1;i>=0;i--)  {
            System.out.println(a[i]);
        }
    }
}
```

输出结果为：

```
4
3
2
1
0
```

程序声明并初始化一个长度是 5 的数组，使用 for 循环变量（第 3 章中详细介绍）控制数组的下标，下标的区间是[0, a.length-1]，其中 a.length 表示数组 a 的长度。在实际赋值时，把数组的下标作为循环变量，则当 i 的值为 0 时，则 a[i]就是 a[0]，依此类推，程序中将 i 的值赋给 a[i]值，这样循环结束以后，数组 a 中的值就依次是 0～4 了。输出时将数组 a 的值反向输出。

从上面的程序可以知道，数组的长度可以通过“数组名.length”得到，如上例中数组 a 的长度通过 a.length 求得值为 5。需要注意的是，这里得到数组长度的方法和 String 类得到字符串长度的方法是有区别的，数组是通过自身的属性 length（即长度）得到，而字符串的长度是通过调用 String 类的 length()方法得到的。

小　　结

（1）在 Java 语言中，合法的标识符必须遵循以下的命名规则：只能由字母、下画线、数字和符号$组成，不能包含其他符号。只能以字母、下画线和美元符号作为标识符的第一个字符。不能与关键字同名，即标识符内可以包含关键字，但不能与关键字完全一样。严格区分大小写，但长度没有限制。

（2）Java 语言对变量的声明包括为变量命名、确定变量的类型及其作用域 3 个部分。变量名必须是一个合法的标识符，应该具有特定的含义以增加程序的可读性。

（3）Java 语言的整型常量可以使用十进制、八进制和十六进制来表示，其整型类型包括 int 型（在内存中占 4 字节）、long 型（在内存中占 8 字节）、short 型（在内存中占 2 字节）、byte 型（在内存中占 1 字节）。整数常量默认为 int 类型，若要表明是一个 long 型常量，则必须在数值后直接跟一个字母 L 或 l。

（4）Java 语言的浮点型常量可以使用十进制数表示和科学记数法表示，其浮点型分为单精度类型 float（在内存中占 4 字节）和双精度类型 double（在内存中占 8 字节）两种。浮点型常量默认为 double 类型，若要表明是一个 float 常量，则必须在数值后直接跟一个字母 F 或 f。Java 语言没有无符号型数，整型和浮点型数据所占的内存字节数都是明确规定不变的。

（5）Java 语言使用 16 位 unicode 编码来表示字符，字符型常量必须用一对单引号括起。Java 语言允许使用一种特殊形式的字符常量来表示一些难以用一般字符表示的字符，这种特殊的字符是以一个“\”开头的字符序列，称为转义字符。

（6）Java 语言的布尔型常量只有 true 和 false 两个，用 true 表示真，用 false 表示假，不对应于任何整数值，布尔型数据在计算机内存中占 1 字节。

（7）Java 语言的基本数据类型转换主要有两种方式：自动类型转换和强制类型转换。当两种数据类型彼此兼容，且目标类型的取值范围大于源类型，编译器会实现自动类型转换。如果需要将精度高的数据赋值给精度低的变量，或者将精度高的数据转换成精度低的数据，则必须使用强制类型转换。

（8）Java 语言提供了丰富的运算符，包括赋值运算符、算术运算符、关系运算符、逻辑运算符，位运算符等。当表达式中出现多个运算符时，运算次序按运算符的优先级来进行，对于同级的运算符，则要看它们的结合性。

（9）Java 语言提供了 String 类和 StringBuffer 类这两个常用的字符串类，它们存在于 java.lang 包中。String 类的对象是一个字符序列不能改变的字符串，而 StringBuffer 类对象则是可以随时改变的。当经常需要对一个字符串所包含的字符序列进行修改，使用 StringBuffer 类将更加方便与高效。

（10）Java 语言中数组属于引用类型，每一个数组对象不仅包含一组具有相同数据类型的数据，还含有一个用来表示数组长度的属性 length。数组元素的访问可以通过数组名加下标的方式来进行，数组元素的下标从 0 开始。

思考与练习

一、选择题

1. 下列字符序列中，不属于 Java 语言关键字的是（　　）。

   A. try　　B. this　　C. native　　D. goto

2. 下列字符序列中，合法的 Java 程序标识符是（　　）。

   A. _student　　B. public　　C. 123num　　D. Good Luck

3. 下列数中不是 Java 正确的整数表示的是（　　）。

   A. 34　　B. 0x34　　C. 34H　　D. 034

4. 下面的类型中不是 Java 整数类型的是（　　）。

   A. long　　B. short　　C. unsigned　　D. byte

5. 下面的操作中正确的是（　　）。

   A. int x=3.1415926;　　B. double y=236000;

   C. String str="good";　　D. boolean truth=1;

6. 对于 Java 语言的运算符，下面说法正确的是（　　）。

   A. 具有相同优先级的运算符，计算顺序一律是从右到左

   B. 关系运算符的优先级要高于算术运算符

   C. 圆括号具有最高优先级

   D. Java 语言的运算符不具有优先级的区别

7. 下列表达式中运算结果为 32 的是（　　）。

   A. 2^6　　B. (8>>2)<<4　　C. 2>>6　　D. (2<<1)*(32>>3)

8. 下面的运算符中属于位运算符的是（　　）。

   A. &　　B. >=　　C. &&　　D. ++

9. 下面对字符串正确定义的是（　　）。

   A. String s1=null;　　B. String s2='null';

   C. String s3=(String)'abc';　　D. String s4=(String)'\uface';

10. 假设有：

```
String a="A";
char b='A';
int c=65;
```

   下面选项中正确的是（　　）。

   A. if (c=b) {System.out.print("Equal");}

   B. if (a==b) {System.out.print("Equal");}

   C. if (a==c) {System.out.print("Equal");}

   D. if (c==b) {System.out.print("Equal");}

11. 下面创建数组的语句中错误的是（　　）。

A. int[] a={100,200,300, 400,500}; B. char b[4]={'x','y','z'};

C. char[] b=new char[]; D. int[][] b=new int[2][2];

12. Java 中定义数组名为 abc，下面可以得到数组元素个数的是（　　）。

A. abc.length( ) B. abc.length C. len(abc) D. ubound(abc)

二、填空题

1. Java 的数据类型可分为________、________两大类。
2. Java 中使用的字符编码为________，它以________二进制数来表示一个字符。
3. Java 是一种强类型语言，凡是使用到的变量，在编译之前一定要被显示地________。
4. 在 Java 中对于浮点型的值，如果没有特别指明，默认是________。
5. Java 语言中使用________类来表示多个字符，表示方式是用________把要表示的字符串引起来，字符串里面的字符数量可以是任意多个的。
6. 在 Java 语言中，数组的下标都是从________开始的，数组一旦被创建，则在内存中占用内存地址。

三、问答题

1. Java 语言标识符的书写有哪些规则？在下面的标识符中，哪些是不正确的，并说明原因。here，_there，this，that，it，2to1，_it。
2. int 和 Integer 有什么区别？String 和 StringBuffer 有什么区别？&和&&有什么区别？
3. Java 的整数类型有哪几种？各自的取值范围是多大？
4. Java 的字符类型如何表示？
5. Java 中有两个关键字：void 和 null，它们有什么区别？
6. 数组有没有 length()这个方法？String 字符串有没有 length()这个方法？
7. 看以下代码：

```
double x1=100.3;
double x2=1003/10;
System.out.println(x1==x2);   //输出 false
```

看起来 x1 与 x2 是相等的，为什么程序运行时会输出一个让人意外的结果：false？

8. 看以下代码：

```
int x1,x2,y=10,z=20;
x1=y=z;
x2=y==z;
System.out.println(x1);         //输出 20
System.out.println(x2);         //输出 true
```

x1 与 x2 的值为什么不同？“=”与“==”的区别是什么？

四、程序分析题

1. 写出下列程序的执行结果。

```
public class Main {
    public static void main(String[] args) {
        System.out.println("Integer Arithmetic ");
        int a=1+1;
```

```
        int b=a*2;
        int c=b/3;
        int d=c-a;
        System.out.println("a="+a);
        System.out.println("b="+b);
        System.out.println("c="+c);
        System.out.println("d="+d);
        System.out.println("\nFloating Point Arithmetic ");
        float fa=1+1;
        float fb=fa*2;
        float fc=fb/3;
        float fd=fc-fa;
        System.out.println("fa="+fa);
        System.out.println("fb="+fb);
        System.out.println("fc="+fc);
        System.out.println("fd="+fd);
    }
}
```

2. 写出下列程序的执行结果。

```
public class Test  {
public static void main(String[] args){
        int x1=5,y1;
        int x2=5,y2;
        y1=++x1;
        y2=x2++;
        System.out.println("x1="+x1);
        System.out.println("y1="+y1);
        System.out.println("x2="+x2);
        System.out.println("y2="+y2);int x=5,y;
        y=++x;
    }
}
```

3. 写出下列程序的执行结果。

```
public class Test  {
public static void main(String[] args){
        int i=(5>3)?6:7;
        System.out.println("the i="+i);
    }
}
```

4. 写出下列程序的执行结果。

```
class String1  {
    public static void main(String[] args){
        String str[]={"one","two","three"};
        for(int n=0;n<str.length;n++)
            System.out.println("str["+n+"]:"+str[n]);
    }
}
```

5. 写出下列程序的执行结果。

```
class ArrayTest1  {
    public static void main(String[] args){
        int month_days[]={31,28,31,30,31,30,31,30,31,30,31,30};
        System.out.println("June has "+month_days[6]+" days.");
    }
}
```

五、程序设计题

1. 编写输出师生早上相互问好的程序。
2. 用单目运算符计算正整数 5 的两种自减运算后再减 1 的结果。
3. 求下列算术表达式的值并上机验证：

```
int a=20,b=3;
double f=20,g=3;
```

（1）a/b、a%b、f/g。

（2）(b--)*2、a++/--b。

4. 求下列关系表达式或逻辑表达式的值并上机验证：

```
int x=6, y=7, z=8;
```

（1）x==x++、x==++x、x!=y。

（2）y==z && x<y、x>y || !(x<y)、x>10 && x++<(y+=10)。

5. 编写一个程序，要求能够判断一个字符串中是否包含中文，并计算出包含有几个汉字。设字符串 String str="Sun 公司的 Java 程序设计语言！"。

第 3 章　算法与程序控制结构

引言

算法是程序设计的灵魂，算法设计是程序设计过程中的重要环节。Java 语言是面向对象的程序设计语言，Java 程序以类和对象为基础。但面向对象程序设计也是以面向过程程序设计为基础而发展起来的，因为在类的内部，有关方法的具体实现中，仍然需要严格遵守传统的结构化程序设计原则，因此，熟练掌握结构化程序设计的 3 种基本流程控制结构是进一步学习 Java 面向对象程序设计的基础。

Java 程序中的流程控制结构主要由顺序结构、选择结构和循环结构构成。本章先介绍算法的基本概念与描述方法，然后介绍在 Java 语言中如何实现 3 种基本流程控制结构。

学习目标

通过对本章内容的学习，学生应该能够：

- 了解算法的基本概念及描述方法。
- 理解 3 种流程控制结构的作用。
- 掌握 3 种流程控制结构的实现方法。
- 掌握常用算法与基本的程序设计方法。

3.1 算　　法

要让计算机解决某一个问题，必须编写相应的程序。编写程序需要确定解决问题的方法和思路，并要正确地写出求解步骤，这就称为解决这个问题的算法（Algorithm）。如果从计算机完成任务的角度，一个计算机程序就是利用程序设计语言对算法的一种实现，因此算法是程序设计的基础。

3.1.1 算法的概念及描述

算法是对特定问题解题步骤的准确而完整的描述。对于一个问题，如果可以通过一个程序，在有限的存储空间和运行时间内得到正确的结果，那么则称这个算法是可行的。计算机解题的过程实际上可以说是在实施某种算法，但是算法并不等同于计算机程序。著名的瑞士计算机科学家沃思（N. Wirth）提出：算法+数据结构=程序，这里的算法指的就是对数据运算的描述，数据结构指的是数据的逻辑结构和存储结构。算法依赖于特定的数据结构，这也说明，好的算法也取决于描述实际问题的数据结构。当然，程序的编写还要考虑很多其他的问题，如操作系统、运行环境等。

1．算法的基本特征

通常，作为一个算法，一般要具有以下 5 个基本特点。

（1）输入。计算机程序是用来处理数据的，输入是一个算法的前提，它们是算法开始前对算法给出的初始值。这些数据来自于某个特定对象的集合。

（2）输出。算法至少要有一个输出，这个输出是同输入有着某种关系的量，当然也可以有多个输出。

（3）有穷性。一个算法必须在对任何合法的输入数据进行有穷步操作后得到合理准确的结果并结束，同时每一步也是可以在有限时间内能完成的。

（4）确定性。算法中的个步骤都有明确的含义，不能模棱两可。在任何条件下，输入同样的数据只能产生相同的结果。

（5）可行性。算法中描述的操作都是可以在有限的时间内执行的。

其中，算法的有穷性和可行性是决定算法成败的关键，在一个算法中，有些指令可能是重复执行的，因此执行的次数也许很多，但是根据有穷性，当它执行了有穷步之后，一定要终止；同时根据可行性，每一步骤都必须在有限时间内完成，因此，算法是不可能进入到永久循环或者称为无限循环中的。

2．算法的基本要素

算法通常由两种基本要素组成：一是对数据对象的运算和操作，二是算法的控制结构。

任何一个算法实际上是根据数据处理的要求选择的合适操作的集合。基本的运算和操作有算术运算、逻辑运算、关系运算和数据输入输出等。当然，一个算法的功能不仅与所选用的操作有关，还与操作之间的执行顺序有关。算法中各操作之间的执行顺序也称为算法的控制结构。

3．算法的复杂度

解决同一个问题也许存在多个不同的算法，怎样来选择性能优良的算法呢？主要是通过以下两个性能指标来决定的。

（1）时间复杂度。算法的时间复杂度指的是执行算法所需要的计算工作量。一般将算法求解问题的输入量称为问题的规模，通常用一个整数 n 来表示，时间复杂度则是问题求解规模 n 的函数，当问题规模趋向无穷大时，把时间复杂度 $f(n)$的数量级（阶）称为算法的时间复杂度。

（2）空间复杂度。算法的空间复杂度是指执行这个算法所需要的内存空间。一个算法所占用的存储空间包括算法程序所占的空间、输入的初始数据所占的空间以及算法所需要的额外空间。

4．算法的描述

算法的表示可以有多种方法。常用的有自然语言、传统流程图、结构化流程图、伪代码、PAD 图等。自然语言是经常使用的，可以是汉语、英语或其他语言。用自然语言通俗易懂，但是文字冗长，容易出现二义性。流程图是用一些框图来表示各种操作。用图形表示算法，直观形象，易于理解。美国国家标准化协会 ANSI（American National Standard Institute）规定了一些常用的流程图符号，如图 3-1 所示。

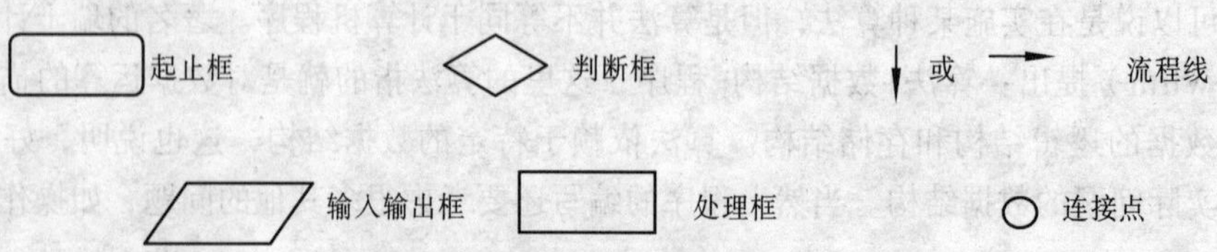

图 3-1　流程图符号

3.1.2 程序的三种基本结构

Java 是面向对象的程序设计语言，但在方法的实现上依然采用结构化的程序设计模式，程序控制流程分为三种，分别为顺序结构、选择结构和循环结构。顺序结构是最简单的结构，按照顺序依次执行语句，流程图如图 3-2 所示。选择结构也称为分支结构，它根据某一判断条件来决定程序的执行流向，流程图如图 3-3 所示。循环结构又称重复结构，即当条件满足时，重复执行某些语句，流程图如图 3-4 所示。

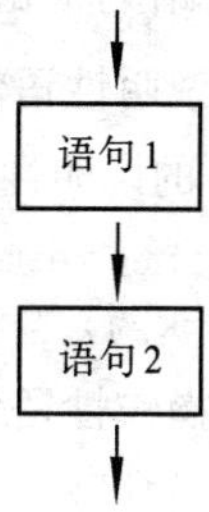

图 3-2　顺序结构流程图

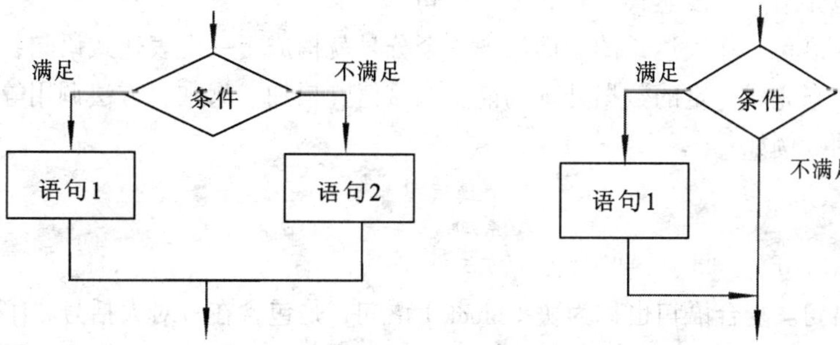

（a）双分支结构　　（b）单分支结构

图 3-3　选择结构流程图

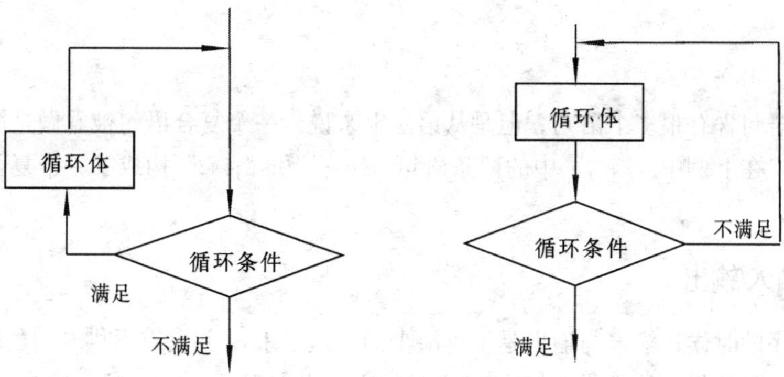

（a）当型循环　　（b）直到型循环

图 3-4　循环结构流程图

3.2 顺序结构程序

顺序结构是最简单的程序结构，组成程序的 Java 语句按照书写顺序自上而下执行。本节主要介绍 Java 语句的构成成分及其特点、基本输入/输出的方法和顺序结构程序设计方法。

3.2.1 Java 语句

Java 语句以分号（;）作为结束标志，单独的一个分号也可以看做一条语句，也称空语句，表示什么也不做。

Java 语句根据其作用，分为说明性语句和操作性语句两种类型。

1．说明性语句

Java 的说明性语句包含包和类引入语句、声明变量语句、声明类语句、声明对象语句等。例如：

```
import java.applet.Applet;  // 包引入语句
int k,j;                    // 声明变量
```

2．操作性语句

Java 的操作性语句有表达式语句、复合语句、流程控制语句等，其中流程控制语句包含选择语句、循环语句、跳转语句等。

下面简单地介绍一下表达式语句和复合语句。

（1）表达式语句。在表达式的后面添加一个分号就构成了一个表达式语句，表达式语句能够根据相应的操作来完成一定的数据处理功能，如赋值、累加、累乘、方法调用等。表达式语句一般是顺序执行的。例如：

```
k=3;                          //赋值语句
i++;                          //累加
system.out.println("i="+i);  //方法调用
```

（2）复合语句。复合语句也称为块（block）语句，是包含在一对大括号“{}”中的语句序列。它是以“{”开始，以“}”结束，和其他的语句不同的是，“}”后面不能有分号，但是在内部的的每条分语句必须以“;”结尾。例如：

```
{
    i++;
    j++;
}
```

尽管复合语句含有很多个语句，但是从语法上来说，一个复合语句被看做是简单语句，它是被整体执行的。在上例中，“{ }”中的两条语句“i++;”和“j++;”构成了一个复合语句，它被看做是一条语句。

3.2.2 基本输入/输出

在编写程序的时候，输入与输出是不可缺少的，但是 Java 并没有提供专门的输入/输出语句，它的输入和输出是依靠系统提供的输入/输出类的方法来实现的。Java 的标准输入/输出是指在字符方式（如“命令提示符”窗口）下程序与系统进行交互的方式，键盘和显示器屏幕分别是标准的输入设备和输出设备。

1．基本输入方法

System.in 是 InputStream 类的静态实例，通过它调用 read 方法可以读取键盘输入的字符。其调用格式如下：

```
System.in.read();
```

该方法的功能是从键盘上接收一个字符，返回值为 int 类型，值为接收字符的 ASCII 码值，若转换成字符型则为它本身。

【例 3-1】从键盘输入字符并回显在屏幕上。

```
import java.io.*;
class ShowChar {
```

```
    public static void main(String[] args) throws IOException {
            char c;
            c=(char)System.in.read();  //用 char 强制转换
            System.out.println(c);
    }
}
```

该程序通过调用System.in.read()读取键盘输入的字符赋值给变量c,并调用System.out.println(c)输出到显示器屏幕。System.in.read()方法必须与异常处理语句配合使用，详见第 6 章。

然而用 System.in.read()处理输入存在一个问题，它只能处理字符，如果程序要求输入其他类型的数据，应该如何解决呢？JDK 提供了一个 Scanner 类，通过它可以读取用户以命令行方式输入的各种数据类型。使用 Scanner 类的具体方法如下：

首先定义一个 Scanner 对象的实例。

```
Scanner reader=new Scanner(System.in)
```

然后 reader 对象调用指定的方法，读取用户在命令行输入的数据，注意必须显式地引入 Java.util.Scanner 包。Scanner 常用的读取数据的方法如表 3-1 所示。

表 3-1　Scanner 方法

方　法	说　明	方　法	说　明
nextInt()	输入一个 int 类型数据	nextShort()	输入一个 short 类型数据
nextLong()	输入一个 long 类型数据	nextByte()	输入一个 byte 类型数据
nextFloat()	输入一个 float 类型数据	nextDouble()	输入一个 double 类型数据
next()	输入一行字符串		

下例说明了如何用 Scanner 类从键盘读入一个整型数据：

```
int k;
Scanner input=new Scanner(System.in);  //创建一个 Scanner 对象，从键盘读取数据
k=input.nextInt();  //调用 input 对象的方法 nextInt()从键盘输入一个整数
```

2. 基本输出方法

System.out 是 PrintStream 打印流的静态实例对象，可以调用它的 print、println 或 printf 方法来输出各种类型的数据。数据输出方法的基本格式如下：

```
System.out.print(表达式);
System.out.println(表达式);
System.out.printf(格式控制,输出列表);
```

其中 print()和 println()是最常用的方法，区别是前者输出表达式的值之后不换行，后者换行。printf()是显示格式化数据。具体说明如下：

（1）格式控制是用双引号括起来的字符串，也称转义字符串，它表达两种信息，一是格式说明，二是原样输出的内容。格式说明由%和格式说明符组成，例如，格式说明符 f 表示格式化输出浮点数，d 表示输出十进制整数，s 表示输出字符串。关于格式控制的详细说明请参考 JDK 的帮助文档。

（2）输出列表是需要输出的数据，也可以是表达式。

【例 3-2】printf 输出格式示例。

```
public class ShowPrintf {
```

```
    public static void main(String[] args) {
        double x=345.678;
        String s="Java 程序设计";
        int i=1234;
        System.out.printf("x=%f",x);                  //%f 表示格式化输出浮点数
        System.out.println();                         //换行
        System.out.printf("x=%9.2f\n",x);             //9 表示输出的长度，2 表示小数点后的位数
        System.out.printf("i=%d\n",i);                //%d 表示输出十进制整数
        System.out.printf("i=%o 八进制\n",i);          //%o 表示输出八进制整数
        System.out.printf("i=%x 十六进制\n",i);        //%x 表示输出十六进制整数
        System.out.printf("字符串 s=%s\n",s);          //%s 表示输出字符串
    }
}
```

输出结果为：

```
x=345.678000
x=   345.68
i=1234
i=2322 八进制
i=4d2 十六进制
字符串 s=Java 程序设计
```

3.2.3 顺序结构程序举例

对于顺序结构而言，程序是按语句出现的先后顺序依次执行的。下面看几个例子，虽然不难，但对形成清晰的编程思路是有帮助的。

【例 3-3】输入两个整数给变量并交换变量的值。

程序分 3 步实现：

（1）输入两个变量的值。

（2）交换 a 和 b 的值。

（3）输出两个变量的值。

显然，关键在第 2 步。通常要交换两整型变量的值，可以定义一个中间变量 t。

程序如下：

```
import java.util.Scanner;
public class ExchangeValue  {
    public static void main(String[] args) {
        Scanner input=new Scanner(System.in);
        System.out.println("请输入第 1 个数 n: ");
        int n=input.nextInt();
        System.out.println("请输入第 2 个数 m: ");
        int m=input.nextInt();
        int t=0;
        System.out.println("交换前的数据: n="+ n + " m="+m);
        t=n;  //先保存 n 的值到临时变量 t
        n=m;  //将 m 的值赋给 n
        m=t;  //将 t 的值赋给 m
        System.out.println("交换后的数据: n="+n+ " m="+m);
    }
```

```
}
```

输出结果为：

```
请输入第 1 个数 n:
3↙
请输入第 2 个数 m:
5↙
交换前的数据: n=3 m=5
交换后的数据: n=5 m=3
```

【例 3-4】从键盘输入一个 3 位整数 n，输出其逆序数 m。例如，输入 n=127，则 m=721。

程序分为 3 步：

（1）输入一个 3 位整数 n。

（2）求逆序数 m。

（3）输出逆序数 m。

关键在第 2 步。先假设 3 位整数的各位数字已取出，分别存入不同的变量中，设个位数存入 a，十位数存入 b，百位数存入 c，则 m=a×100+b×10+c。因此关键是如何取出这个 3 位整数的各位数字。取出各位数字的方法，可用取余运算符%和整除运算符 / 实现。例如，n%10 取出 n 的个位数；n=n/10 去掉 n 的个位数，再用 n%10 取出原来 n 的十位数，依此类推。

```
import java.util.*;
public class ReverseValue  {
    public static void main(String[] args) {
        int n,m,a,b,c;
        Scanner input=new Scanner(System.in);
        n=input.nextInt();
        a=n%10;                 /* 求 m 的个位数字 */
        b=n/10%10;              /* 求 m 的十位数字 */
        c=n/100;                /* 求 m 的百位数字 */
        m=a*100+b*10+c;
        System.out.println("交换后的数据: n="+n+ " m="+m);
    }
}
```

3.3　选择结构程序

在很多情况下需要根据各种条件选择要执行的语句，这就是选择结构。Java 语言中，使用条件语句（if 语句和 switch 语句）来实现选择，它们根据条件判断的结果，选择所要执行的程序分支。

3.3.1　单分支条件语句

单分支条件语句的语法格式为：

```
if (条件表达式) 语句;
```

或

```
if (条件表达式) 语句块
```

执行过程：先解析条件表达式，当条件表达式的值为真时，则执行紧跟后面的语句或者语句块，如果条件表达式的值为假，则跳过紧跟的语句或者语句块。

【例 3-5】求两个数中的较大数。

```
import java.util.Scanner;
   public class MaxValue  {
      public static void main(String[] args) {
         int a,b,max;
         Scanner input=new Scanner(System.in);
         System.out.println("请输入第 1 个数 a: ");
         a=input.nextInt();
         System.out.println("请输入第 2 个数 b: ");
         b=input.nextInt();
         max=a;
         if(b>a) max=b;
         System.out.println(max);
      }
   }
```

输出结果 1：

```
请输入第 1 个数 a:
22↙
请输入第 2 个数 b:
34↙
34
```

输出结果 2：

```
请输入第 1 个数 a:
22↙
请输入第 2 个数 b:
10↙
22
```

程序用 max 存储 a，b 两个数中较大的那个数。首先令 max=a，然后比较 a，b 的值，如果 b 大于 a，则令 max=b，否则什么都不做，显然分支语句执行完以后，max 保存的值即为所求，最后输出 max 的值。从运行结果看，当 a=22，b=34 时，判定条件 b>a 成立，分支语句 max=b 执行，最终输出为 34；而当 a=22，b=10 时，判定条件 b>a 不成立，分支语句被跳过了，此时 max 的值为 a 的值 22。

3.3.2 双分支条件语句

双分支条件语句的语法格式为：

```
if (条件表达式)
   语句 1 或语句块 1
else
   语句 2 或语句块 2
```

执行过程：先解析条件表达式，当条件表达式为真时，执行语句 1 或者语句块 1；当条件表达式为假时执行语句 2 或者语句块 2。语句 1 或语句 2 总要执行一个，但不会都执行。

例如，判断一个整数的奇偶性的语句如下：

```
if(i%2==0)
   System.out.println(i+"是偶数! ");   语句 1
```

```
else
    System.out.println(i+"是奇数!");    语句 2
```

根据整数的奇偶性的定义，如果整数 i 除以 2 的余数是 0，说明 i 是一个偶数，否则说明 i 是一个奇数。因此在这个例子中，用 i%2==0 作为判定条件，且一个数要么为偶数要么为奇数，语句 1 或语句 2 中必有一条要执行。

【例 3-6】判断输入的年份是否是闰年。

判断输入的年份是否为闰年的条件是：能被 4 整除，但不能被 100 整除，或者能被 400 整除。定义一个 int 变量 year 保存从键盘上输入的年份，闰年的判定条件用 Java 语言可表述为：

```
year%4==0 && year%100!=0
year%400==0
```

第一个条件表示年份能被 4 整除但不能被 100 整除，第二个条件表示年份能被 400 整除，两个条件是只要一个成立该年份就是闰年。两个条件是“或”的关系，合并在一起，形成双分支条件语句的条件表达式：

```
year%4==0 && year%100!=0 || year%400==0
```

下面给出完整的程序。

```
import java.util.*;
public class LeapYear {
    public static void main(String[] args) {
        Scanner reader=new Scanner(System.in);
        int year;
        System.out.println("请输入年份: ");
        year=reader.nextInt();
        if(year%4==0 && year%100!=0 || year%400==0)
            System.out.println(year+"年是闰年");
        else
            System.out.println(year+"年不是闰年");
    }
}
```

输出结果 1：

```
请输入年份:
1998↙
1998 年不是闰年
```

输出结果 2：

```
请输入年份:
2000↙
2000 年是闰年
```

3.3.3　多分支条件语句

多分支条件语句的语法格式为：

```
if (条件表达式 1)
    语句 1 或语句块 1
else if (条件表达式 2)
    语句 2 或语句块 2
    …
else if (条件表达式 n)
```

```
    语句 n 或语句块 n
else
    语句 n+1 或语句块 n+1
```

执行过程：首先判断条件表达式 1 是否为真，如果为真则执行语句 1 或语句块 1，后面的语句不再被执行，分支语句结束；否则再判断条件表达式 2 是否为真，如果为真，则执行语句 2 或语句块 2，分支语句结束；再判断条件表达式 3，……如果没有满足的条件表达式，则执行 else 后的语句或语句块，如图 3-5 所示。

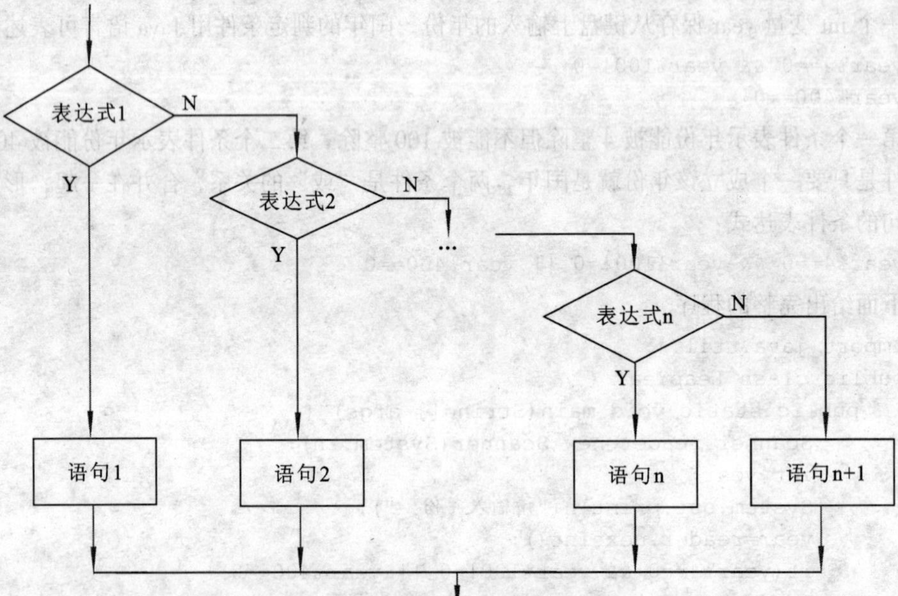

图 3-5　多分支选择结构的执行流程

【例 3-7】输入一个学生的成绩，判断其等级。

学生的成绩是 0～100 之间的正整数，一共有优、良、中、及格和不及格 5 个等级。成绩大于等于 90 评定为优，大于等于 80 且小于 90 评定为良，大于等于 70 且小于 80 评定为中，大于等于 60 小于 70 评定为及格，小于 60 评定为不及格。程序如下：

```
import java.util.Scanner;
public class ScoreGrade {
    public static void main(String[] args){
        int score;
        Scanner input=new Scanner(System.in);
        System.out.println("请输入分数: ");
        score=input.nextInt();    //注意输入的数字的范围是 0-100
        if(score>=90)
            System.out.println("成绩为优");
        else if(score>=80)      //score<90 && score>=80
        System.out.println("成绩为良");
        else if(score>=70)      //score<80 && score>=70
            System.out.println("成绩为中");
        else if(score>=60)      //score<70 && score>=60
            System.out.println("成绩为及格");
```

```
        Else                        //score<60
            System.out.println("成绩为不及格");
        }
    }
```

输出结果为：

```
请输入分数:
77↙
成绩为中
```

这里只列出了一次运行结果，请读者自己运行该程序，输入不同分数段的值，观察程序运行的结果。

从题目的分析看，如果每个分支的判定条件书写完整，如成绩良好的完整判定条件为“score>=80 && score<90”，那么调换分支语句的先后顺序不会影响程序运行的结果。但对于上面的代码，交换分支 1 和分支 2 的顺序，程序的运行结果将不再正确。

```
if(score>=80)
    System.out.println("成绩为良");
else if(score>=90)
    System.out.println("成绩为优");
```

交换之后，输入 91，输出结果是“成绩为良”，而 91 分的正确等级是优。这是因为多分支语句的书写顺序决定了判断条件表达式语句的执行顺序，第二个判断条件执行的前提是第一个条件为假，即 score<90，若第二个条件(score>=80)成立必满足(score>=80 && score<90)。因此，在编写多路选择的程序时要考虑好各分支的先后顺序对判定条件的影响，设计合理的分支顺序可简化分支的判定条件。

多分支语句的功能可以用嵌套的 if 语句实现。在 if 语句中又包含一个或多个 if 语句，称为 if 语句的嵌套。例如：

```
if( )
    if( )
        语句 1
    else
        语句 2
else
    if( )
        语句 3
    else
        语句 4
```

要特别注意 if 与 else 的配对关系。配对的原则是从最内层开始，else 总是与它上面相距最近的未曾配对的 if 配对。

3.3.4 开关语句 switch

switch 语句也是一种多分支选择语句。在实际问题中经常会遇到多分支的选择。例如，银行的定期储蓄有三个月、半年、一年、二年、三年和五年期等。这些问题用多分支语句（if…else if…else）来处理是可行的，但是如果分支较多，则程序将变得很冗长，可读性差。Java 语言提供了 switch 语句，用它可以很方便地处理多分支选择。它的语法格式如下：

```
switch(表达式){
```

```
    case 常量 1:
        语句 1;
        Break;
    case 常量 2:
        语句 2;
        Break;
    …
    default:
        语句 n;
}
```

程序执行过程：首先计算表达式的值，判断其值是否与语句中的常量相匹配，与哪个匹配就执行该常量后的语句，直到碰到 break 语句或 switch 语句结束；如果不相等，就执行 default 后面的语句。如果没有就直接跳出 switch 语句。

说明：

（1）其中 switch、case、default 是关键字，default 是可以省略的。

（2）case 后面的常量必须是整数或字符型，而且不能有相同的值。

（3）通常在每一个 case 中都通过 break 语句跳出 switch 语句。

（4）在 case 后，允许有多个语句，可以不用{}括起来。当然也可作为复合语句用{}括起来。

（5）case 和 default 语句的先后顺序可以变动，而不会影响程序执行结果。但把 default 语句放在最后是一种良好的编程习惯。

（6）switch 语句只能做等式比较，即用 switch 之后括号内的表达式结果与各 case 分支后的常量做相等比较，如相等则执行 case 后的语句，否则跳过；而 if 语句可做各种关系运算和逻辑运算。

【例 3-8】使用 switch 语句求解简单表达式。输入一个四则运算符，计算并输出结果。

```
import java.util.*;
public class TestSwitch{
   public static void main(String[] args) {
      double a,b;
      char c;
      Scanner input=new Scanner(System.in);
      System.out.println("请输入四则运算表达式");
      a=input.nextDouble();
      c=input.next().charAt(0) ;
      b=input.nextDouble();
      switch(c) {
         case '+':
         System.out.printf("%.2f+%.2f=%.2f \n",a,b,a+b);
         break;
         case '-':
         System.out.printf("%.2f-%.2f=%.2f \n",a,b,a-b);
         break;
      case '*':
         System.out.printf("%.2f*%.2f=%.2f \n",a,b,a*b);
         break;
      case '/':
         System.out.printf("%.2f/%.2f=%.2f \n",a,b,a/b);
         break;
```

```
        default:
            System.out.println("无效的运算符 ");
            break;
        }
    }
}
```

输出结果为：

```
请输入四则运算表达式
12 * 25↙
12.00*25.00=300.00
```

注意：输入的操作数和运算符之间由空格隔开，这是因为 scanner 默认是以空格作为分隔符进行模式匹配处理输入数据的。default 后的 break 语句可省略，但其他分支的 break 语句不可省略。

3.3.5 分支结构程序举例

选择结构是程序设计中很重要的结构，为了加深理解，并为后面进一步学习打好基础，下面再举几个例子。

【例 3-9】某城市的普通出租车收费标准如下：起步里程 3 公里，起步费 10 元，超起步里程后 10 公里内，每公里租费 2 元；超过 10 公里以上的部分加收 50%的空回补贴费，即每公里 3 元。营运过程中，因路阻及乘客要求临时停车的，每 5 分钟按 1 公里租费收取。运价计费尾数四舍五入，保留到元。编写程序，输入行驶里程（公里）与等待时间（分钟），计算并输出乘客应支付的出租车车费（元）。

根据出租车收费标准，设行驶里程为 x，等待时间为 t，乘客应支付的出租车车费为 y。y 的值与 x，t 构成一个二元一次分段函数，函数表达式如下：

$$y=\begin{cases}10+t/5\times 2 & (x\leqslant 3)\\ 10+(x-3)\times 2+t/5\times 2 & (3<x\leqslant 10)\\ 17+(x-10)\times 3+t/5\times 3 & (x>10)\end{cases}$$

对于分段函数，编程一般采用分支结构，如果分支数大于 2，应使用多分支语句。各分支的判定条件对应各分段的变量的变化范围。

程序如下：

```
import java.util.*;
public class TestIf {
    public static void main(String args[]) {
        double x,t,y;
        Scanner input=new Scanner(System.in);
        System.out.println("请输入行驶里程和等待时间");
        x=input.nextDouble();
        t=input.nextDouble();
            if(x<=3)
              y=10+t/5.0*2;
            else if(x<=10)
              y=10+(x-3)*2+t/5.0*2;
            else
```

```
        y=17+(x-10)*3+t/5.0*3;
    System.out.printf("乘客应支付车费: %.0f 元", y);
    }
}
```

输出结果为：

```
请输入行驶里程和等待时间
4 7↙
乘客应支付车费: 15 元
```

当输入 x=4，t=7 时，因 3<x≤10，所以执行分支 2，四舍五入得到 y=15。

【例 3-10】用 switch 语句实现例 3-7。

根据问题的描述，学生的成绩等级的判断条件都一个范围值，如分数大于等于 90 评定为优等。而 switch 语句是根据比较表达式的值是否与 case 紧跟的常量的值相等来做转移的，优等的分数值的范围是[90，100]，那么可设置 90、91、…、100 共 11 个开关常量，与之匹配的成绩，执行输出语句输出"成绩为优"。利用 switch 语句执行时直到碰到 break 语句或 switch 语句才结束的特点，可以只需要在开关常量 90 处编写输出语句，格式如下：

```
case 100:
case 99:
…
case 90:
System.out.println("成绩为优");
break;
```

这样处理显然是不可行的，实际编写程序时不可能设立 101 个开关常量，因为这样做工作量太大，代码的可读性也差。根据 score 的数据类型为整型，可以将各分数段整除 10，转化为整型常量。各分数段中的 score 和 score/10 的关系如下：

score	score/10
[90，100]	10，9
[80，89]	8
[70，79]	7
[60，69]	6
[0，59]	5，4，3，2，1，0

因此可以用 score/10 的值做开关常量来确定分支。程序如下：

```
import java.util.Scanner;
public class TestSwitch {
   public static void main(String[] args) {
      int score;
      Scanner input=new Scanner(System.in);
      System.out.println("请输入分数: ");
      score=input.nextInt();  //注意输入的数字的范围是0-100
      switch(score/10) {
         case 10:
         case 9:
            System.out.println("成绩为优");
            break;
         case 8:
```

```
                System.out.println("成绩为良");
                break;
            case 7:
                System.out.println("成绩为中");
                break;
            case 6:
                System.out.println("成绩为及格");
                break;
            default:
                System.out.println("成绩为不及格");
        }
    }
}
```

与例 3-7 使用多分支语句实现的程序相比，用 switch 语句需要用额外的处理来将区间转化为开关常量。因此，switch 语句一般适用于选项比较少且都为已知项的情况。

3.4　循环结构程序

到目前为止，所编写程序中的每条语句只有一次执行的机会。然而在程序设计中，经常会碰到需要重复执行一些语句的情况，那么该如何实现呢？Java 提供了循环语句来实现这种功能，循环可使程序根据一定的条件重复执行一部分的语句，直到满足终止条件为止。Java 提供了 3 种循环语句：for 循环语句、while 循环语句和 do…while 循环语句。

3.4.1　for 循环语句

for 循环也叫做计数循环，一般适用于循环次数确定的情况，如求 1 到 100 的和，重复执行累加操作的语句 100 遍。

```
for 循环的一般格式为:
for(表达式 1;表达式 2;表达式 3)  {
    循环体
}
```

执行过程：先计算表达式 1，再判断表达式 2，如果表达式 2 的值为真，则执行循环体，并接着计算表达式 3，然后继续循环；如果表达式 2 的值为假，则结束循环，继续执行 for 语句的下一条语句。其控制流程如图 3-6 所示。

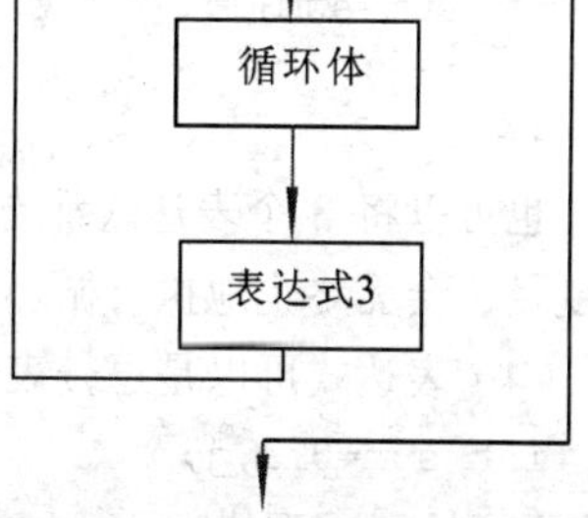

图 3-6　for 循环控制结构执行流程

【例 3-11】用 for 循环语句求 1 累加到 100 的和。

```
public class TestFor {
    public static void main(String[] args) {
        int i,sum=0;
        for(i=1; i<=100; i++)        //i 的初始值为
                                       1，终值为 100，每次增加 1
            sum=sum+i;               //累加，累加的结果保存在 sum
        System.out.println(sum);     //输出 sum，它不是循环体语句
    }
}
```

说明：

（1）上例中，表达式 1 是设定初值，是一个赋值语句，表达式 2 是一个条件表达式，设定循环的结束条件；表达式 3 是一个赋值语句，用来修改循环变量的值。

（2）for 语句执行时，首先执行初始化操作，然后判断终止条件是否满足，如果满足，则执行循环体中的语句，然后修改循环变量。

（3）for 语句中的 3 个表达式，可以省略其中任意一个表达式，也可以省略其中的 2 个，甚至 3 个表达式。注意，表达式虽然可以省略，但是其中的 2 个分号在任何情况下不可以省略，否则会出现语法错误。

① 省略表达式 1 的情况。此时应在 for 语句之前给循环变量赋初始值。对于例 3-11，相关语句修改为：

```
i=1;                          //先给循环变量 i 赋初始值 1
for(; i<=100; i++)            //省略表达式 1
    sum=sum+i;
```

② 省略表达式 2 的情况。如果表达式 2 省略，则无循环终止判定，此时可认为表达式 2 永远为真，循环会一直执行，不会退出，这种情况被称为死循环。在表达式 2 省略的情况下，为避免出现死循环，可用 break 语句跳出循环。

```
for(i=1; ; i++) {        //省略表达式 2
    if (i>100) break;    //当 i>100 时，跳出循环
    sum=sum+i;
}
```

③ 省略表达式 3 的情况。此时，应在循环体内修改循环变量的值。例如：

```
for(i=1; i<=100; ) {     //省略表达式 3
    sum=sum+i;
    i++;                 //增加循环变量的值
}
```

④ 省略两个表达式的情况。如表达式 1 和表达式 3 都省略，则需综合①、③两种情况，例 3-11 的代码修改如下：

```
i=1;                     //先给循环变量 i 赋初始值 1
for(; i<=100; ) {        //省略表达式 1 和表达式 3
    sum=sum+i;
    i++;                 //增加循环变量的值
}
```

也可以将 3 个表达式都省略，这种 for 语句不设置初始值，没有循环终止条件，也不修改循环变量，会无终止地执行循环体，可以按照①、②或③作相应处理。

（4）表达式可以是逗号表达式。例如：

```
int sum=0,i,j;
for(i=1,j=100; i<j; i++,j--)
    sum=sum+i+j;
```

这段代码也可以实现求 1+2+...+100 的和。与例 3-11 不同的是用了两个循环变量 i 和 j，赋初始值和修改循环变量的表达式用了逗号表达式。读者可以思考一下，如果求 1+2+...+101，表达式 2 应如何写？

（5）当循环体的语句不止一条时，应使用复合语句。

（6）循环体可以是空语句。例如：

```
for(i=1; i<=100; sum=sum+i,i++)
    ;
```

这个 for 语句的循环体只有一个分号，表示为空语句。其实质是将例 3-11 的循环体放到表达式 3。要注意逗号表达式语句的执行顺序，如果修改为 for(i=1; i<=100 ;i++,sum=sum+i)计算结果就错了。

3.4.2 while 循环语句

用 while 语句可以实现当型循环，它的语法格式为：

```
初始循环变量;
While(条件表达式)  {
   循环体
}
```

执行过程：首先初始化循环变量，判断条件表达式的值是否为真，如果为真，则执行循环体，如果为假，则执行循环体后面的语句。这种循环一般使用在不知道循环次数的情况下。

从 while 循环与 for 循环的执行流程看，它们的执行机制实质上是一样的，都是在循环前先做条件的判定，只有条件为真，才进入循环。例 3-11 的 for 语句可以方便的改成 while 语句实现。

```
int i,sum=0;
    i=1;                    //i 的初始值为 1
    while(i<=100) {
        sum=sum+i;          //累加，累加的结果保存在 sum
        i++;                //修改循环变量 i
}
System.out.println(sum);
```

【例 3-12】求一批学生的平均成绩。

首先将输入的成绩累加，然后再除以学生的人数，算出平均成绩。与例 3-11 相比，本题的难点在于如何确定循环条件，由于题目中没有给出学生的数量，不知道输入数据的个数，所以无法事先确定循环次数。考虑到成绩都是大于 0 的数，可以选用一个负数作为结束标志，因此循环条件（条件表达式）就是输入的成绩 grade>=0。

程序如下：

```
import java.util.*;
public class TestWhile {
    public static void main(String[] args) {
        double grade,sum=0;
        int n=0;
        Scanner input=new Scanner(System.in);
        System.out.println("请输入成绩，负数表示结束");
        grade=input.nextDouble();
        while(grade>=0) {
            sum+=grade;    //累加成绩
            n++;           //统计人数
            grade=input.nextDouble();
        }
        if (n>0) System.out.println("平均成绩为" + sum/n);
    }
```

```
}
```

输出结果为：

```
请输入成绩，负数表示结束
90 78 55 78 68 -1↙
平均成绩为73.8
```

while 语句先判断是否满足循环条件，只有当 grade>=0 时才执行循环，因此要在进入循环之前先输入第一个数据，如果该数据不是负数，就进入循环累加成绩，然后再输入新的数据，继续循环。

3.4.3 do…while 循环语句

for 语句和 while 语句都是在循环前先判断条件，只有条件满足后才会进入循环，如果一开始循环不满足，则循环一次都不执行。do…while 循环与上述两种循环语句略有不同，它先执行循环体，后判断循环条件。所以无论循环条件的值如何，至少会执行一次循环体，它是一种典型的直到型循环，语法格式为：

```
do {
    循环体
} while(条件表达式);
```

执行过程：首先执行循环体，然后判断条件表达式的值，如果条件表达式的值为真，继续循环，直到条件表达式的值为假，退出循环。

【例 3-13】用 do…while 语句实现例 3-12 的功能。

```
import java.util.*;
public class TestDoWhile {
    public static void main(String args[]) {
        double grade,sum=0;
        int n=0;
        Scanner input=new Scanner(System.in);
        System.out.println("请输入成绩，负数表示结束");
        grade=input.nextDouble();
        if (grade>=0)
        {
            do {
                sum+=grade;     //累加成绩
                n++;            //统计人数
                grade=input.nextDouble();
            } while(grade>=0);
        }
        if(n>0) System.out.println("平均成绩为" + sum/n);
    }
}
```

由此可以看到，对同一个问题，既可以用 while 循环，也可以用 do…while 循环处理。在一般情况下，两种语句所得的结果是相同的。但对本题如果第一个输入的数据不满足循环条件（即 grade<0），两者的处理是不一样的，while 循环的循环体不会被执行，而 do…while 循环会累加这个负数并计数一次。针对这种情况，为确保对所有的输入都能正确处理，本段代码在 do…while 语句之前对第一次输入的数做一个检验，若 grade>=0，则执行 do…while 循环，否则什么都不做。

3.4.4 嵌套循环

Java 允许多个循环语句嵌套使用，即循环体的内部又嵌套一个或多个循环。Java 循环嵌套又称多重循环，Java 允许多重嵌套，即两重以上的循环嵌套。for 循环可以嵌套 for 循环、while 循环、do...while 循环，反之亦然。要注意的是，嵌套循环不允许交叉，如：

```
for(; ;) {
    do
    {
    }while(…)
}
```

是正确的嵌套，而

```
for(; ;)
{
  do {
}
} while(…)
```

这种方式是不允许的。

【例 3-14】用选择法将一组数按从小到大排序。

将一组无序的数按照某种顺序重新排列称为排序，如果不加说明一般指从小到大排列（即升序）。排序的算法有很多，常见的算法有冒泡法、选择法，shell 排序、归并排序，快速排序等。

选择法的基本思想是：首先在所有数中选择值最小的数并把它与第一位置的数交换，然后在其余的数中在选择最小的数与第二个数交换，依此类推，直到所有数都排序完成。假设待排序的一组数为{23，4，19，5，8}，选择排序的过程如下：

初始状态：　23　4　19　5　8

第 1 趟：　[4]　23　19　5　8

第 2 趟：　[4　5]　19　23　8

第 3 趟：　[4　5　8]　23　19

第 4 趟：　[4　5　8　19]　23

从执行过程分析知，n 个数的选择排序需要进行 n-1 趟，每一趟需要从剩余的数中选择一个最小数，从 m 个数中选择一个最小数可以用一个循环实现。显然，选择法排序算法要做一个两重的嵌套循环。程序如下：

```
public class SelectSort {
    public static void main(String[] args){
        int a[]={23,4,19,5,8},i,min,k,t,j;
        for(i=0;i<a.length-1;i++) {  //外层循环执行 n-1 趟
        min=a[i];
        k=i;
        for(j=i+1;j<a.length;j++)
         if  (a[j]<min)   {               //如果 a[j]<min,修改 min 的值，并保存最小值的位置
              min=a[j];
              k=j;
           }
        if (k!=i)   {                     //如果 k!=i，将当前最小的数交换第 i 个位置
           t=a[i];
```

```
                a[i]=a[k];
                a[k]=t;
            }
            }
            for(i=0;i<a.length;i++)         //输出排序后的结果
            System.out.printf("%d ",a[i]);
            System.out.println();
        }
    }
```

3.4.5 循环结构程序举例

至此，已经介绍了结构化程序设计的三种基本结构：顺序结构、选择结构和循环结构，这些内容是程序设计的基础。特别是循环结构程序设计方法，对培养程序设计能力非常重要，希望读者能熟练掌握。但学习程序设计没有捷径可走，只有多看、多练、多思考，通过不断编程实践，才能真正掌握好程序设计的思路和方法。下面再介绍一些应用性较强的例子。

【例 3-15】找出矩阵的鞍点。

所谓矩阵的鞍点就是指满足这样条件的矩阵元素：它是所在行上的最大元素，同时是所在列上的最小元素。显然，求鞍点的一个直接方法是检查矩阵中每个元素是否为同时为所在行的最大数以及是否是所在列的最小数。

在 Java 中用二维数组处理矩阵。首先，计算出矩阵每行的最大值保存在 r 数组中，计算每列的最小值保存在 c 数组中，然后用一个两重循环，对二维数组 a[][]中的每个元素 a[i][j]与所在行的最大值 r[i]和所在列的最小值 c[j]比较，如果 a[i][j]==r[i] && a[i][j]==c[j]成立说明此元素是鞍点，将满足条件的鞍点信息输出在屏幕上。程序如下：

```
public class SaddlePointSort {
    public static void main(String[] args) {
        int[][] a=new int[][]{{13,11,17},{4,6,5},{7,8,9}};
        int r[]=new int[3],c[]=new int[3],i,j;
        for(i=0;i<a.length;i++) {
            r[i]=a[i][0];
            for(j=1;j<a[i].length;j++)
                if (a[i][j]>r[i]) r[i]=a[i][j];
        }
        for(i=0;i<a[0].length;i++)  {
            c[i]=a[0][i];    //将第 i 列的第一个元素赋给 c[i]
            for(j=1;j<a.length;j++)
                  if  (a[j][i]<c[i]) c[i]=a[j][i];
        }
        for(i=0;i<a.length;i++)
            for(j=0;j<a[i].length;j++)
                if  (a[i][j]==r[i] && a[i][j]==c[j])
        System.out.println("第"+(i+1)+"行第"+(j+1)+"列的元素是鞍点");
    }
}
```

输出结果为：

```
第 2 行第 2 列的元素是鞍点
```

求一组数的最小数的算法有两种。

（1）首先定义一个变量 min 保存最小值，给 min 赋一个不可能取到的较大数，一般是该类型能取得到的最大值。然后做一个循环，让 min 依次与数组中每一个数比较，若比 min 小，就用此数将 min 的值替换，循环结束后 min 值即为所求。

（2）首先定义一个变量 min，令 min 等于第一个数的值。然后做一个循环，让 min 依次与数组中剩余的每一个数比较，若比 min 小，就用此数将 min 的值替换，循环结束后 min 值即为所求。

【例 3-16】 求 1！+2！+…+100!的值。

问题可以用数学符号描述为：$sum=\sum_{i=1}^{n} i!\,(n=100)$。显然这是一个求 n 项的累加和，套用前面求 1+2+…+100 的例子，用一个 100 次循环，每次循环累加 1 项。循环体的表达式是：

sum=sum+第 i 项

其中第 i 项就是 i 的阶乘。而 $i!=1\times2\times\ldots\times i$，它是一个累乘操作，同样可用一个循环语句实现。因此这个问题可用一个两层循环解决，外层循环从 1 循环到 100，每次做一个内层循环求 i 的阶乘，把 i 的阶乘累加到 sum 变量。最后输出 sum 的值即为所求。注意，由于计算的过程中阶乘的值以及累加和都非常大，所以要把相关的变量定义为 double 型。程序如下：

```
public class TwoLoop {
public static void main(String[] args) {
    int i,j;
    double sum=0,fac;       //置 sum 初始值为 0
    for(i=1;i<=100;i++) {
        fac=1;
        for(j=1;j<=i;j++)   //内层循环重复 i 次，求出 i!
            fac*=j;         //累乘
        sum+=fac;           //把 i!累加到 sum
    }
    System.out.printf("1!+2!+...+100!=%.6e",sum);
    }
}
```

输出结果为：

```
1!+2!+...+100!=9.426900e+157
```

在累加求和的外层 for 语句的循环体语句中，每次计算 i!的阶乘，都要重新置 fac 的初始值为 1，以保证每次计算阶乘，都是从 1 开始连乘的。

如果把程序中的嵌套循环改写成如下形式：

```
fac=1;
for(i=1;i<=100;i++) {
    for(j=1;j<=i;j++)       //内层循环重复 i 次，求出 i!
        fac*=j;             //累乘
    sum+=fac;               //把 i!的累加到 sum
}
```

由于将 fac=1 放在外层循环之前，除了计算 1！时 fac 从 1 开始连乘，计算其他阶乘值都是用原 fac 值再乘以新的阶乘值。例如 i=1 时，计算出 fac=1；i=2 时，计算出 fac=fac*1*2=2；i=3 时，fac=fac*1*2*3，由于 fac 原值为 2，此时计算出的结果是 12，而不是 3!（6），依此类推从 3 以后求得的阶乘值都不正确。出错的原因就是循环初始化语句放错了位置，混淆了外层循环和内层循环的初始化，这是初学者非常容易犯得错误。对嵌套循环初始化时一定要分清内外层循环。如本例中，sum=0 是对外层循环初始化，而 fac=1 是内层循环的初始化，应放在外层循环内，内层循环外。

3.5 跳转语句

在程序设计时，有时需要中断正在执行的程序语句，转而执行其他的程序，这样就需要使用跳转语句。Java 语言支持 break、continue 和 return 三个跳转语句。

3.5.1 break 语句

break 语句能够终止循环的执行，跳出循环语句，也可以从 switch 语句中跳出，执行 switch 结构后面的语句。

【例 3-17】判断输入的正整数是否为素数。

素数就是只能被 1 和自身整除的正整数。判断一个数 n 是否为素数，需要检查该数是否能被 1 和自身以外的整数整除，即判断 m 能否被 2～m−1 之间的整数整除。用求余运算%来判断整除，余数为 0 表示能被整除，否则就意味着不能被整除。例如 12%3=0 说明 12 能被 3 整除；而 5%3=1，说明 5 不能被 3 整除。

设 i 取值[2,m−1]，如果 m 不能被该区间上的一个数整除，即对每个 i，m%i 都不为 0，则 m 是素数；但只要 m 能被该区间上的任一个数整除，即只要找到一个 i，使 m%i 为 0，则 m 肯定不是素数。程序如下：

```
import java.util.*;
public class IsPrime {
    public static void main(String args[]) {
        int i=0,num;
        Scanner Reader=new Scanner(System.in);
        num=Reader.nextInt();
        for(i=2;i<num;i++) {
            if(num%i==0) break;  //如果[2,m-1]之间有一个数 i 能整除 m，提前退出循环
        }
        If  (i==num)
            System.out.println(num+"是素数");
        else
            System.out.println(num+"不是素数");
    }
}
```

输出结果 1：

```
17↙
17 是素数
```

输出结果 2：

```
35↙
35 不是素数
```

如果在循环中只要有一个 i 能整除 num，即 num%i=0，则 num 肯定不是素数，不必再检查 m 能否被其他的数整除，可提前结束循环。循环结束有两种可能，遍历区间[2，num−1]之间的所有

数，都不能整除 num 退出循环；遇到一个能整除 num 的数，调用 break 退出循环。因此只要在循环结束以后，判断循环变量 i 的值是否大于 num-1 就可以知道 num 是否是素数。

3.5.2　continue 语句

continue 语句只能使用在循环语句中，它跳过循环体中尚未执行的语句，重新开始下一轮循环，从循环体的第一个语句开始执行。

【例 3-18】输出 1 到 100 之间的不能被 7 整除的数。

```
public class NotDivisible {
    public static void main(String[] args) {
        for(int i=1;i<=100;i++){
            if (i%7==0) continue;
            System.out.println(i);  //输出 i 并换行
        }
    }
}
```

程序从 1 开始循环到 100，如果 i 能被 7 整除，即 i%7==0 成立，则跳过循环体中尚未执行的语句，转去执行表达式 3。对于 for 语句，在使用 continue 语句时，通常情况下不能把表达式 3 的内容放入循环体。例 3-18 使用 while 语句实现的程序如下：

```
public class TwoLoop {
    public static void main(String[] args) {
        int i=0;
        while(i<100) {
            i++;
            if (i%7==0) continue;
            System.out.println(i); //输出 i 并换行
        }
    }
}
```

注意：本例中，如果把 while 循环体中修改循环变量 i 的语句放在 continue 语句的后面会导致死循环。

【例 3-19】输入一个字符串，分别统计其中大写字母、小写字母、数字以及其他字符的个数。

大写字母的范围是'A'，'Z'，且其对应 ASCII 码的值是升序排列，可以用如下代码判断字符 c 是否是大写字母：

```
If  (c>='A' && c<='Z') System.out.println(c + "是大写字母! ");
```

数字字符'0'，'9'和小写字母'a'，'z'的 ASCII 码也是按升序排列的，判断方法同上。程序如下：

```
import java.util.*;
public class MyChar {
    public static void main(String[] args) {
    int[] a=new int[4];
    int i;
    String strIn;
    char c;
    Scanner Reader=new Scanner(System.in);
    strIn=Reader.next();              //输入字符串
    for(i=0;i<strIn.length();i++) {
        c=strIn.charAt(i);
```

```
            if (c>='A' && c<='Z') {
                a[0]++;
                continue;
                }
            if (c>='a' && c<='z') {
                a[1]++;
                continue;
                }
            if (c>='0' && c<='9') {
                a[2]++;
                continue;
                }
                a[3]++;
            }
        System.out.printf("大写字母: %d, 小写字母: %d,数字: %d 其他: %d\n",a[0],a[1],a[2],
        a[3]);
        }
}
```

程序定义了一个大小为 4 的 int 数组用于计数，其中 a[0]统计大写字母的个数，a[1]统计小写字母的个数，a[2]统计数字的个数，a[3]统计其他字符的个数。在 for 循环中，每次分析字符串与循环变量 i 对应的字符，字符通过调用 String 类的 charAt(i)方法获取，依次判断字符的类型是否是大写字母、小写字母或数字，如果是就令统计数组对应值增 1，并调用 continue 语句跳过后面的语句进入下一次循环；否则说明该字符属于其他字符，令 a[3]增 1，进入下一次循环。

小　结

（1）算法（Algorithm）是指解决问题的方法和步骤，算法设计是程序设计的基础。算法具有 5 个基本特点：输入、输出、有穷性、确定性和可行性。常用时间复杂度和空间复杂度来评价算法的优劣。算法常用流程图来描述，有了算法流程图再来编写程序就很容易了。

（2）结构化程序设计将程序控制流程分为顺序结构、选择结构和循环结构。从类的内部实现角度讲，三种基本结构仍是面向对象程序设计的基础。要培养较强的程序设计能力仍需要掌握好程序的三种基本结构。

（3）程序是由语句组成的。赋值语句和基本的输入/输出语句即构成最简单的顺序程序结构。Java 语句以分号作为结束标志。根据语句的作用，分为说明性语句和操作性语句两种类型。说明性语句包含包和类引入语句、各种声明语句。操作性语句有表达式语句、复合语句、流程控制语句等。Java 的输入和输出是依靠系统提供的输入/输出类的方法来实现的。

（4）选择结构是根据条件来确定要执行的语句。Java 语言中，使用 if 语句和 switch 语句来实现单分支、双分支和多分支选择结构。

（5）循环结构又称为重复结构，它可以控制某些语句重复执行，重复执行的语句称为循环体，而决定循环是否继续执行的是循环条件。循环结构是程序设计中应用最多的结构形式，在 Java 语言中，可用 while 语句、do...while 语句和 for 语句来实现循环结构。一般情况下，用某种循环语句写的程序段，也能用另外两种循环语句实现。while 语句和 for 语句属于当型循环，即“先判断，后执行”；而 do...while 语句属于直到型循环，即“先执行，后判断”。在实际应用中，

for 语句多用于循环次数明确的问题，而无法确定循环次数的问题采用 while 语句或 do…while 语句比较自然。

注意：

① while 语句和 do…while 语句中的条件表达式一定要加括号。

② 当循环体部分不止一个语句时，一定要加{}组成复合语句。如果不加花括号，循环体的范围只有一个语句。

③ for 语句的 3 个表达式有多种变化，可省略部分表达式或全部表达式，甚至把循环体也写进表达式 3 中，循环体为空语句。但在使用各种变形 for 语句时，要考虑程序的可读性，不提倡使用不符合大众习惯的 for 语句。

（6）有时候需要用到多重循环，又称为循环嵌套，即在循环语句的循环体内又包含另一个完整的循环结构。特别要注意的是循环嵌套不允许交叉。

（7）为了避免出现无终止的循环，要注意循环结束条件的使用，也就是说在循环执行中，要修改循环变量，还要注意循环的初始条件。分析循环第一次和最后一次执行时的情况有助于写出正确程序。

（8）出现在循环体中的 break 语句和 continue 语句能改变循环的执行流程。它们的区别在于：break 语句能终止整个循环语句的执行，而 continue 语句只能结束本次循环，跳过其后的语句直接转去判断循环条件，开始下次循环。break 语句还能出现在 switch 语句中，而 continue 语句只能出现在循环语句中。

思考与练习

一、选择题

1. 下面选项不是表达式语句的是（　　）。

   A. c++;　　B. a=b+c;　　C. a+b;　　D. if (x==0) break;

2. 下面语句中不是循环语句的是（　　）。

   A.for 语句　　B.while 语句　　C.switch 语句　　D.do–while 语句

3. 下面选项符合 Java 语言语法的语句是（　　）。

   A. inst b=3; int a=6;　　B.int a=4; long b=2;

   C. double a=c*/.6;　　D.int a=9,b=1,c=8;a=b+c=a–b+c;

4. 执行下列程序，输出结果为（　　）。

```
public class B {
public static void main(String[] args) {
    int x=4;
    double y=10.5f;
    float z=(float)(++x*y);
    System.out.println(z);
    }
}
```

   A.40.0　　B.42.0　　C.52.0　　D.52.5

5. 下面不是合法的条件语句的一项是（　　）。

A. if (a>b) {…}　　B.if (a=1) {…}　　C.if (a>b && b>c) {…}　　D. if (3>2) {…}

6. 以下说法正确的是（　　）。

```
int i=10,t=0;
do {
   t=i++;
} while(t<=10);
```

A.一次都不执行　　B.执行一次　　C.执行两次　　D.无限次执行

二、填空题

1. 在选择结构中 break 语句用于跳出________语句。
2. 条件语句控制程序的流程是通过判断________来进行的。
3. Java 的 3 种循环语句是________、________、________。
4. 在 Java 程序中，do…while 循环语句块至少被执行________次。
5. 在 for 循环语句的循环体部分可以使用________进行多个操作。

三、问答题

1. 算法有哪些基本特征？
2. 简述 while 语句与 do…while 语句的区别。
3. switch 语句的 default 语句位置是固定的吗？
4. Java 对 switch 语句的开关常量有什么要求？
5. 试比较 break 和 continue 语句的区别？

四、程序分析题

1. 写出下列程序的执行结果。

```
public class Test1 {
    public static void main(String[] args) {
        int i,j,x=0;
        for(i=0;i<2;i++) {
            x++;
            for(j=0;j<3;j++) {
                if  (j%2==1) continue;
                x++;
            }
            x++;
        }
        System.out.printf("x=%d",x);
    }
}
```

2. 写出下列程序的执行结果。

```
public class Test2 {
        public static void main(String[] args) {
        int sum=2,a=3,b=5,c=7;
            while(a<b) {
                while(b!=c) {
                sum+=b;
                b++;
```

```
            }
            b=4;
            a++;
        }
        System.out.println(sum);
    }
}
```

3. 分析下列程序的功能。

```
public class Test3 {
    public static void main(String[] args) {
        int i,j,k,a[]={3,6,19,34},b[]={1,5,20,30};
        int c[]=new int[a.length+b.length];
        i=j=k=0;
        while(i<a.length&&j<b.length)
            if  (a[i]<b[j])
                c[k++]=a[i++];
            else
                c[k++]=b[j++];
        while(i<a.length)
            c[k++]=a[i++];
        while(j<b.length)
            c[k++]=b[j++];
    }
}
```

4. 分析下列程序的功能。

```
public class Test4 {
    public static void main(String[] args) {
        String x="programming",y="Front";
        int i=0;
        while(i<x.length()&&i<y.length()) {
            if  (x.charAt(i)==y.charAt(i))
                System.out.println(x.charAt(i));
            i++;
        }
    }
}
```

5. 分析下列程序的功能。

```
public class Test5 {
    public static void main(String[] args) {
        int i,j,k;
        for(i=0;i<=3;i++) {
            for(j=0;j<=2-i;j++)
                System.out.print(" ");
            for(k=0;k<=2*i;k++)
                System.out.print("*");
            System.out.println();
        }
        for(i=0;i<=2;i++) {
            for(j=0;j<=i;j++)
```

```
                System.out.print(" ");
            for(k=0;k<=4-2*i;k++)
                System.out.print("*");
            System.out.println();
        }
    }
}
```

五、程序填空题

1. 以下程序用“辗转相除法”求两个正整数的最大公约数。算法描述如下：

（1）分别用 m，n 保存两个整数，确保 m 保存较大数。

（2）令 r 等于 m 除 n 的余数。

（3）若 m 能被 n 整除，则执行步骤（7），否则执行步骤（4）。

（4）令 m 等于 n，而 r 做为新的除数。

（5）求出新的余数 r

（6）重复步骤（3）

（7）输出 n，n 即为最大公约数。

请根据算法的描述，补全代码。

```
import java.util.*;
public class GreatestDivisor {
    public static void main(String[] args) {
        int m,n,t,r;
        Scanner input=new Scanner(System.in);
        m=input.nextInt();
        n=input.nextInt();
        if(m<n) {________;________;________;}
        r=m%n;
        while(r>0) {
            m=n;
            ________;
            ________;
        }
        System.out.println(n);
    }
}
```

2. 求出 200 以内可被 17 整除的最大正整数，请填空。

```
public class MaxInt {
    public static void main(String[] args) {
        int i;
        for(_______;_______;_______)
            if(i%17==0) _______;
        System.out.println(i);
    }
}
```

3. 以下程序打印下列的图形，请填空。

```
#
# #
```

```
  # # #
  # # # #
public class PrintGraphics {
    public static void main(String[] args) {
        int i,j;
        for(i=1; _______; i++) {
            for(j=1; _______; j++)
                System.out.print(_______);
        System.out.println();
        }
    }
}
```

4. 下列程序实现查找某一字符串是否包含有"hello"，请填空。

```
public class FindChar {
    public static void main(String[] args) {
        String s="hello Java";
        int a=_______;
        //a 为找到 hello 的下标，找不到则返回-1
        if (_______)
            System.out.print("包含字符串 hello");
        else
            System.out.print("不包含字符串 hello");
    }
}
```

5. 输入一组数，并求出该数组中的最大数和最小数，请填空。

```
import java.util.*;
public class ArrayMaxMin {
    public static void main(String[] args) {
        int[] a=new int[10];
        int i,max,min;
        Scanner input=new Scanner(System.in);
        for(i=0;i<a.length;i++)
            a[i]=_______;
            _______;
        for(i=1;i<a.length;i++) {
            if (_______) max=a[i];
            if (_______) min=a[i];
        }
        System.out.printf("最大数是：%d，最小数是：%d\n",max,min);
    }
}
```

六、程序设计题

1. 百马百担问题：100 匹马驮 100 担货物，其中大马驮 3 担货，中马驮 2 担，两匹小马驮 1 担。问共有大、中、小马各多少匹？编程实现求解的算法。

2. 有一函数：

$$y=\begin{cases} x & (x<0) \\ 3x-2 & (0\leqslant x<10) \\ 4x & (x\geqslant 10) \end{cases}$$

编写一程序，对输入的 x 值，求出对应的 y 值。

3. 求水仙花数：水仙花数是这样的一个三位正整数，此数各数字的立方之和恰好等于该数本身。例如 153 就是一个水仙花数：$153=1^3+5^3+3^3$。编程找出所有这样的水仙花数并输出到屏幕。
4. 编写程序，计算 1+1/1!+1/2!+1/3!+⋯+1/n!的和。
5. 猴子吃桃问题。猴子第一天摘下若干个桃子，当即吃了一半，还不过瘾，又多吃了一个，第二天早上吃了一半又多吃了一个。以后每天都是如此，当第 10 天想吃时，就只剩下一个了。问第一天共摘了多少个？
6. 打印九九乘法口诀表。
7. 给一段文字加密，加密方式为将第 1 个字母变成第 26 个字母，第 i 个字母变成第(26–i+1)个字母，非字母的字符不变，即：

A→Z，a→z
B→Y，b→y
…
Z→A，z→a

要求编程加密输入的字符串并输出加密后的字符串。

第 4 章　Java 类与对象

引言

面向对象程序设计（Object-Oriented Programming，OOP）是目前主流的程序设计技术，它从现实世界中客观存在的事物（即对象）出发，运用人类的自然思维方式来建立问题的模型。从求解问题的角度看，面向对象技术通过对客观事物进行抽象，以待解决问题中所涉及的各种对象为主要线索，按照对象及其相互之间的联系来设计程序的框架。Java 语言是面向对象的程序设计语言，它具有描述对象及其相互之间关系的语言成分。只有正确理解和掌握 Java 面向对象程序设计的思想，才能充分利用 Java 语言本身的优点，编写具有 Java 语言特点的程序。

类和对象是 Java 程序的基本要素，在某种程度上，编写一个 Java 程序就是定义类和创建对象，也就是说定义类和建立对象是 Java 程序设计的主要任务。本章介绍类和对象的基本概念和使用方法，这些内容是面向对象程序设计的基础。

学习目标

通过对本章内容的学习，读者应该能够：

- 了解 Java 类和对象的基本概念以及面向对象的基本特性。
- 理解 Java 面向对象程序设计的基本思想，能以面向对象的思维方式来分析问题，进而建立求解问题的模型。
- 掌握类的基本结构、对象和包的创建与使用方法。
- 掌握面向对象程序设计的基本方法，能利用 Java 语言来实现面向对象分析所形成的问题模型。

4.1　面向对象的基本概念

Java 语言是一种面向对象的程序设计语言，其基本思想是通过构造和组织对象来求解问题，任何一种物体都可以被认为是对象，程序是许多对象的组合。

4.1.1　对象、类和消息

对象（Object）、类（Class）和消息（Message）是面向对象程序设计最本质的概念，尽管这些词在日常表达中也很常见，但为了更好地理解面向对象程序设计的基本思想，有必要深入了解这些基本概念。

1. 对象

对象可以用来表示客观世界中的任何事物，它既可以是有形的，例如一个学生、一辆汽车、一张桌子、一项计划、一部法律等，也可以是无形的，例如一场足球比赛、一次流感侵袭、一次到图书馆的借书过程、一次到食堂的就餐过程等。任何对象都具有各自的特征（属性）和行为（方法）。例如，一个学生是一个对象，他有姓名、性别、身高、肤色等特征，也具有行走、说话、上网等动作行为。又如一辆汽车是一个对象，它拥有车轮的数目、发动机的功率、运行的速度、可乘载的人数、耗油量等属性，还有加速、减速、刹车、转弯等重要的行为。

在使用计算机解决问题时，对象是作为计算机模拟客观事物的一个抽象，它反映了系统的具体组成要素。在面向对象程序设计方法中，对象的特征用数据来表示，称为属性（Property）。对象的行为用程序代码来实现，称为对象的方法（Method）。总之，任何对象都是由属性和方法组成的。

2. 类

人们在认知客观世界时，采用抽象的方法把具有共同性质的事物划分为一类。类是具有相同属性和方法的一组对象的集合，它为属于该类的全部对象提供了统一的抽象描述。在系统中通常有很多相似的对象，它们具有相同的属性、相同的方法，响应相同的消息。对每个这样的对象单独进行定义是很烦琐的，因此将相似的对象分组形成一个类，每个这样的对象被称为类的一个实例（Instance），一个类中的所有对象共享一个公共的定义，尽管它们对属性所赋予的值不同。

例如，所有的汽车是相似的对象，构成了汽车类，所有的学生是相似的对象，构成了学生类，所有的客户是相似的对象，构成了客户类等。

类的概念是面向对象程序设计的基本概念，通过它可以实现程序的模块化设计。类是创建对象的模板，对象是类的一个实例。面向对象程序设计的关键是类的设计。

3. 消息

面向对象的系统是通过对象与对象之间彼此的相互合作来实现其功能的，对象不会无缘无故地执行某个操作，只有在接收了其他对象的请求之后，才会执行某一操作，这种请求对象执行某一操作或是回答某些信息的要求称为消息。

消息统一了数据流和控制流。消息的使用类似于函数调用，消息中只包含传递者的要求，它告诉接收者需要做哪些处理，但并不指示接收者应该怎么样完成这些处理。消息完全由接收者解释，接收者独立决定采用什么方式完成所需的处理，发送者对接收者不起任何控制作用。

消息一般有 3 个组成部分：消息接收者（接收对象名）、接收对象应采用的方法以及方法所需要的参数。同时，接收消息的对象在执行完相应的方法后，可能会给发送者返回一些信息。

例如，老师向学生布置作业："09 级计算机 2 班做习题 3"。其中，老师和学生都是对象，"09 级计算机 2 班"是消息的接收者，"做"是要求目标对象学生执行的方法，"习题 3"是要求对象执行方法时所需要的参数。学生也可以向老师返回作业信息。这样，对象之间通过消息机制，建立起了相互关系。由于任何一个对象的所有行为都可以用方法来描述，所以通过消息机制可以完全实现对象之间的交互。

4.1.2 面向对象的特性

面向对象程序设计一般具有 3 个基本特性：封装性、继承性和多态性。这 3 大特性进一步简化了问题求解模型，提高了程序的复用性，节省了程序的代码量，从而提高了软件的生产效率。

1. 封装性

面向对象程序设计最根本的特性就是封装性（Encapsulation），封装是指把对象属性和方法相结合，构成独立的单元，它的内部信息对外界是隐蔽的，不允许外界直接存取对象的属性，只能通过有限的接口与对象发生联系。这样，在实现对象本身时，只须考虑如何实现这些需要提供给外部使用的成员方法。在应用或考虑其他对象时，也只须考虑这些对象外在的表现所提供的功能，而不必考虑它们内部的实现机制。这样求解问题的规模就能够通过对象的分解而细分下去，从而使得所需考虑的问题及其求解规模变得越来越小。

对于外界而言，只需要知道对象所表现的外部行为，而不必了解内部实现细节。例如，驾驶汽车的人可以完全不知道汽车的基本原理和汽车的基本结构，只须知道如何启动，如何驾驶汽车。

2. 继承性

类的继承性（Inheritance）指的是从已有的一个类可以构造新的类，使得新类具有原类的所有特性，并且新类还可以增加一些新的特性。根据继承与被继承的关系，可分为父类和子类，子类可以从父类那里获得所有的属性和方法，并且可以对这些获得的属性和方法加以改造，使之具有自已的特点，这样可以提高代码的复用率。例如，奥迪汽车是汽车的一个子类，奥迪汽车具备了汽车的所有特性，同时奥迪汽车还有一些自己的特性。

3. 多态性

对象根据接收的消息而做出动作，同样的消息被不同的对象接收时可导致完全不同的行动，这种现象称为多态性（polymorphism）。多态性机制不仅增加了面向对象软件系统的灵活性，进一步减少了信息冗余，而且显著地提高了软件的可重用性和可扩充性。例如，不同的动物叫声不同，猫的叫声是“喵喵”，狗的叫声是“汪汪”，不同的对象产生了各自不同的行为。

4.2　Java 类

类是组成 Java 程序的基本单元，它封装了一类对象的属性和方法，是这一类对象的原型。当编写 Java 程序时，许多常见的功能可以利用 Java 系统类库提供的类来实现，但针对特定的问题经常需要用户自己来定义类。

4.2.1　类的基本结构

进行 Java 程序设计，实际上就是定义类的过程。类是 Java 源文件最小的编译单位，一个 Java 程序至少要包含一个类，实用的 Java 程序往往是由多个相互独立的类组成的。

1. 类的定义

Java 类由类头和类体两部分组成，其定义格式如下：

```
[类修饰符] class 类名 [extends 父类名] [implements 接口名列表] {
    成员变量
    构造方法
    成员方法
}
```

其中类头由关键字 class 定义，之后是类的名字。类修饰符用来说明类的性质。父类名是已经定义过的类名，接口名列表是已经定义过的若干个接口名，当接口名多于一个时，用逗号分隔开。方括号表示该项是可选项。本章只讨论基本的类设计方法，含有父类和接口的类将在第 5 章介绍。

类体里包括成员变量、构造方法和成员方法，其中成员变量用来描述类的属性（静态特征），成员方法用来描述类的功能（动态行为），而构造方法（Constructor）是用来初始化对象的一种特殊方法。

下面描述 Person 类的基本结构。

```
public class Person {
    int age;                    //成员变量定义
    String name;
    public void run() {…}       //成员方法定义
    public void sing() {…}
    public void sleep() {…}
}
```

Person 类是一个公共类，类体包括 age 和 name 两个成员变量，它们描述了 Person 类的属性，类体还包括 run()、sing()和 sleep()3 个成员方法,它们描述了 Person 类的行为。

2. 类的修饰符

类修饰符分为访问控制符和类型说明符两部分，分别用来说明该类的访问权限以及该类是否为抽象类或最终类。类的修饰符将在第 5 章详细介绍，这里只是说明其初步含义。

（1）访问控制符 public 和默认类。

当访问控制符为 public 时，表示该类被定义为公共类，即该类能被其他任何地方的类访问。当没有访问控制符 public 时，即是默认类或称缺省类。Java 语言规定，一个 Java 文件中可以有很多类，但最多只能有一个公共类，其他都必须定义为默认类。

（2）类型说明符 abstract 和 final。

当类型说明符为 abstract 时，表示该类为抽象类，抽象类不能用来定义对象，抽象类通常设计成一些具有类似成员变量和方法子类的父类。

当类型说明符为 final 时，表示该类为最终类，最终类不能用来再派生子类。

访问控制符和类型说明符一起使用时,访问控制符在前,类型说明符在后。例如,public abstract class Employee 就声明了一个公共抽象类 Employee。

4.2.2 类的成员

类把数据和方法封装为一个整体，定义在类中的变量和方法被称为类的成员（Member）。

1. 类的成员变量

在类的变量定义部分所定义的变量称为类的成员变量。定义一个成员变量就是声明该成员变量的名字及其所属的数据类型，同时指定其他一些附加特性。声明成员变量的格式如下：

```
[<变量修饰符>] [static] [final] <变量类型> <变量名>;
```

其中，变量修饰符有 private、public 和 protected 3 种。当不加任何修饰符时，定义为默认修饰符。这些修饰符实现了类中成员变量在一定范围内的信息隐藏，这既符合程序设计中隐藏内部信息处理细节的原则，也有利于数据的安全性。这些变量修饰符的含义将在 5.1 节中详细介绍。

成员变量声明中的 static 指明该成员变量是一个类成员变量，而不用 static 修饰的成员变量称为实例成员变量，两者的区别与使用方法将在 4.3 节中说明。final 指明该成员变量是常量。

2. 成员方法

类的成员方法说明了类能够实现的功能，是具有某种相对对立功能的程序模块。由于 Java 语言中的所有方法必定属于某个类，即方法一定是成员方法，所以成员方法可简称为方法。一个类可以定义多个方法，对象通过执行成员方法对传来的消息作出响应，完成特定的功能。定义成员方法的格式如下：

```
[方法修饰符] [static] 返回值类型 方法名(参数列表) {
```

```
    方法体
}
```

其中方法修饰符和成员变量的修饰符一样，有 private、public 和 protected 3 种，另外，还有默认修饰符。各个修饰符的含义也和成员变量修饰符的含义相同。static 指明该方法是一个类方法，不用 static 修饰的方法是实例方法，两者的用途和使用方法将在 4.3 节中说明。

方法定义中必须给出方法名和方法的返回值类型，如果没有返回值，用关键字 void 标记。方法名后的一对圆括号是必需的，即使参数列表为空，也要加括号。括号中的参数称为形式参数，简称形参。形参的类型必须在括号内定义。

例如：

```
public void SetDate(int y,int m,int d)
```

上述语句声明了方法名为 SetDate 的 public 方法，其返回值为空，参数有 3 个，分别为 y、m 和 d，这 3 个参数的数据类型均为 int。

方法体是方法的具体实现，包括局部变量定义和操作语句。若方法有返回值。在方法体中应使用 return 语句指明返回的值。return 语句的格式如下：

```
return (表达式);
```

return 语句使程序执行流程转移到方法的调用程序，并返回表达式的值。此外，return 后面的表达式的类型必须与成员方法给出的返回值的类型一致。

例如，定义一个返回 x 和 y 中较大数的成员方法如下：

```
public int MaxValue(int x,int x) {
    return (x>y?x:y);
}
```

3. 方法体中的局部变量

类成员变量是一个类的所有对象共同拥有的成员变量。在方法体中定义的变量和方法的参数被称为局部变量，这些变量只在定义它的方法内有效，离开本方法这些变量将被自动释放。

局部变量可以是 Java 中的任何一种基本数据类型，如 int、long 等，也可以是引用数据类型，如数组类型和对象。但在方法体内定义变量时，变量前不能加修饰符，而且在使用前必须明确赋值，否则编译时会出错。

【例 4-1】局部变量示例。

```
class LocalVariable {
    int x=10,y=20;                      //定义成员变量
    public static void main(String[] args) {
        int x=100,y=200;                //定义方法内部的局部变量
        {
            //int x=1000,y=2000; 重复定义，有错
            int a=x+y;                      //定义复合语句内部的局部变量
            System.out.println("a="+a);
        }
        //System.out.println("a="+a);  a 只在复合语句内部有效，有错
        LocalVariable ob=new LocalVariable();
        int a=ob.x+ob.y;                //退出复合语句后，可以重新定义 a
        System.out.println("a="+a);
    }
}
```

程序运行结果为：

```
a=300
```

```
a=30
```

LocalVariable 类的成员变量有 x 和 y，它们在整个类中都有效，可以在其他方法内使用成员变量。main()方法的局部变量 x、y 只在该方法内有效。a 是 main()方法中复合语句内的局部变量，只在复合语句内部有效。

4.2.3 构造方法

构造方法专门用来进行对象的初始化工作，它一般由系统在创建对象（即类实例化）时自动调用。构造方法也称作构造函数。一般来说，一个类中至少要有一个构造方法。

构造方法在语法上等同于一般方法，因此构造方法的基本结构和前面介绍的一般方法的基本结构类似。但构造方法是类中一种特殊的方法，它具有不同于一般方法的特点:

（1）构造方法的名字必须与其类名相同。

（2）构造方法没有返回值，不能指定返回值的类型，包括表示空类型的 void 类型符。

例如，在下面的 Student 类中，Student()方法是和类名相同的方法，并且不含返回值，这里 Student()方法就是类的构造方法，创建对象会自动调用构造方法给类的成员变量赋初值。

```
class Student {
    String school;
    int age;
    public Student() {
       age=20;
       school="Yali";
    }
    public void showAge() {
       System.out.println(""+age);
    }
}
```

又如，在下面的 Teacher 类中，Teacher()方法是和类名相同的方法，并且不含返回值，这里的 Teacher 方法就是类的构造方法，在创建对象时，构造方法完成对象的初始化操作。

```
class Teacher {
    String name;
    int age;
    public Teacher(String x, int y) {
       name=x;
       age=y;
    }
}
```

注意：Java 的每一个类都至少有一个构造方法，如果没有在一个类里定义构造方法，系统会自动为这个类产生一个默认的构造方法。这个默认的构造方法不带参数，方法体也是空的。

例如，下面的 Boss 类中没有定义构造方法，那么系统会自动地为该类产生一个默认的构造方法 Boss(){}，这个构造方法不带参数，方法体也是空的，不能完成任何操作。但在创建一个类的新对象时，系统要调用该类的构造方法将新对象初始化。

```
class Boss {
String name;
    int age;
}
```

4.3　Java 对象

类是一种数据类型，而对象是具有这种数据类型的变量。定义了类以后，就可以定义属于类的对象了，类定义本身不占用存储空间，只有在定义了属于类的对象以后，系统才会为该对象分配存储空间。对象所占据的内存空间只用于存放数据成员，而成员方法并不在每一个对象中存有副本。

4.3.1　对象的创建和初始化

对象的创建过程分两步进行，首先定义对象，然后为对象分配内存空间，并可同时进行初始化赋值。

1. 对象的定义

定义对象的语句格式为：

```
类名 对象名;
```

例如，下面的语句就定义了一个 Student 类的对象 zhang，Teacher 类的对象 wang。

```
Student zhang;
Teacher wang;
```

2. 为对象分配内存空间和进行初始化

Java 使用 new 运算符和类的构造方法为定义的对象分配内存空间，如果类中没有构造方法，系统会调用默认的构造方法。为对象分配内存空间的语句格式为：

```
对象名=new 类名([参数列表]);
```

其中，new 运算符申请了对象所需的内存空间，并返回所申请的内存空间的首地址。系统将根据类名和参数列表调用相应的构造方法为对象进行初始化赋值（即把参数值存入相应的内存单元中）。赋值语句把 new 运算符分配的连续地址的首地址赋给了对象名。正因为构造方法名和类名完全相同，所以这里的类名既用来作为 new 运算符的参数向系统申请对象所需的内存空间，又作为构造方法名为对象进行初始化赋值。例如：

```
wang=new Teacher("王",30);
```

使用 new 运算符先向系统申请了 Teacher 类对象所需的内存空间（其首地址由对象名 wang 指示），又用参数“王”和 30 调用了构造方法 Teacher()，为对象 wang 进行了初始化赋值。

程序设计中经常使用的方法是在定义对象的同时为对象分配内存空间和进行初始化赋值。例如:

```
Teacher wang=new Teacher("王",30);
```

类是作为许多相似对象的抽象描述设计的，如果要使用这个类，就必须创建这个类的对象。那么，对象创建应该是在同一个类中？还是应该在另一个类中？答案是两者都可以，但最好是在另一个类中。这样没有对象定义的纯粹的类设计部分就可以单独保存在一个文件中，就不会影响该类的重复使用。

Java 语言规定，一个类对应一个.class 文件，一个程序文件中可以包含一个或一个以上的类，但其中只允许一个类被定义成 public 类型。类中可以没有 main()方法，但要运行的类中必须有 main()方法，程序就是从 main()方法开始执行的。下面的例子是把对象创建在另一个类中的 main()方法中。

【例 4-2】对象的创建。

```
class Room {
    int length,width;
    String name;
    public Room(int x,int y) {
        length=x;
        width=y;
    }
    public void area() {
        System.out.println(""+length*width);
    }
}
class TestObject {
    public static void main(String[] args) {
        Room room1=new Room(10,8);   //使用构造方法创建对象并初始化
        Room room2=new Room(20,12); //使用构造方法创建对象并初始化
        room1.name="Hello";          //引用对象的成员变量
        room1.area();                //引用对象的方法
        room2.area();
    }
}
```

例中在 TestObject 类的 main()方法中创建了两个 Room 类的对象，在创建对象时使用了带参数的构造方法，room1 和 room2 是两个完全独立的对象，创建对象以后可以通过“对象名.变量名”来操作自己的变量，还可以通过“对象名.方法名()”来调用类中的方法。

【例 4-3】设置并显示一个日期，然后判断该年是否为闰年。程序如下：

```
public class Date {
    int year;  //表示年
    int month;  //表示月
    int day;    //表示日
    public Date(int y, int m, int d) {  //用构造方法将日期初始化
        year=y;
        month=m;
        day=d;
    }
    public void SetDate(int y, int m, int d) {  //设置新的日期
        year=y;
        month=m;
        day=d;
    }
    public void Print() {  //显示日期
        System.out.println(""+year+'年'+month+'月'+day+"日");
    }
    public boolean IsLeapYear() {  //判断是否为闰年
        return (year%400==0) | (year%100!=0) & (year%4==0);
}
public static void main(String[] args) {
        Date a=new Date(2010,1,1);  //创建对象并指定日期初始值
        System.out.print("初始日期是");
        a.Print();  //输出初始日期
```

```
        a.SetDate(2010,12,30);  //设定新的日期
        System.out.print("新的日期是");
        a.Print();  //输出新的日期
        if (a.IsLeapYear())
       System.out.println(a.year+"是闰年");
else
        System.out.println(a.year+"不是闰年");
    }
}
```

输出结果为：

```
初始日期是 2010 年 1 月 1 日
新的日期是 2010 年 12 月 30 日
2010 不是闰年
```

3. 对象的内存模型

对象和数组一样，也是引用数据类型。即对象定义后，系统将给对象标识符分配一个内存单元，用于存放实际对象在内存中的存放位置。由于在对象定义时，对象在内存中的实际存放位置还没有给出，所以，此时该对象名的值为空（null）。为了充分理解对象的概念，下面来看看在声明和创建对象时，对象的内存模型。

（1）定义对象时的内存模型。

以例 4-2 中定义的 Room 类为例，对象 room 的定义如下：

```
Room room;
```

当定义 room 对象时，并没有为它分配内存空间，它是一个空的对象，其值是 null，表示没有引用对象实例，这样的空对象不能使用。

（2）为对象分配空间的内存模型。

定义对象 room 后，进一步为它分配内存空间和进行初始化赋值如下：

```
room=new Room(10,8);
```

此时 room 对象获得了一个对象实例，其中包含有 length、width 和 name 3 个成员变量和一些方法，它们保存在一片连续的内存单元中，其首地址保存在对象变量 room 中。在 Java 语言中，对象变量 room 和它引用的实例的关系是一种引用关系，如图 4-1 所示。

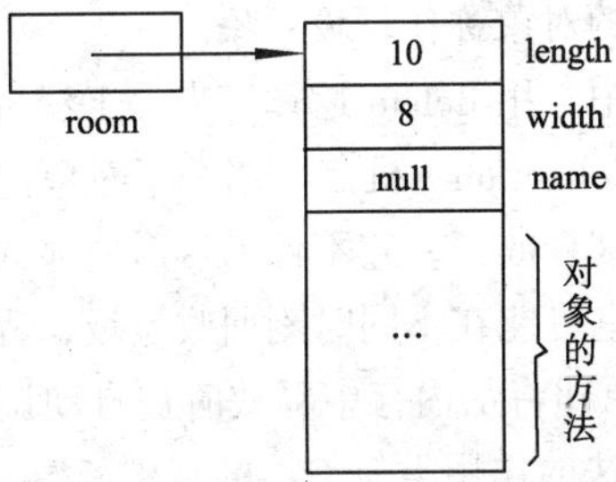

图 4-1　分配了对象实例的对象

4.3.2 对象的引用和清除

一旦定义了对象并为对象分配了内存单元，就可以在程序中引用对象。Java 有自动垃圾回收机制，当垃圾收集器判断已经没有任何引用指向对象的时候，会调用对象的 finalize()方法来释放对象占据的内存空间。.

1．对象的引用

对象的引用主要有 3 种情况，分别是：使用对象的成员变量或方法、对象间赋值和把对象作为方法的参数。

（1）使用对象的成员变量或方法。一旦定义并创建了对象，就可以使用对象的成员变量或方法。例如，例 4–3 的 main()方法中 a.year 就使用了对象 a 的成员变量 year，a.Print()就使用了对象 a 的成员方法 Print()。

另外，还可以修改对象的成员变量的数值，例如，如果在例 4–3 的 main()方法中增加如下语句，就把对象 a 的成员变量 year 的数值修改为 2010。

```
a.year=2010;
```

（2）对象间赋值。

对象可以像变量一样赋值。例如，如果在例 4–3 的 main()方法中增加如下语句，则对象 b 的值和对象 a 的值相同。

```
Date b;
b=a;
```

但和变量赋值不一样的是，对象赋值并没有真正把一个对象的数值赋给另一个对象，而是让另一个对象名（如对象名 b）存储的对象实例的首地址和这个对象名（如对象名 a）存储的对象实例的首地址相同。即对象的赋值是对象实例的首地址的赋值。例如，上述语句就把对象 a 的首地址值赋给了对象 b，因此，对象 b 和对象 a 引用的是同一个对象实例。

（3）把对象作为方法的参数。对象也可以像变量一样，作为方法的参数使用。但系统实现两者的方法不同，变量作为方法的实参时，系统把实参的数值复制给形参；而对象作为方法的实参时，系统是把实参对象名（该对象必须已创建）指示的对象实例的首地址赋给了形参对象名。其实现方法实际上和对象间赋值的实现方法相同。参数的结合规则在 4.3.3 节介绍。

2．垃圾对象的回收

对象和变量在很多方面有些类似，例如，对象和变量都需要分配内存空间。但是，变量的内存空间是系统在变量定义时自动分配的，当变量超出作用范围时，系统将自动回收该变量的内存空间。而对象的内存空间是在用户需要时用 new 运算符创建的。对象也有作用范围，通常把超出作用范围的对象或称不再被使用的对象称作垃圾对象。

在一些高级语言中，如 C++中，用 delete 运算符来手工释放分配给对象的内存空间。Java 语言使用自动垃圾回收（Garbage Collection）机制，当一个对象的引用不存在时，则该对象被认为是不再需要的，它所占的内存就被释放掉，它不像 C++需要显式撤销对象。Java 的垃圾回收机制并不会一产生垃圾就立刻执行，它可能在不同时刻回收垃圾，程序员一般不需要考虑。

C++的析构函数是在一个对象即将从内存中释放时被自动调用，这个函数的程序代码也得到执行。在 Java 语言中 finalize()方法的作用类似 C++的析构函数，当进行垃圾回收时 finalize()方法被调用，因为 Java 具有自动垃圾回收机制，所以无法确定何时调用 finalize()方法。

【例 4-4】对象的引用与清除。

```
class Student {
    int age;
    public void finalize() {
        System.out.println("It is an example.");
    }
```

```
}
class ClearObject {
    public static void main(String[] args) {
        Student s1=new Student();
        Student s2=new Student();
        Student s3=new Student();
        s1=s2;
        s3=null;
        system.gc();
    }
}
```

例中创建了 3 个 Student 类对象，当把 s2 的引用赋值给 s1 后，s1 所指向的对象实例变成了垃圾。同样，将 null 值赋给 s3，即删除了 s3 的引用后，此时 s3 所指向的对象实例也变成了垃圾。由于 Java 有自动垃圾回收机制将调用 finalize()方法回收垃圾，但不知道何时会调用 finalize()方法，这里用 System.gc()强制进行垃圾回收，立即调用 finalize()方法。这里总共两次调用了 finalize()方法。程序运行结果如下：

```
It is an example.
It is an example.
```

3. 实例成员变量与类成员变量

类有两种不同类型的成员变量：实例成员变量与类成员变量，类成员变量也称作静态成员变量。在类的定义中类成员变量或静态成员变量用关键字 static 修饰，实例成员变量不用关键字 static 修饰。

当 Java 程序执行时，类的字节码文件被加载到内存，与此同时，类成员变量便会被分配内存，但这时还没有对象，因此，任何实例成员变量都没有被分配内存空间。只有当创建了类的对象之后，才会为每一个对象中的每一个实例成员变量开辟内存空间。也就是说，类成员变量只有一份，而实例成员变量有很多份，其数量与创建的对象的数量相同，不同对象的实例变量互不相同，即分配不同的内存空间，改变其中一个对象的实例成员变量不会影响其他对象的相应实例成员变量。例如，例 4-3 中类 Date 的成员变量 year、month 和 day 是实例成员变量。若有如下对象定义：

```
Date a=new Date(2011,12,30);
Date b=new Date(2010,1,1);
```

则对象 a 和对象 b 的实例成员变量数值就不同。例如，a.year 的数值为 2011，而 b.year 的数值为 2010。

类成员变量可以用类名称直接访问，此外，一个类的所有对象共享该类的类成员变量，所以也可以用对象的引用访问类成员变量。对象的实例变量可以用对象引用访问，但不可以用类名称直接访问实例成员变量，因为对象有很多个，访问哪个对象的实例变量不能确定，甚至不能确定是否有对象存在。实例成员变量仅仅是与相应的对象关联的变量，也就是说实例成员变量必须通过对象访问。

【例 4-5】用类成员变量统计当前该类共有多少个对象被定义。

```
public class ObjectCount1 {
    private static int count=0;  //类成员变量
    public ObjectCount1() {
        count++;
    }
```

```
    public void Print() {  //输出定义的对象个数
        System.out.println("当前定义的对象个数为: "+count);
    }
    public static void main(String[] args) {
        ObjectCount1 a=new ObjectCount1() ; //创建对象 a
        a.Print();                          //输出定义的对象个数
        ObjectCount1 b=new ObjectCount1() ; //创建对象 b
        ObjectCount1 c=new ObjectCount1() ; //创建对象 c
        b.Print();                          //输出定义的对象个数
    }
}
```

输出结果为:

```
当前定义的对象个数为: 1
当前定义的对象个数为: 3
```

如果去掉成员变量定义中的 static 修饰，即对 count 的定义改为:

```
private int count=0;
```

请读者分析程序的输出结果。

4. 实例方法与类方法

类有两种不同类型的方法：实例方法与类方法，类方法也称作静态方法。没用关键字 static 修饰的方法为实例方法，用关键字 static 修饰的方法称为类方法。

实例方法只能通过对象来调用，它既可以访问类成员变量，也可以访问实例成员变量。例 4-3 中类 Date 的 SetDate()方法、Print()方法和 IsLeapYear()方法都是实例方法。这些实例方法体中都访问了实例成员变量。

类方法通过类名来调用，也可以通过对象来调用。类方法只能访问类成员变量，不能访问实例成员变量。类方法主要用来处理和整个类相关的数据。虽然类方法既可以用类名来调用，也可以用对象来调用，但用类名调用类方法程序的可读性更好。

【例 4-6】用类方法处理当前该类共有多少个对象被定义。

```
public class ObjectCount2 {
    private static int count=0;   //类成员变量
    public ObjectCount2() {
        count++;
    }
    public static void Print() {
        System.out.println("当前定义的对象个数为: "+count);
    }
    public static void main(String[] args) {
        ObjectCount2 a=new ObjectCount2() ; //创建对象 a
        ObjectCount2.Print();               //通过类名调用类方法
        ObjectCount2 b=new ObjectCount2() ; //创建对象 b
        ObjectCount2 c=new ObjectCount2() ; //创建对象 c
        c.Print();                          //通过对象名调用类方法
    }
}
```

输出结果为:

```
当前定义的对象个数为: 1
```

```
当前定义的对象个数为: 3
```

程序中的 Print()方法是一个类方法，类方法只能访问类成员变量 count，此时如果去掉成员变量 count 定义中的 static 修饰，程序将出现错误。另外，请读者思考，如果通过对象名 b 来调用类方法 Print()，即将“c.Print();”改为“b.Print();”，程序的输出结果是什么？

4.3.3 方法的调用

Java 程序中的方法与其他语言中的函数或过程类似，是实现某种特定功能的程序段。在多数情况下，使用方法需要进行显式的方法调用。方法被调用之后，就会执行方法体内部的语句，从而完成预定的功能。

1. 方法调用的形式

如果在被调用方法所在类的外部调用方法，则调用形式为：

```
对象名.方法名([实际参数列表])
类名.方法名([实际参数列表])
```

如果在被调用方法所在的类中调用方法，则调用形式为：

```
[this.]方法名([实际参数列表])
```

在大多数情况下，关键字 this 可以省略。

实际参数简称为实参，其作用是向形参传递数据。实参和形参的个数要相等，对应位置上的数据类型要相容，即数据类型相同或者实参可以自动转换成形参类型。实参可以是 1 个或多个变量或表达式，如果超过一个，需用逗号分隔。

【例 4-7】同一类中调用方法示例。

```
public class CallMethod {
    public void Show() {
        System.out.println("Show method is referenced.");
    }
    public void CallOther() {
        Show();  //调用 Show()方法，也可以写成 this.Show()
    }
    public static void main(String[] args) {
        CallMethod ob=new CallMethod();
        ob.CallOther();  //调用 CallOther()方法
    }
}
```

输出结果为：

```
Show method is referenced.
```

在程序中，CallOther()方法和 Show()方法处在同一个类中，所以调用后者时，直接使用方法名即可。但 main()方法是一个静态方法，它由系统来调用。系统在调用它的时候，并没有创建一个 CallMethod 的对象，而 CallOther()方法和 Show()方法都是实例方法，它们被调用时，都必须有对象的存在。所以，必须在 main()中先创建一个对象 ob，才能调用这两个方法。从这一点来看，main()方法虽然处在 CallMethod 类的内部，但它的表现却如同在类的“外部”一样。

CallOther()本身是实例方法，它在被执行时，一定是有对象存在的，所以它才能够直接调用 Show()方法。

【例 4-8】外部类调用方法示例。

这里仍然利用例 4-7 的程序，另外再写一个类来使用 CallMethod 类中的两个方法。

```
public class CallOther {
    public static void main(String[]args) {
        CallMethod ob=new CallMethod();
        ob.CallOther();  //调用 CallOther()方法
    }
}
```

注意：需要将 CallMethod.java 和 CallOther.java 两个文件放在同一个目录下面，然后分别编译。后面如无特殊说明，需要用到两个或两个以上文件的，都必须放在同一目录下编译。

例 4-7 和例 4-8 的程序输出结果完全一样。在 CallOther 类中，还可以调用 Show()方法，形式还是 ob.Show()。读者可以自己修改例 4-8 的程序查看运行效果。

2．方法调用的参数

在调用方法时，系统会将实参的值按照对应位置关系逐个传递给形参，即第一个实参传给第一个形参，第二个实参传给第二个形参，依此类推，这个过程中，不会考虑形参和实参的名字。

由于在 Java 中存在两种类型的数据：基本类型和复合类型（引用类型）。这两种类型的数据作为参数传递时，是有区别的。下面分别介绍这两种情况。

（1）基本类型作为参数。

当方法的参数是基本类型（包括整型、浮点型和布尔型）时，它是通过传值方式进行调用的。实参是一个可求值的表达式时，它所求出来的值的类型与形参的类型相同，或使表达式的类型按 Java 类型转换规则达到形参的数据类型，实现表达式值到形参的单值传递。实参是一个变量时，实现实参到形参的单向传递。此时方法内部可以修改形参的值，但这种修改不会影响到对应的实参的值。

直观来看，传值过程相当于一个赋值过程，将实参的值赋给形参，而不能将形参赋给实参。它们发生联系只在调用的那一瞬间，以后两者之间再无关系。

【例 4-9】单向传值示例。

假如一个方法试图将一个参数值增加至原来的 3 倍，可能会编写如下程序：

```
class PassValue {
    static void TryChange(int n) {
        n=n*3;
    }
    public static void main(String[] args) {
         int i=10;
         System.out.println("调用 TryChange 方法之前，i="+i);
         TryChange(i);
         System.out.println("调用 TryChange 方法之后，i="+i);
    }
}
```

输出结果为：

```
调用 TryChange 方法之前，i=10
调用 TryChange 方法之后，i=10
```

当调用 TryChange()方法时，将实参 i 传给形参 n，尽管在 TryChange()方法中改变了形参 n 的值，但对实参 i 并没有影响。方法结束后，n 不再使用。从这个例子还可以看出，形参实际上是一个局部变量，它的作用域仅限于定义它的方法体内部。

对于按值传递的参数，如果需要在方法调用以后修改参数的值，可以利用返回值来实现。例 4-9 的程序改为：

```
class PassValue {
    static int TryChange(int n) {
        n=n*3;
        return n;
    }
    public static void main(String[] args) {
        int i=10;
        System.out.println("调用 TryChange 方法之前，i="+i);
        i=TryChange(i);  //强制赋值
        System.out.println("调用 TryChange 方法之后，i="+i);
    }
}
```

输出结果为：

```
调用 TryChange 方法之前，i=10
调用 TryChange 方法之后，i=30
```

在程序中，通过把修改以后的参数 n 的值返回，来为变量 i 赋值，强制修改按值传递参数的值，从而达到修正参数值的目的。

单向传值可以防止在无意的情况下改变实参的值，起到了降低程序间数据耦合度的作用。但在某些情况下，单向传值却会阻碍某些功能的实现。例如，要写一个方法实现两个参数交换值的功能，很容易想到用下面的方法：

```
public void swap(int x, int y) {
    int t=x;
    x=y;
    y=t;
}
```

然后这样来调用它们：

```
swap(x,y);
```

调用过后，会发现 x 和 y 的值没有任何改变。因为在方法 swap()中交换的只是形参 x 和 y 的值，这对于实参 x 和 y 来说，没有任何影响。实际上，在 Java 中，没有简单的方法能够实现上述交换两个基本变量的值，而只能把上面这段代码写在需要交换的地方。

（2）复合类型作为参数。

如果形式参数不是基本类型，而是复合（引用）类型，例如数组、对象等，那么在调用相应的方法时，系统会将该实参的地址值传递给形参。这时实参和形参指向了同一个内存单元，其中任何一个变量值的改变都会对另外一个变量的值产生影响。

对象的传值过程，其实是借用了 C/C++中指针传值的方法，造成的效果也完全相同。下面这个例子展示了对象传值的效果。

【例 4-10】对象传值示例。

```
public class PassObject {
    public static void main(String[] args) {
        TestClass p=new TestClass(10);  //初始化 g 为 10
```

```
        System.out.println("调用 CallByReference 方法之前 p.g="+p.g);
        CallByReference(p);
        System.out.println("调用 CallByReference 方法之后 p.g="+p.g);
    }
    static void CallByReference(TestClass ob) {
        ob.Change(ob.g);
    }
}
class TestClass {
    int g;
    public TestClass(int n) {
        g=n;
    }
public void Change(int n) {
    g=n*3;
    }
}
```

输出结果为:

```
调用 CallByReference 方法之前 p.g=10
调用 CallByReference 方法之后 p.g=30
```

在程序中，定义了一个 TestClass 类，有一个 int 类型的成员 g，类的 Change()方法使 g 的值增为原始赋值的 3 倍。主方法中先定义一个 TestClass 类的对象 p，并将成员 g 的值初始化为 10，然后调用方法 CallByReference()，它的形参 ob 接受 p 的值，它们将共用同一个对象实体。在 Change()中改变了 ob 的 g 值，这一改变，对 p 也是有效的。程序的输出结果也证明了这一点。

下面再看一个数组作为形参的例子。

【例 4-11】 数组传值示例。

```
public class PassArray {
    public static void InitArray(int[] array) {
        for(int i=0;i<array.length;i++)
            array[i]=i;
    }
    public static void main(String[] args) {
        int[] a=new int[10];
        int s=0;
        InitArray(a);
        for(int i=0;i<a.length;i++)
            s+=a[i];
        System.out.println("s="+s);
    }
}
```

输出结果为:

```
s=45
```

在该程序中，在 InitArray()方法内部修改了数组 array 的值以后，实参数组 a 的值也会发生改变，间接实现了返回值的效果。

4.4 包

前面介绍过，Java 提供了许多具有各种用途的基本类，程序中也有数目众多的自定义类。就像计算机管理文件时，把功能相似或者有联系的文件存放在一起，组成一个文件夹，这样把计算机中众多的文件进行了归类，避免了文件名的冲突，方便了管理。Java 提供了一种用来区别类名空间的机制，称作包（Package）。

4.4.1 包的概念

其实出现包的概念最开始的原因是避免类名重复，例如，北京、上海都有一条和平路，为了区分，就叫北京市和平路、上海市和平路，这里的北京市、上海市就相当于包名。Java 引入了包机制，把功能相似或有联系的类存放在一起，组成一个包，这样把各种不同的类构成了层次的结构，很好地解决了类名冲突的问题，并且实现了对不同类的管理。

Java 提供的各种基本类按功能被放入了不同的包中，例如 java.io 包、java.awt 包、java.lang 包等，其中在前面程序中经常使用的 System 类就是属于 java.lang 包，这个包被自动导入，所以在 Java 程序中可以直接使用 Sytsem.out.println()方法进行输出。

在默认情况下，系统会为每一个 Java 源文件创建一个无名包，该 Java 源文件的每一个类都属于这个无名包。到目前为止，所有例题程序中的类都属于一个默认的无名包。由于这个无名包是没有名字的，所以它不能被其他包所引用。为了解决这个问题，可以创建有名字的包。

4.4.2 包的创建与使用

包是类的一种文件组织和管理方式、是一组功能相似或相关的类或接口的集合。在一个 Java 程序中可以有一个 public 类和多个非 public 类，如果要将这些类组织在一个包中，则在 Java 程序中除注释以外的第一行使用关键字 package 即可实现。当需要调用此包中的类时，可以使用关键字 import 进行导入。

1. 包的创建

创建包的作用就是将定义的类放入包中，也就是为类指定包名。在实际项目中，一般根据类的功能来设定包，例如设置界面类包、逻辑类包、网络类包等。

为类创建包的语句格式为:

```
package 包名1[.包名2[.包名3…]];
```

package 语句作为 Java 源文件的第一条语句，包名可以设置多个，包名和包名之间使用“.”分隔开。包名可以是一个合法的标识符，字母一般都用小写。Java 编译器把包对应于文件系统的目录管理，package 语句中用“.”来指明目录的层次。

例如:

```
package p;
package p1.p2;
```

第一条语句指定这个包中的文件存储在目录 path\p 下，第二条语句指定这个包中的文件存储在目录 path\p1\p2 下。包层次的根目录 path 由环境变量 ClassPath 来确定。

2. 包的使用

使用 improt 语句可以引入包中的类，语句格式为:

```
import 包名1[.包名2[.包名3]…].类名
```

该语句中 import 关键字后面接包名，包名之间用“.”分隔，最后接类名或者用“*”表示包中所有的类。需要注意的是每个包都有一个包名，包之间没有嵌套关系，即任何包都不会包含其他包。例如，java.awt 和 java.awt.geom 是两个独立的包，java.awt.*并没有包含 java.awt.geom.*。所以，即使有了语句“import java.awt.*;”，但是要用 java.awt.geom 包中的类，仍然需要加上语句“import java.awt.geom.*;”。

下面的例子用两个.java 源文件存放两个类，这两个类位于不同的包中。

【例 4-12】 导入自定义不同包中的类。

源程序 PackageTest1.java:

```
package hello.world;
public class PackageTest1 {
    public void print() {
        System.out.println("How to use package.");
    }
}
```

源程序 PackageTest2.java:

```
import hello.world.*;
class PackageTest2 {
    public static void main(String[] args) {
        PackageTest1 test=new PackageTest1();
        test.print();
    }
}
```

这里两个类位于不同的包中，在 PackageTest2.java 源文件中，程序通过 import 语句导入了 hello.world 包中的所有类，这样就可以使用 hello.word.PackageTest1 来创建对象。

小　结

(1) Java 是面向对象的程序设计语言。面向对象的程序设计是使用对象、类、消息、封装、继承和多态等概念进行程序设计。类是对一类事物公有属性和功能进行封装，属性用变量来描述，功能用方法来描述。对象是类的一个实例，是实际存在的个体，而类是对象的模板。面向对象的程序设计的特性包括封装性、继承性和多态性，其中封装性是面向对象最根本的特性。

(2) 面向对象的程序设计关键是类的设计，Java 语言的类体由成员变量、构造方法和成员方法组成。成员变量在整个类中有效，局部变量只在定义的方法内有效，构造方法在创建对象时完成对象的初始化工作。

(3) Java 的对象是引用数据类型，通过引用对象可以操作对象实例，当对象的实例无任何引用时，就会变成垃圾，Java 具有自动的垃圾回收机制，对象的释放不需要程序员管理。

(4) Java 存在两种参数传递规则：按值传递和按地址传递。按值传递指每次传递参数时，把实参的值传递给形参，在方法内部改变形参的值时，对应实参的值不发生改变。按地址传递指每次传递参数时，把实参在内存中的存储地址传递给形参，在方法内部改变对应形参存储单元的内容（即形参的值），则对应实参的值相应发生改变。Java 规定，8 种基本数据类型和 String 类型按值传递，而除 String 以外的所有复合数据类型，包括数组、类和接口等按地址传递。

（5）包是类的容器，用于分隔类名空间。Java 引入了包的概念，把功能相似或者有联系的类放在一起组成包，通过对类打包和导入不同包中的类，可以方便地管理和操作各种不同的类。

思考与练习

一、选择题

1. 具有属性和行为或方法的实体是（　　）。

   A. 类　　B. 方法　　C. 构造方法　　D. 对象

2. 下面类的声明中正确的是（　　）。

   A. protected private Test{…}

   B. public abstract class Test{…}

   C. abstract final class Test{…}

   D. abstract private Test;

3. 在（　　）情况下，系统会提供一个默认的构造方法。

   A. 在定义任何类

   B. 在至少定义了一个构造方法

   C. 当定义的类没有其他构造方法

   D. 在定义抽象类

4. 下面对于 Test 类的构造方法中正确的是（　　）。

   A. public void Test(){...}　　B. public static Test(){...}

   C. public Test(){...}　　D. public Test1(){...}

5. 对象使用时，下面描述错误的是（　　）。

   A. 通过“.”运算符调用成员变量和方法

   B. 通过成员变量的访问权限设定限制自身对这些变量方法的调用

   C. 将一个对象声明为类的成员时，必须在使用前为其分配内存

   D. 在方法中使用对象作为参数时，采用引用调用

6. 用来指向当前对象或类实例的关键字是（　　）。

   A. this　　B. the　　C. that　　D. for

7. Java 编程所必需的默认引用包为（　　）。

   A. java.sys　　B. java.lang　　C. java.new　　D. java.util

二、填空题

1. 对象的状态和行为是对象的主要属性，前者对应类的________，行为又称为对象的操作，对应类的________。

2. ________是组成 Java 程序的基本要素，它的实现包括________和________两部分。

3. 在 Java 的程序设计中，使用关键字________创建对象时，系统会自动调用________对对象进行初始化。

4. 用 static 修饰符修饰的方法称为________或________，它是属于整个类的方法，它不需要实例化便可以被访问。

5. 为了能使用 Java 中已提供的类，需要用________语句来引入所需要的类。

三、问答题

1. 什么是对象？什么是类？请举例说明。
2. 类定义的基本格式是什么？有哪些组成要素？各起什么作用？
3. 如何创建一个对象？对象的成员如何表示？
4. 什么是构造方法？有哪两种形式？各有什么特点？
5. 类变量与实例变量有何不同？
6. 类方法与实例方法有何不同？
7. 简述类（Class）、类库（Class Library）、包（Package）和 Jar 文件这 4 个概念间的联系。
8. 说明类、变量和方法的访问控制符及其作用。

四、程序分析题

1. 阅读下列程序，然后回答问题。

```
class Teacher {
    String name;
    int age;
    Teacher(){}
    Teacher(String name) {
        this.name=name;
    }
    void setAge(int i) {
      age=i;
    }
    void show() {
      System.out.println("The teacher's name is "+name+",he has "+age+"old.");
    }
}
```

（1）上面的程序定义了什么类？有哪些成员变量？有哪些成员方法？

（2）有哪些构造方法？

（3）该类有无访问控制修饰？是否谁都可以访问这个类内的属性和方法？

2. 下面的程序中，main()方法使用了上面定义的类，产生了多少个对象？对象的名字分别是什么？请写出执行后的输出结果。

```
public class Test {
    public static void main(String[] args) {
        Teacher teacher1=new Teacher();
        teacher1.setAge(30);
        teacher1.show();
        Teacher teacher2=new Teacher("张明");
        teacher2.setAge(30);
        teacher2.show();
    }
}
```

3. 写出下面程序的运行结果。

```
class Test {
    int mark;
    void Test(int i) {
        mark=i;
        System.out.println("mark的值为: "+mark);
    }
    public static void main(String args[]){
        Test t=new Test(10);
    }
}
```

五、程序填空题

1. 下面是一个类的定义程序，请将程序补充完整。

```
public class _______ {
    int x,y;
    AAA(int i,_______) {
        x=i;
        y=j;
    }
}
```

2. 数学中，一个复数包容着一个实部（Real）和一个虚部（Imaginary），有一个 Complex 类，它的实例代表一个复数，并且能按照数学中复数的习惯表示形式输出一个复数。

```
public class Main {
    public static void main(String[] args) {
        Complex obj=_______;
        System.out.println(obj);  //输出结果为3+4i
    }
}
class Complex {
    public double real;
    public double imaginary;
    public _______(double realValue, double imaginaryValue) {
        real = realValue;
        imaginary = imaginaryValue;
    }
    public String toString() {
        return real + "+" + imaginary + "i";
    }
}
```

3. 创建一个计算机类和一个学生类，让计算机对象做学生类的成员，输出一个学生的计算机的品牌、主频和价格。

```
class Computer {
    String trademark;
    int frequency;
    float price;
    Computer(_______,int fr,float pr) {
        trademark=tr;
        frequency=fr;
```

```
        price=pr;
    }
}
class Student {
    String name;
    _________;
    Student(String na,String tt,int ff,float pp) {
        name=na;
        cp=new Computer(tt,ff,pp);
    }
    void showStudent() {
        System.out.println("The  computer  of  "+name+"  is  "+cp.trademark+
".Frequency is "+cp.frequency+"G.Price is "+cp.price+"元。");
    }
}
public class ObjisMember {
    public static void main(String[] args) {
        Student s=new Student("Liu Panpan","lenovo",20,2655);
          ;
    }
}
```

4. 编写一个加减运算包，其中包括加、减类，包外编写程序调用。

```
package AddSbt;
public class Add {
     int a,b;
     public Add(int x,int y) {
        a=x;
        b=y;
     }
     public int add() {
        return this.a+this.b;
     }
}
package AddSbt;
public class Sbt {
   int a,b;
   public Sbt(int x,int y) {
      a=x;
      b=y;
    }
public int sbt() {
    return this.a-this.b;
     }
}
_________;
public class Calcul {
     public static void main(String[] args) {
        Add a=new Add(5,6);
        System.out.println("5+6="+_______);
        Sbt b=new Sbt(10,6);
```

```
        System.out.println("10-6="+_______);
    }
}
```

六、程序设计题

1. 设计一个 MyPoint 类，其中含有私有的 int 类型的 x 和 y 属性，分别用公有的 getX()和 setX()、getY()和 setY()方法访问，定义一个 show()方法来显示这个对象的 x、y 的值，如显示（0，0），最后用 main()方法测试。
2. 定义一个圆类，属性为半径、圆周长和面积，方法为对输入的半径计算其周长和面积，并输出半径、周长和面积。要求定义构造方法用来初始化半径。
3. 建立一个学生信息类，要求该类包括学生姓名、班级、课程名和成绩这些属性，定义相关的方法用以实现输出不同学生的信息情况。
4. 用 Java 实现一个骰子游戏：丢下两个骰子，若分值的总值为 7 点，则表示赢，否则表示输。
5. 设计一个矩形类，构造方法中用成员变量做参数，计算面积显示输出。
6. 编写一个面积运算包，其中包括三角形、矩形和圆类，包外编写程序调用。

第5章　封装、继承与多态

引言

封装、继承和多态是面向对象程序设计的三大基本特征，是软件设计模块化、软件复用和软件维护的重要基础和手段。

封装（Encapsulation）是指利用抽象数据类型将数据和对数据的操作封装在一起，以达到数据隐藏和保护目的。Java提供了基于类的封装，并通过访问控制符来调节类中成员的可见性。继承（Inheritance）是代码复用的重要手段。它使得特殊类自动获得一般类的数据成员和成员方法，避免了共同特征的重复描述，使开发者能集中精力考虑新的或特殊部分设计，便于软件的增量式扩充。多态（Polymorphism）是指同一个命名在不同语境下呈现不同的语义。Java 中的多态体现在两个方面：由方法重载实现的编译时多态（静态多态性）和由方法覆盖结合变量多态实现的运行时多态（动态多态性）。

抽象类体现了数据抽象的思想，是实现程序多态性的一种手段。接口与抽象类在一定程度上很类似，但定义格式、使用方式以及设计理念都存在较大差异，使用时要区别对待，此外，接口还是Java 中实现多重继承的重要手段。

本章先介绍封装、继承和多态的基本概念及其在Java中的实现方法，然后介绍抽象类和接口等其他相关知识。

学习目标

通过对本章内容的学习，读者应该能够：

- 理解封装概念，能利用访问控制符设置类中数据成员和成员方法的可见性。
- 理解继承概念，会用继承机制扩展系统。
- 理解多态概念，掌握方法重载和覆盖，领会变量多态在编程中的实际作用。
- 了解关键字final、super、this以及abstract的意义及作用，掌握它们的使用方法。
- 理解抽象类和接口的基本概念，明确两者的区别与联系，正确地选择和使用。

5.1　封　　装

封装是面向对象系统的一个重要特性，是抽象数据类型思想的具体体现。在面向对象的程序设计中，抽象数据类型是用“类”这种结构来代表的，然而这些类不能是孤立的，而是需要相互协作与沟通，协作与沟通到什么程序，则由访问控制来精确刻画。

5.1.1　封装的概念

封装就是把对象的属性和操作结合成一个独立的系统单位，并尽可能隐蔽对象的内部细节。具体来讲，有两重含义，一是把对象的全部属性和全部操作结合在一起，形成一个不可分割的独立单位，另一个就是信息隐藏，也即尽可能隐藏对象的内部细节，对外形成一个边界，使得外部不能直接地存取对象的属性，只能通过几个允许外部使用的操作与对象发生联系。在面向对象技术中，类是典型的封装性的体现，类将一组属性和功能组合成一个统一的结构，并使用类名来代表该结构。

封装反映了事物的相对独立性，其最大优势在于可以隐藏每个类的内部实现（内部结构），从而在实际设计时，每个类都更注重自身的实现，而对于其他类的实现不需要深入了解，这样可以在总体上降低交流的频率，从而降低整个项目的复杂度，便于项目的分解与设计。

另外，封装性还要求对象之外的部分不能随意存取对象的内部数据（属性），从而可以有效的避免外部错误对它的“交叉感染”，使软件中的错误能够局部化，因而大大减少了查错和排错的难度。而当对象的内部需要修改时，由于它只通过少量的操作接口对外提供服务，因此大大减少了内部的修改对外部的影响，有效地减小了修改引起的“波动效应”。

然而封装也有副作用。如果强调严格的封装，则封装对象的任何属性都不允许外部直接存取，因此就要增加许多没有其他意义，只负责对各个属性进行读或写的操作。这就为编程工作增加了额外的负担，也增加了运行开销，并且使程序显得臃肿。为了避免这一点，一些面向对象编程语言往往采取一些比较现实的灵活态度——允许封装对象有不同程度的可见性，可见性是指对象的属性和服务允许对象外部存取和引用的程度。当然，增加可见性同时就意味着要在一定程度上放弃封装所带来的好处。

Java 中是通过访问控制符来说明类及类中成员的可见性。

5.1.2　访问控制符

访问控制符主要用来说明是否可以访问类以及类的成员，合理地使用访问控制符，可以有效的降低类和类之间的耦合性（关联性），从而降低整个项目的复杂度，也便于整个项目的开发和维护。

访问控制具体的实现就是通过访问控制符来实现对类及类中信息的对外开放程度的精细刻画，使一个类中信息的开放程度变得可调控起来，在提高了信息安全性的同时又不失灵活性。另外由于不被别人调用的功能是隐藏的，在修改它们的具体实现时，只要其对外的功能接口没有改变，项目中其他的类就不需要更改，这样可以极大地方便系统的修改与维护。

在 Java 语言中，可以在类、类的属性（数据成员）以及类的方法（成员方法）前面加上访问控制符，来说明类及类中成员对外界的可见性。

前面介绍过，Java 中的类是通过包来组织的，简单地说，定义来自同一个程序文件中的所有类都属于同一个包。处于同一个包中的类都是相互可见的，即不需要任何说明而可以直接相互访问和引用。而对于不同包中的类，一般是相互不可见的，当然也就不可能相互访问和引用了。而这一点就可以通过访问控制符来改变。比如，当一个类被声明为 public 时，只要在其他包的程序中使用 import 语句引入这个 public 类，就可以访问和引用这个类，创建这个类的对象，访问这个类内部可见的数据成员和引用它的可见方法。

Java 语言提供的访问控制修饰符总共有 3 个：public、protected 和 private。另外还有一种 default 情况，即前面不加任何访问控制符的情形，一般称为“默认的”或“缺省的”，代表者前面介绍的包内可见的情形。

public 一般称作公共权限，其限制最小，也可以说没有限制，使用 public 修饰的内容可以在其他所有位置访问，只要能访问到对应的类，就可以访问到类内部 public 修饰的内容，一般在项目中开放的方法和构造方法使用 public 修饰，开放给项目使用的类也使用 public 修饰。

protected 一般称作继承权限，使用 protected 修饰的内容可以被同一个包中的类访问也可以在不同包内部的子类中访问，一般用于修饰只开放给子类的属性、方法和构造方法。

缺省访问控制，即无访问控制符的情形，一般称作包权限，无访问控制符修饰的内容可以被同一个包中的类访问，一般用于修饰项目中一个包内部的功能类，这些类的功能只是辅助其他的类实现，而为包外部的类提供功能。

private 一般称作私有权限，其限制最大，类似于文件中的绝密，使用 private 修饰的内容只能在当前类中访问，而不能被类外部的任何内容访问，一般修饰不开放给外部使用的内容，修改 private 的内容一般对外部的实现没有影响。

这 4 个访问控制符的具体的权限作用如表 5–1 所示。

表 5–1　访问控制符及其作用

访问控制符	同一个类	同一包中的其他类	不同包中的子类	其他任意场合
public	可见	可见	可见	可见
protected	可见	可见	可见	不可见
default	可见	可见	不可见	不可见
private	可见	不可见	不可见	不可见

需要强调的是，可见性有两个层次，一个是类的层次，另一个是类中数据成员及成员方法的层次。当然首先要类对外界而言是可见的，类可见时，只是说明这个类作为整体对其他类是可见和可使用的，但并不代表该类的所有数据成员和成员方法也同时对其他类可见，这还需由这些数据成员和成员方法的访问控制符来进一步确定。也就是说只有这两个层次上都是可见的，具体的类中的数据成员和成员方法才会对外界真正可见。

在实际使用时，针对类的访问控制只有两种：public 和 default，而针对数据成员和成员方法的访问控制符可以是以上 4 种中的任何一个。另外，Java 规定在一个 Java 源程序文件中，最多只能有一个 public 修饰的类。

5.2　继　　承

继承是面向对象程序设计的又一重要手段，通过继承，可以充分利用已有类来扩展出新的类来加快程序开发的效率，降低系统维护的工作量。

5.2.1　继承的概念

继承是一种由已有的类创建新类的机制。利用继承，可以先创建一个共有属性的一般类，根据一般类再创建具有特殊属性的特殊类，特殊类继承一般类的状态和行为，并根据需要增加它自己的新的状态和行为。通常，被继承的类则称为基类、父类或超类，由继承而得到的类还可以称为派生类或子类。

继承最大作用是提供了软件复用，利用继承可以避免对一般类和特殊类之间共同特征进行重复描述。若类 B 继承类 A，那么建立类 B 时只需要再描述与类 A 不同的少量特征即可。

另外，继承关系还是传递的。若类 C 继承类 B，类 B 继承类 A，则类 C 既有从类 B 那里继承下来的属性与方法，也有从类 A 那里继承下来的属性与方法，还可以有自己新定义的属性和方法。继承来的属性和方法尽管是隐式的，但仍是类 C 的属性和方法。显然，继承能有效地减少代码和数据的冗余度，大大增加程序的重用性。

同时，通过继承可以清晰地表达每一项共同特征所适应的概念范围——在一般类中定义的属性和操作可以适应于这个类本身以及它以下的每一层特殊类的全部对象。运用继承原则能简化人们对事物的认识和描述，清晰说明相关类间的层次结构关系，同时减少模块间的接口和界面，使得系统模型比较简练、清晰，大大减轻开发工作的强度，提高软件系统的可维护性。

5.2.2 继承的应用

面向对象的继承和派生机制，最主要的目的是实现代码的重用和扩充。构造一个子类包括 3 个方面的工作：吸收父类成员、改造父类成员和添加新的成员。

吸收基类成员其实就是一个重用的过程，在 Java 的类继承中，派生类将继承它的所有基类中除构造函数之外的所有成员。

对基类成员的改造包括两个方面，一方面是基类成员的访问控制问题，主要通过访问控制符来控制；另一方面是对基类数据成员的隐藏或基类成员函数的覆盖，也就是在放生类中声明一个和基类数据成员和成员函数同名的成员。

派生类新成员的添加是继承与派生机制的核心，它体现了派生类对基类功能的扩展。可以根据实际需要，给派生类添加适当的数据成员和成员函数，来实现必要的新增功能。此外，在声明派生类时，一般还应当自己定义派生类的构造函数，因为构造函数是不能从基类继承的。这样从基类继承而来的成员体现了派生类从基类继承而获得的共性，而新增的成员体现了派生类的个性。

1．继承的语法

在 Java 程序设计中，继承是通过关键字 extends 来实现的，格式如下：

```
[访问控制符] class 子类名 extends 父类名 {
   数据成员
   成员方法
}
```

其中 extends 关键字前面是声明的新类名，extends 关键字后面的类名是被继承的类名，要求被继承的类名已存在。Java 语言采用的是单重继承，也就是说一个类只能有一个直接父类。在类声明时，如果没有使用 extends 关键字声明父类，则默认继承自 Object 类，即 java.lang.Object 类，该类可以说是 Java 中所有的类的共同祖先类。

【例 5-1】 子类的派生：ExtDemo1.java。

```
class Base1  {
   int x=3;
}
class Base2 extends Base1  {
   int y=5;
}
class Ext extends Base2  {
   int z=7;
}
```

```
public class ExtDemo1 {
    public static void main(String[] args)  {
        Ext ext=new Ext();
        System.out.println("detail:"+"x="+ext.x+"y="+ext.y+"z="+ext.z);
    }
}
```

输出结果为：

```
detail:x=3y=5z=7
```

从运行结果，可以看出子类 Ext 对象 ext，自动隐含地继承了来自父类 Base2 的变量 y 和父类的父类 Base1 的变量 z。

2. 父类成员的继承

子类继承父类之后，可以直接访问继承自父类定义的非私有的成员，包括同包的默认访问权限成员。而对于父类定义的私有成员和不同包的默认访问权限成员，不能直接访问，但可通过一定的途径间接访问。

【例 5-2】数据成员的继承：ExtDemo2.java。

```
class Base {          //父类
    int x=25;
    private int z=36;  //私有数据成员不能被子类继承
    public int getZ()  {
        return z;
    }
}
class Sub extends Base{  }//子类
public class ExtDemo2 {
    public static void main(String[] args)  {
        Sub s=new Sub();
        System.out.println("s.x="+s.x);         //输出继承来的数据成员的值
        //System.out.println("s.z="+s.z); //错误,不能继承private修饰的z
        System.out.println("s.z="+s.getZ());  //通过getZ()方法访问父类中定义的z
    }
}
```

输出结果为：

```
s.x=25
s.z=36
```

在该例中，通过子类 Sub 的对象 s 可以直接访问从父类继承而来的非私有数据成员 x，而对于父类中的私有数据成员 z，则只能通过其他间接的途径访问。

【例 5-3】成员方法的继承：ExtDemo3.java。

```
class Base  {
    int x=0,y=1;
    void Myp()  {
        System.out.println("call Myp()-->"+"x="+x+"  "+"y="+y);
    }
    private void Printme()  {
        System.out.println("call Printme()-->"+"x="+x+"  "+"y="+y);
    }
```

```
    void callPrintme()  {
        this.Printme();
    }
}
class Sub extends Base  {}
public class ExtDemo3 {
    public static void main(String[] args)  {
        Sub s=new Sub();
        s.Myp();            //父类的非私有成员方法可直接访问
        //s.Printme();  //错误,不能直接访问父类的private方法
        s.callPrintme();
    }
}
```

输出结果为：

```
call Myp()-->x=0  y=1
call Printme()-->x=0  y=1
```

该例说明，父类的私有成员方法不能直接通过子类对象访问，但可通过间接途径访问。

3. 数据成员的隐藏

数据成员的隐藏是指在子类中重新定义一个与父类中已定义的数据成员名完全相同的数据成员，即子类拥有了两个相同名字的数据成员，一个是继承父类的，另一个是自己定义的。当子类引用这个同名的数据成员时，默认操作是引用它自己的数据成员，而把从父类那里继承来的数据成员“隐藏”起来。当子类要引用继承自父类的同名数据成员时，可使用关键字 super 引导，具体使用方法将在 5.2.3 节予以介绍。

【例 5-4】数据成员的隐藏：ExtDemo4.java。

```
class Base  {
    public int a=10;  //父类中定义了数据成员 a
}
class Sub extends Base  {
    public int a=20;  //子类中定义了数据成员 a
}
public class ExtDemo4 {
    public static void main(String[] args)  {
        Sub s= new Sub();
        System.out.println(s.a);
    }
}
```

输出结果为：

```
20
```

结果为 20，说明最后显示的是子类中定义的变量的值，也就是说从父类中继承而来的变量 a 被“隐藏”了。

如果想访问子类对象中从父类继承而来的成员变量，而不用 super 引用，如何访问呢？

这里可以先把变量 s 强制转换成 Base 类型的变量，然后再访问。

```
System.out.println(((Base)s).a);
```

4．成员方法的覆盖

子类可以重新定义与父类同名的成员方法，实现对父类方法的覆盖。这里同名的方法指的是：方法名相同、参数个数相同、参数类型及顺序相同、返回值类型相同，而参数的名字则无关紧要。

例如，下面的两个方法是同名的方法：

```
public void setAge(int age)  {…}
public void setAge(int sage)  {…}
```

下面的两个方法不是同名的方法：

```
public void setAge(int age)  {…}
public void setAge(String age)  {…}
```

注意：子类在覆盖父类的方法的时候，不能修改返回值类型，不能缩小访问权限，如下面子类中的两种方式都不是正确的覆盖。

父类中：

```
public int getA()  {
    return a;
}
```

子类中：

```
protected int getA()  {  //缩小了访问权限
    return a;
}
public String getA()  {  //修改了返回值类型
    return String.valueOf(a);
}
```

覆盖方法的一般调用原则是，由 Java 运行时系统根据调用该方法的实例来决定调用哪个方法。对子类的一个实例，如果子类重写了父类的方法，则运行时系统调用子类的方法；如果子类继承了父类的方法（未覆盖），则运行时系统调用父类的方法。

【例 5-5】成员方法的覆盖：ExtDemo5.java。

```
class Base {
    public void Printme() {
       System.out.println("call Base Printme()");
    }
}
class Sub extends Base {
    public void Printme() {
       System.out.println("call Sub Printme()");
    }
}
public class ExtDemo5 {
   public static void main(String[] args) {
      Base b=new Base();  //创建父类对象
      b.Printme();
      Sub s=new Sub();  //创建子类对象
      s.Printme();
   }
}
```

输出结果为：

```
call Base Printme()
call Sub Printme()
```

方法用于定义行为，方法的覆盖是子类修改了父类中该行为的实现方式。这与多态有关。值得注意的是，“方法覆盖”这一概念仅适用于类的成员方法，而不适用于类的构造方法，父类的构造方法和子类的构造方法之间不存在覆盖关系。

5. 子类的构造方法

子类的构造方法是编写子类代码时非常需要注意的问题。需要记住的一个原则是，在子类的构造方法内部必须预先调用父类的构造方法。以下是关于子类的构造方法编写时要注意的地方：

（1）如果一个类没有显式定义自己的构造方法，编译器会自动给它提供一个默认的无参构造方法；但是如果已显示定义了一个构造方法，编译器就不会自动提供默认的无参构造方法。也就是说，如果一个类显式定义的构造方法都是有参的，那么也就意味着它不存在无参的构造方法。

（2）如果一个子类没有显式定义自己的构造方法，则编译器提供给它的默认的无参构造方法将会自动预先调用父类的无参构造方法；如果在子类显示定义的构造方法内部没有书写调用父类构造方法的代码，则子类构造方法也将自动预先调用父类的无参构造方法。在这些情况下父类如果没有无参构造方法，系统将会报错。

（3）如果父类不存在无参构造方法，则子类必须在其构造方法内部使用 super 关键字手动调用父类的有参构造方法，而且这个调用语句必须作为子类构造方法的第一条可执行语句。关于 super 关键字的使用将在 5.2.3 节进行详细的介绍。

【例 5-6】子类的构造方法：ExtDemo6.java。

```
class A  {
    A()  {
        System.out.println("call A's constructor!");
    }
}
class B extends A  {
    B()  {
        System.out.println("call B's constructor!!");
    }
}
class C extends B  {
    C()  {
        System.out.println("call C's constructor!!!");
    }
}
public class ExtDemo6 {
    public static void main(String[] args)  {
        C co = new C();
    }
}
```

运行结果：

```
call A's constructor!
call B's constructor!!
call C's constructor!!!
```

正如结果所示，构造函数以派生的顺序被调用。

构造函数以派生的顺序执行是很有意义的。因为父类不知道任何子类的信息，任何它需要完成的初始化与子类的初始化是分离的，而且它可能是完成子类初始化的先决条件，因此必须最先执行。

5.2.3 this 与 super

下面介绍一下 this 和 super 关键字的使用。this 和 super 是 Java 中的两个比较特殊的关键字。this 表示当前对象，而 super 表示当前对象的直接父类对象。通过使用这两个关键字，可以方便实现对于类内部很多内容的引用，也有助于理解面向对象的实现原理，更方便的理解面向对象技术的内部实现。

1. this 关键字

Java 中为了解决变量的命名冲突和不确定性问题，引入了 this 关键字。this 代表当前类的一个实例，它经常出现在方法和构造方法中，具体使用情况有以下 3 种。

（1）返回调用当前方法的对象的引用。

【例 5-7】 返回当前方法的对象的引用：CountSum.java。

```
public class CountSum {
    private int i=0;
    public CountSum inc()  {
        i++;
        return this;
    }
    public void print()  {
        System.out.println("i="+i);
    }
    public static void main(String[] args)  {
        CountSum c=new CountSum();
        c.inc().inc().inc().print();
    }
}
```

输出结果为：

```
i=3
```

在上述代码中，this 表示 CountSum 类的实例，当执行“c.inc()”时，this 表示实例 c 的引用。

（2）访问当前对象的数据成员和成员方法。

使用形式分别如下：

```
this.数据成员
this.成员方法(实际参数表)
```

前面的章节介绍过，访问某个对象的方法和属性，通过“对象名.属性名”或者“对象名.方法名”访问成员变量和成员方法。例如：

```
public  class Animal {
    protected String name;
    public void setName(String newname){
        name=newname;
        print("初始化名字");
```

```
    }
    public void print(String message){
        System.out.println("Animal--------"+message);
    }
}
```

上面的上面的 setName 方法可以写成下面的形式：

```
public void setName(String newname){
    this.name=newname;
    this.print("初始化名字");
}
```

那么，什么时候必须用 this 呢？一般来说，当局部变量与成员变量重名的时候必须使用 this。例如，类中有成员变量 id，而方法的参数中也有变量 id。看下面的代码:

```
public Animal(String id){
    this.id=id;
}
```

如果直接写成 id=id，就比较容易发生混淆了。

【例 5-8】利用 this 访问类中成员：ClassArea.java。

```
public class ClassArea {
    double x,y;
    double area(double x,double y) {
        double s;
        this.x=x;               //借助 this 来表示引用的是类数据成员
        y=y;                    //警告提示对自身赋值
        //s=this.x*this.y;   //不能写成 this.y,因为上一句没有对类数据成员 y 赋值
        System.out.println("this.y="+this.y);
        s=this.x*y;
        return s;
    }
    public static void main(String[] args){
        double a=2.2, b=3.1, z;
        ClassArea c=new ClassArea();
        z=c.area(a,b);
        System.out.println("z="+z);
    }
}
```

输出结果为：

```
this.y=0.0
z=6.820000000000001
```

从本例中可以看到，语句“y=y”并没有对类中数据成员 y 成功赋值，等号左边的 y 仍被系统当作方法的参数看待。

在一个类的内部，成员方法之间的互相调用时也可以使用“this.方法名(参数表)”进行引用，只是所有这样的引用中 this 都可以省略，所以这里就不详细介绍了。

（3）使用 this 访问其他的构造方法。

当一个构造方法需要调用另一个构造方法时，可以使用关键字 this，但此时该调用语句必须是整个构造方法的第一个可执行语句。使用 this 来调用同类的其他构造方法，可以最大限度的提

高对已有代码的利用程度，提供程序的抽象程度和封装性，降低程序的维护工作量。

【例 5-9】使用 this 访问其他构造方法：Testthis.java。

```
class Person {
    private int age;
    private String name;
    public Person(int age) {
        this.age = age;
        this.name="无名氏";
    }
    public Person(int a, String name) {
        this(a);  //必须放在第一行
        this.name=name;
    }
    public void print() {
        System.out.println("Person name:"+this.name+" age:"+this.age);
    }
}
public class Testthis {
    public static void main(String[] args) {
        Person p1= new Person(20);
        p1.print();
        Person p2 = new Person(18,"张三");
        p2.print();
    }
}
```

输出结果为：

```
Person name:无名氏 age:20
Person name:张三 age:18
```

这里在有两个参数的构造方法内部，使用 this 调用了另外一个构造方法，其中 a 是根据需要传递的参数的值，当一个类内部的构造方法比较多时，可以只书写一个构造方法的内部功能代码，然后将其他的构造方法都通过调用该构造方法实现，这样既保证了所有的构造是统一的，也减少了代码的重复。

在实际使用中，需要特别注意，在构造方法内部使用 this 关键字调用其他的构造方法时，该行代码必须是现在构造方法内部的第一行可执行代码。

2. super 关键字

在 Java 中，super 代表父类的实例，在子类中，可以通过 super 调用其父类的方法、属性和构造方法。要注意的是，super 表示的是当前对象的直接父类对象。所谓直接父类，是相对于当前对象的其他“祖先”类而言的。例如，假设类 A 派生出子类 B，类 B 又派生出自己的子类 C，则 B 是 C 的直接父类，而 A 是 C 的祖先类。

super 具体使用情况有以下两种。

（1）访问从父类继承而来的数据成员和成员方法。

super 代表的就是直接父类。若子类的数据成员或成员方法名与父类的数据成员或成员方法名相同，当要调用父类的同名方法或使用父类的同名数据成员时，则必须使用关键字 super 来指明父类的数据成员和方法。

【例 5-10】使用 super 访问父类成员：Testsuper1.java。

```
class Base  {
    int x=1,y=1;
    void Printme()  {
        System.out.print("x="+x+"  y="+y);
        System.out.println("class name:"+this.getClass().getName());
    }
}
class Sub extends Base  {
    int x=5,z=1;
    void Printme()  {
        z=super.x+3;        //引用在父类中定义的数据成员
        super.Printme();  //调用父类中定义的成员方法
        System.out.println("z="+z+"  x="+x);
        System.out.println("I am an "+this.getClass().getName());
    }
}
public class Testsuper1 {
    public static void main(String[] args)  {
        Base b = new Base();
        b.Printme();
        System.out.println("--------------");
        Sub s = new Sub();
        s.Printme();
    }
}
```

输出结果为：

```
x=1  y=1class name:Base
--------------
x=1  y=1class name:Sub
z=4  x=5
I am an Sub
```

通过对比父类对象 b 和子类对象 s 分别调用 Printme()方法后的打印结果，不难发现，在子类对象 s 调用方法 Printme()时，用到了父类继承而来的数据成员和方法成员。

（2）使用 super 访问父类的构造方法。

Java 语言规定，在构造子类对象时，必须调用父类的构造方法。而为了方便代码的编写，在子类的构造方法内部会自动调用父类中默认的构造方法。但是如果父类中没有默认的构造方法时，则必须手动进行调用。这个时候就需要使用关键字 super 在子类的构造方法内部根据需要调用父类的构造方法。具体用法与使用 this 访问自己的构造方法相似。

【例 5-11】使用 super 访问父类的构造方法：Testsuper2.java。

```
class Person  {
    String name;
    int age;
    Person(String name, int age)  {
        this.name=name;
        this.age=age;
    }
```

```
    String getDetail()  {
        return "name:"+this.name +" age:"+age;
    }
}
class Student extends Person  {
    String school;
    Student(String name, int age,String school)  {
        super(name,age);  //调用父类有参构造方法，必须放在第一行
        this.school=school;
    }
    String getDetail()  {
        return super.getDetail()+" school:"+this.school;
    }
}
public class Testsuper2 {
    public static void main(String[] args)  {
        Student stu= new Student("王平",21,"中南大学");
        System.out.println(stu.getDetail());
    }
}
```

输出结果为：

```
name:王平 age:21 school:中南大学
```

在该示例代码中，Student 类继承 Person 类，在 Student 类的构造方法内部可以使用 super 关键字调用父类 Student 的构造方法。

和使用 this 关键字调用构造方法一样，super 调用构造方法的代码只能出现在子类构造方法中的第一行可执行代码。这样 super 调用构造方法的代码在子类的构造方法内部则最多出现一次，且不能和 this 调用构造方法的代码同时使用。

5.2.4 继承的终止

在继承关系中，子类能够访问父类的属性和方法，也就是说，子类会访问父类的实现细节，因而子类与父类之间是紧耦合关系，当父类的实现发生变化时，子类的实现也不得不随之变化，这就削弱了子类的独立性，同时父类的一些实现细节也可能比较容易被子类修改。如果某些类不是为继承而专门设计的，那么随意继承它可能会导致系统不安全。因而设法标记这些类或类中某些部分为不可继承的是一个不错的想法。在 Java 语言中，可以利用 final 关键字做到这一点。

final 关键字是最终的、最后的意思，意味着由该关键字修饰的内容都是不可变的。在程序中 final 可以用来修饰类、数据成员以及成员方法。

被 final 修饰的数据成员实际上是常量，常量既可以出现在类的内部，也可以出现在方法或构造方法的内部。在程序中常量只能赋值一次。

在程序中，类内部的成员常量为了使用的方便，一般都结合 static 修饰符进行修饰。下面是一些使用示例：

```
public final static int MALE=0;
public final static int FEMALE=1;
```

final 关键字也可以修饰成员方法，被 final 修饰的成员方法称作最终方法，最终方法不允许被覆盖，也就是不能在子类的内部重写该方法。使用 final 修饰方法，可以在一定程度上提高该方法

的执行速度，因为在调用该方法时，不需要进行覆盖方面的判断。

final 关键字也可以修饰类，被 final 修饰的类称作最终类，最终类不能被继承，也就是该类不能有子类。final 类内部的每个方法都是 final 方法。

一般来讲，定义最终类可以达到以下 3 个目的：

（1）用来完成某种标准功能。将一个类定义为 final 类，则可以将它的内容、属性和功能固定下来，与它的类名形成稳定的映射关系，从而保证引用这个类所实现的功能是正确无误的。

（2）提高程序的可读性。从父类派生子类，再从子类派生子类，使软件变得越来越复杂，而在必要的层次上设置 final 类，可以提高程序的可读性。

（3）提高安全性。病毒的闯入途径之一是在一些处理关键信息的类中派生子类，在用子类去代替原来的类。由于用 final 修饰符定义的类不能再派生子类，截断了病毒闯入的途径。

5.3　多　　态

多态性可以说是面向对象技术中最难理解的特性，利用多态会给程序设计带来很多方便，提高系统的灵活性。

多态性的一般含义是同一个命名在不同语境下呈现不同的语义。在 Java 语言中，多态性体现在两个方面：由方法重载实现的编译时多态（静态多态性）和由方法覆盖结合变量多态实现的运行时多态（动态多态性）。

这两种多态跟方法的绑定方式有关，所谓绑定，是指将一个方法调用同一个方法主体连接到一起的过程。方法重载是在程序编译时确定被调用的方法，故而称为早期绑定或静态绑定。而方法覆盖和多态变量结合之后，方法的调用在运行时才能确定，故而称为后期绑定或动态绑定，这种多态性依赖于继承特性，因此可以把它理解为继承性的扩展或者深入。

5.3.1　方法重载

方法重载是指多个方法享有相同的名字，但是这些方法的参数必须不同。重载的方法主要通过形式参数列表中的参数个数、参数的数据类型以及参数的顺序等方面的不同来区分。这种类型的多态主要体现在在编译期间，由 Java 编译器通过检查每个方法所用的参数数目和类型来区别调用不同的方法，故而称编译时多态。

注意，仅返回类型不同不能用来区分重载的方法。如对下面两个方法编译器就无法区分：

```
boolean add(int a, int b)  { … }
int add(int a, int b)  { … }
```

参数列表中主要看各个参数的类型及顺序，参数名称不会作为区分的指标来考虑，如下面两个方法的声明，编译器也无法区分：

```
int add(int a, int b)  { … }
int add(int x, int y)  { … }
```

另外，参数类型的区分度一定要足够，例如不能是同一简单类型的参数，如 int 与 long。

【例 5-12】一个简单的方法重载例子：TestPoly1.java。

```
public class TestPoly1  {
    int add(int a, int b)  {
       return a+b;
```

```
    }
    double add(double a, double b)  {
        return a+b;
    }
    public static void main(String[] args)  {
        TestPoly1 tp= new TestPoly1();
        System.out.println("Sum is:"+tp.add(8,5));
        System.out.println("Sum is:"+tp.add(8.3,4.2));
    }
}
```

输出结果为：

```
Sum is:13
Sum is:12.5
```

该类中定义了两个名为 add 的方法：第一个方法是计算两个整数之和；第二个方法是计算两个浮点数之和。编译器会根据方法引用时提供的实际参数，选择并执行对应的重载方法。

在 Java 中，不仅普通方法可以重载，构造方法也可以重载。同普通方法的重载类似，可以在一个类中定义几个构造方法，只要构造方法的参数列表不同即可。构造方法重载是一种很普遍的做法，可以方便灵活地创建对象。重载的构造方法之间相互调用可以使用 this 关键字。具体可参阅 5.2.3 节。

5.3.2 方法覆盖与变量多态

根据面向对象系统的继承机制，子类可以继承父类的方法。但是，子类的某些特征可能与从父类中继承来的特征有所不同，为了体现这一点，Java 允许子类对父类的同名方法重新进行定义，即在子类中可以定义与父类中已定义的方法同名而内容不同的方法，这种多态形态被称为方法覆盖。关于方法覆盖的基本知识在 5.2.2 节已作介绍。下面介绍变量多态。

由于子类与父类之间存在着“is a”关系，所以子类对象可以作为父类对象使用，即程序中凡是使用父类对象的地方，子类对象都可以参与。

于是声明为父类类型的变量既可以指向父类的对象实例也可以指向子类的对象实例。这就是所谓的变量多态。

为方便描述，通常将变量在声明时所确定的类型称为其静态类型，它一经声明一般不会改变；而这个变量实际存储的对象的类型称为其动态类型。

【例 5-13】多态变量示例：TestPloy2.java。

```
class A {
    void fun1() {
        System.out.println("call A:fun1()");
    }
}
class B extends A {
    void fun1()  {
        System.out.println("call B:fun1()");
    }
    void fun2()  {
        System.out.println("call B:fun2()");
    }
```

```
}
class C extends A {
    void fun1()  {
        System.out.println("call C:fun1()");
    }
}
public class TestPloy2 {
    public static void main(String[] args) {
        A a = new A();
        B b = new B();
        C c = new C();
        testfun1(a);
        testfun1(b);
        testfun1(c);
        testfun2(a);
        testfun2(b);
        testfun2(c);
    }
    public static void testfun1(A a) {
        a.fun1();                //对于消息的响应取决于变量的动态类型
    }
    public static void testfun2(A a)  {
        //a.fun2();   对于引用的合法性依赖于变量的静态类型
        if(a instanceof B)  { //判别 a 所引用的对象是否为 B 类对象
            ((B)a).fun2();    //强制转换 a 的静态类型
        }else  {
            System.out.println("cannot call fun2()");
        }
    }
}
```

输出结果为：

```
call A:fun1()
call B:fun1()
call C:fun1()
cannot call fun2()
call B:fun2()
cannot call fun2()
```

本例中，方法 testfun1 的参数类型是 A，可以传递 A、B、C 类型的对象实例做为实际参数，但是调用哪个层次的 fun1()方法要根据传入参数的动态类型来决定。而在 testfun2 中，由于类型 A 没有定义方法 fun2()，所以直接调用方法 fun2()会出现编译错误，这说明变量引用的合法性取决于变量的静态类型，当然，对于传入 B 类对象作实际参数的情况，可以利用强制类型转换的方式来改变其静态类型，从而让其可以访问方法 fun2()，关键字 instanceof 的作用是判断某个实例变量是否属于某种类的类型。

5.3.3 抽象类

抽象类是它的所有子类公共属性的集合，是包含一个或多个抽象方法的类。抽象类可以看做是对类的进一步抽象。首先从现实世界中的对象可以抽象出软件系统中的对象（保留主要属性和行为，去掉次要属性和行为），然后从软件系统中的对象可以抽象出软件系统中的类（去掉属性值，把具体的对象变成了抽象的概念），而抽象类则是对多个类的抽象结果，抽象类进一步描述了多个具体类的共同特征和行为。从系统分析的角度，使用抽象类可以更好的刻画自然界的抽象概念，更有效的完成软件系统与自然行为系统的映照，从系统设计实现的角度，使用抽象类可以更好的利用这些共同属性和操作，避免代码的重复编写，从而减少出错的几率，提高程序的开发效率。

Java 语言中，用 abstract 关键字来修饰一个类时，这个类称做抽象类，其他未使用 abstract 关键字修饰的类一般称作实体类。而用 abstract 关键字修饰的方法称抽象方法。抽象方法是一种特殊的方法，其他未使用 abstract 关键字修饰的方法一般称作实体方法。

抽象类和实体类相比，主要有以下两点不同：

（1）抽象类不能使用自身的构造方法创建对象（语法不允许）。

若 A 是抽象类，则下面的语句语法是错误的：

```
A a=new A();
```

但是抽象类可以声明对象，只是声明出的对象默认都是 null 的，无法调用其内部的非静态属性和非静态方法。例如下面的代码是正确的：

```
A a;
A a1,a2;
```

另外，抽象类也可以使用子类的构造方法创建对象。

（2）抽象类内部可以包含任意个（0 个、1 个或多个）抽象方法。

抽象类内部可以包含抽象方法，也可以不包含抽象方法，对于包含的个数没有限制。而实体类内部不能包含抽象方法。在抽象类内部，可以和一般的实体类一样，包含构造方法、属性和实体方法。

抽象方法和实体方法相比，主要有以下几点不同：

（1）抽象方法没有方法体。

也就是说在声明抽象方法时，不能书写方法体的，而只能以分号结束方法。下面是实体方法和抽象方法声明的比较：

抽象方法声明：

```
public abstract void test(int a);
```

实体方法声明：

```
public  void test(int a) {
   方法体
}
```

（2）抽象方法所在的类必须为抽象类。

也就是说如果抽象方法声明在一个类内部，则该类必须为抽象类。这样，在继承时，如果继承的类是抽象类，而该抽象类中还包含抽象方法时，则该子类必须声明成抽象类，否则将出现语法错误。如果子类需要做成实体类的话，则必须覆盖继承的所有抽象方法。这个是抽象类最核心的语法功能——强制子类覆盖某些方法。

在使用抽象类与抽象方法时，应特别关注以下几点：

（1）凡是用 abstract 修饰符修饰的类被称为抽象类。凡是用 abstract 修饰符修饰的方法被称为抽象方法。

（2）抽象类中可以有 0 个或多个抽象方法，也可以包含非抽象的方法。

（3）抽象类中可以没有抽象方法，但是，有抽象方法的类必须是抽象类。

（4）对于抽象方法来说，在抽象类中只指定其方法名及其类型，而不书写其实现代码。

（5）抽象类可以派生子类，在抽象类派生的子类中必须实现抽象类中定义的所有抽象方法。

（6）抽象类不能创建对象，创建对象的工作由抽象类派生的子类来实现。

（7）如果父类中已有同名的 abstract 方法，则子类中就不能再有同名的抽象方法。

（8）abstract 不能与 final 并列修饰同一个类。

（9）abstract 不能与 private、static、final 或 native 并列修饰同一个方法。

【例 5-14】抽象类示例：TestAbstractClass1.java。

```
abstract class Shape {                  //定义一个抽象类 Shape
    public int width,height;
    public Shape(int width, int height) {
        this.width=width;
        this.height =height;
    }
    abstract double getArea();          //求图形面积的抽象方法
    abstract double getGirth();         //求图形周长的抽象方法
}
class Square extends Shape {            //从抽象类 Shape 继承的子类——矩形类
    public double getArea() {
        return width*height;
    }
    public double getGirth() {
        return 2*(width+height);
    }
    public Square(int width, int height) {
        super(width,height);
    }
}
class Triangle extends Shape {          //从抽象类 Shape 继承的子类——直角三角形类
    public double c;                    //斜边
    public double getArea() {
        return width*height*0.5;
    }
    public double getGirth() {
        return width+height+c;
    }
    public Triangle(int width, int height) {
        super(width, height);
        c=Math.sqrt(width*width+height*height);
    }
}
class Circle extends Shape {        //从抽象类 Shape 继承的子类——圆类
    public double r;                //半径
    public double getArea() {
        return r*r*Math.PI;
    }
    public double getGirth() {
```

```
        return 2*Math.PI*r;
    }
    public Circle(int width, int height) {
        super(width, height);
        r=(double)width/2.0;
    }
}
public class TestAbstractClass1{
    public static void main(String[] args) {
        Square box=new Square(25,25);
        Triangle tri=new Triangle(8,4);
        Circle cir=new Circle(25,25);
        System.out.println("box Area:"+box.getArea());
        System.out.println("box Girth:"+box.getGirth());
        System.out.println("tri Area:"+tri.getArea());
        System.out.println("tri Girth:"+tri.getGirth());
        System.out.println("cir Area:"+cir.getArea());
    }
}
```

输出结果为：

```
box Area:625.0
box Girth:100.0
tri Area:16.0
tri Girth:20.9442719
cir Area:490.8738521
```

本例中，类 Square、Circle 及 Triangle 都由抽象类 Shape 派生而来，它们都实现了 getArea 和 getGirth 抽象方法。

抽象类不能实例化，但是可以声明抽象类的变量用以存放其子类对象的引用。另外，抽象类中的抽象方法只有方法头，没有方法体，其作用在于为其所有子类规定一个共同的服务规范，而具体的服务实现则由其子类根据各自具体情况分别实现，从而形成若干个名字相同、返回类型相同、参数列表相同、目的一致但是具体实现有一定差别的方法。抽象类的这些特点集中反映了面向对象的多态特征。

【例 5-15】抽象类与多态：TestAbstractClass2.java。

```
abstract class Shape {
    public abstract void draw();
}
class Circle extends Shape {
    private int x;
    private int y;
    private int radius;
    public Circle(int x,int y,int radius) {
        this.x=x;
        this.y=y;
        this.radius=radius;
    }
    public void draw() {
        System.out.println("draw circle: ("+x+","+y+"),radius="+radius);
```

```
    }
}
class Line extends Shape {
    private int x1,y1,x2,y2;
    public Line(int x1,int y1,int x2,int y2){
        this.x1=x1;
        this.x2=x2;
        this.y1=y1;
        this.y2=y2;
    }
    public void draw() {
        System.out.println("draw line,("+x1+","+y1+")-("+x2+","+y2+")");
    }
}
public class TestAbstractClass2 {
    public static void main(String[] args) {
        Shape[] s=new Shape[4];
        s[0]=new Circle(1,1,10);
        s[1]=new Line(3,4,20,12);
        s[2]=new Circle(3,10,20);
        for(int i=0;i<s.length;i++) {
            if (s[i]!=null)
                s[i].draw();
        }
    }
}
```

输出结果为：

```
draw circle: (1,1),radius=10
draw line,(3,4)-(20,12)
draw circle: (3,10),radius=20
```

在程序中定义一个父类的数组用于保存所有子类的对象，从而保持程序的简洁和灵活性。如果没有多态这个特性或者不利用多态这个特件，则程序将会复杂得多。

5.4 接 口

接口（Interface）是方法声明和常量值定义的集合。在有些情况下，如果某个类的所有方法都无法具体实现，此时可以使用接口定义。接口可以理解成一个标准，其他类可以遵守该标准做不同的实现。接口充分体现了"方法的声明与方法的实现分离"的原则，可以使程序变得非常灵活，可扩展性也非常好。另外接口也是 Java 中实现多重继承的重要手段。

5.4.1 接口的概念

在 Java 语言中，接口通常有两种意思：一是指概念性的接口，即指系统对外提供的所有服务。类的所有能被外部使用者访问的方法构成了类的接口；二是指用 interface 关键字定义的实实在在的接口，也称为接口类型。它用于明确地描述系统对外提供的所有服务，能够更加清晰的把系统的实现细节与接口分离。

本章介绍的是接口类型，它与抽象类之间存在着许多相似之处，比如说，接口类型与抽象类都不能被实例化。事实上接口也可以看做一种特殊的抽象类，不过接口中只是声明系统对外所能提供的服务，并不包含任何具体的实现。例如照相机和某些类型的手机都具有拍照的功能。因而接口就是一个纯粹用来设计的数据类型，在接口这种数据类型中，只能书写两类声明的结构：

（1）常量数据。所有的常量数据都是 public static 的。如果声明时不书写则系统将自动添加这两个修饰符。

（2）抽象方法。接口中的所有方法都只在逻辑上规定该方法的作用，而不能书写方法体。所有接口中的方法都是 public abstract 的，如果声明时不书写则系统将自动添加这两个修饰符。

接口中的数据都是常量，以后不能改变，而方法则只是规定要做什么，而不用规定如何进行实现。这样接口就很方便设计人员进行设计，而不必过多的考虑对应的方法如何在逻辑上进行实现。

Java 语言中，一个类只能有一个直接的父类，但是可以实现多个接口。采用这种方式，Java 语言对多继承提供了有力的支持。

5.4.2 接口的应用

1．接口的声明

Java 使用关键字 interface 来声明接口，格式如下：

```
[访问控制符] interface 接口名 [extends 父接口列表]  {
    常量声明
    方法声明
}
```

定义接口时要注意以下几点：

（1）接口的访问控制权限是 public 或默认权限，与类的访问控制权限类似。

（2）接口中的数据成员都是常量，默认被 public、static、final 修饰且必须被显式初始化。

（3）接口中的成员方法都是抽象方法，默认被 public、abstract 修饰。

（4）接口没有构造方法，不能被实例化。在接口中定义构造方法是非法的。

（5）接口也可通过 extends 关键字来继承其父接口，与类的继承不同的是，一个接口可以有一个以上的父接口，这些父接口之间用逗号隔开。

2．接口的实现

接口中声明了常量和抽象方法，抽象方法需要在实现接口的类中实现。Java 中，一个类利用 implements 关键字来实现接口，格式如下：

```
[访问控制符] class 类名 [extends 父类名] implements 接口列表  {
    类体
}
```

一个类在实现接口时需要要注意以下几点：

（1）一个类只能继承一个直接的父类，但能实现多个接口，这些接口之间用逗号分隔。

（2）如果实现某接口的类不是抽象类，则该类必须实现该接口的所有抽象方法，而且必须使用完全相同的方法头。

（3）如果实现某接口的类是抽象类，则可以不实现该接口所有的方法。但对其任何一个非抽象的子类而言，其父类所实现的接口中的所有抽象方法都必须有实在的方法体。

（4）接口的抽象方法的访问限制符都已指定为 public，所以类在实现方法时，必须显式地使用 public 修饰符，否则将被系统警告为缩小了接口中定义的访问控制符。

3. 接口类型的使用

和抽象类一样，接口只能声明对象，而不能创建对象。故而，接口只能作为一种引用类型来使用。任何实现该接口类的实例都可以存储在该接口类型的变量中，通过这些变量可以访问类所实现的接口中的方法。

【例 5-16】接口的使用：TestInterface.java。

```
interface Flyable {
   void fly();
}
interface Talkable {
   void talk();
}
class Parrot implements Flyable, Talkable {
   public void fly() {  //注意添加public修饰符，下同
      System.out.println("Flying like a parrot...");
   }
   public void talk() {
      System.out.println("Hello! I am a parrot!");
   }
}
class Swallow implements Flyable {
   public void fly() {
      System.out.println("Flying like a Swallow...");
   }
}
public class TestInterface {
   public static void main(String[] args) {
      Parrot pa=new Parrot();
      Swallow sw=new Swallow();
      enFly(pa);
      enFly(sw);
      enTalk(pa);
   }
   public static void enFly(Flyable fa) {
      fa.fly();
   }
   public static void enTalk(Talkable ta) {
      ta.talk();
   }
}
```

输出结果为：

```
Flying like a parrot…
Flying like a Swallow…
Hello! I am a parrot!
```

在该例中，用接口 Flyable 来表示飞行能力，Talkable 表示说话能力。Parrot（鹦鹉）同时具有这两种能力，所以为 Parrot 类同时实现了 Flyable 和 Talkable 这两个接口。Swallow（燕子）只有飞行能力，所以只需要为 Swallow 实现 Flyable 就行了。因为它们各自的飞行方法有所不同，

所以它们有各自关于飞行的具体实现。

5.4.3 抽象类与接口的比较

抽象类和接口都可以包含只有定义、没有实现的方法，因此容易在概念上和使用时混淆。抽象类和接口各有其优点，使用环境也不相同，应注意区分，正确使用。

抽象类与接口都位于继承树的上层，它们具有以下相同点：

（1）都是引用数据类型。可以声明抽象类及接口变量，并将子类的对象赋给对应的抽象类变量或接口变量。

（2）都不能被直接实例化。抽象类和接口都可以声明对象，但是都只能使用子类的构造方法进行创建。

（3）都能包含抽象方法。这些抽象方法用于描述系统能提供哪些服务，但不必提供具体的实现。按照 Java 语言的语法，子类在继承抽象类或实现接口时，都必须覆盖这些抽象方法，否则必须声明为抽象类。

抽象类和接口主要有以下不同点：

（1）定义格式不同。抽象类使用类定义方式（class 关键字）进行定义，可以声明抽象方法、普通方法甚至构造方法，其成员的访问权限没做特别的要求；接口使用接口定义方式（interface 关键字）进行定义，只能声明常量和抽象方法，其成员的访问权限只能是 public。

（2）使用方式不同。抽象类通过继承方式（extends 关键字）使用，一个子类只能继承一个抽象类，非抽象的子类需要能找到所有抽象方法的实现，接口通过实现方式（implements 关键字）使用，一个类可以实现多个接口，在实现类中需要将接口中所有方法都实现。

（3）设计理念不同。抽象类是对类整体进行的抽象，而接口通常是对类的局部行为进行抽象，因而如果行为跨越不同类的对象，可使用接口，对于一些相似的对象，则考虑用抽象类。抽象类一般是自底向上抽象来，即从子类中发现公共特征并泛化成抽象父类，而接口则是自顶向下设计出来，即是在子类具体实现未确定的情况下，预先做好抽象实体间通信接口设计。

小　结

（1）封装性是面向对象的系统的一个重要特性，利用封装，可以使数据与相关操作紧密结合在一起，成为不可分割的实体，另一方面，封装实际上为其内部的数据提供了一个保护边界，实现了信息隐藏的功能。封装的特点可以有效地降低软件项目的复杂度，方便项目设计开发人员对系统的分析、设计和维护。

（2）与封装性紧密相关的是封装体（类）中成员的可见性问题，Java 中的解决办法是提供相应的访问控制符。访问控制符共有 4 个：public、protected、private 和默认的，分别代表不同的访问控制权限。其中，类级别上的访问控制只有 2 种：public 和默认，而类中数据成员和成员方法的控制控制可以是以上 4 种中的任何一个。而判别某个类中的元素是否可以被外部的代码访问时，首先要判别该类是否说明为对其可见，然而再看类中的元素是否说明为对其可见，只有两者都满足时，才是可见的。

（3）继承是一种由已有的类创建新类的机制，使得新类不必重复说明已有类的属性和方法，是简化系统模型、实现源代码重用的重要手段。但是继承机制也不可滥用，有些情况下，可以利用 final 关键字将不需要扩展的类说明成最终类。

（4）Java 中，多态有两种：由方法重载实现的编译时多态和由方法覆盖结合变量多态实现的运行时多态。方法重载是指同一个类中定义了多个同名而不同内容的成员方法，由 Java 编译器通过检查每个方法所用的参数数目和类型来区别不同的方法。而方法覆盖是指在子类中可以定义与父类中已定义的方法同名而内容不同的方法。变量多态是指声明为父类类型的变量既可以指向父类的对象实例也可以指向子类的对象实例。变量引用的合法性取决于变量声明时类型，而具体方法的调用取决于变量所引对象的类型。

（5）抽象类体现数据抽象的思想，是实现程序多态性的一种手段。有些情况下，在定义类时，可能有些类方法需要具体实现，有些类方法无法确定具体的实现方式，这时可以将该类定义成抽象类，无法具体实现的方法定义成抽象方法。由于抽象类可以包含实现方法和抽象方法，因此十分灵活，但要注意抽象类不能实例化。

（6）接口是方法声明和常量值定义的集合，不允许包含变量。在有些情况下，如果某个类的所有方法都无法具体实现，此时可以使用接口定义。接口可以理解成一个标准，其他类可以遵守该标准做不同的实现。利用接口可使程序变得非常灵活，扩展性也变得非常好。接口之间允许多继承，类之间只允许单继承。另外，接口与抽象类之间存在着许多相似的地方，容易混淆，要根据其各种的优劣，合理的选择使用。

思考与练习

一、选择题

1. 在 Java 中，所有类的根类是（　　）。
   A. java.lang.Objet　　B. java.lang.Class
   C. java.applet.Applet　　D. java.awt.Frame
2. 在 Java 中，能实现多重继承效果的方式是（　　）。
   A. 抽象类　　B. 适配器　　C. 接口　　D. 同步
3. 如果任何包中的子类都能访问父类中的成员，那么应使用的限定词是（　　）。
   A. public　　B. private　　C. protected　　D. transient
4. 整数型 public 成员变量 MAX_LENGTH，该值保持为常数 100，则定义这个变量的语句是（　　）。
   A. public int MAX_LENGTH=100　　B. final int MAX_LENGTH=100
   C. public const int MAX_LENGTH=10　　D. public final int MAX_LENGTH=100
5. Java 变量中，以下不属于复合类型的数据类型是（　　）。
   A. 类　　B. 字符型　　C. 数组型　　D. 接口
6. 下列叙述中，错误的是（　　）。
   A. 父类不能替代子类　　B. 子类能够替代父类
   C. 子类继承父类　　D. 父类包含子类
7. Java 源文件中最多只能有一个（　　）类，其他类的个数不限。
   A. abstract　　B. public　　C. final　　D. interface

8. 在子类中重写父类的方法的过程称作（　　）。

A. 方法重载　　B. 方法重用　　C. 方法覆盖　　D. 方法继承

9. 如果在子类需要调用父类带参数的构造方法，可通过 super 调用所需父类的构造方法，且该语句必须作为父类构造方法中的（　　）。

A. 第一条语句　　B. 第二条语句　　C. 倒数第二条语句　　D. 最后一条语句

10. 实现接口使用的关键字是（　　）。

A. public　　B. implements　　C. package　　D. interface

二、填空题

1. ________是一种软件重用形式。在这种形式中，新类获得现有类的数据和方法，并增加新的功能。
2. Java 程序中定义接口所使用的关键字是________，接口中的数据成员都是常量，接口中的成员方法都是________。
3. Java 程序通过接口间接支持________继承，使类继承具有更灵活的扩展性。
4. ________是 Java 程序中基本的结构单位。
5. this 代表了________的引用，super 表示的是当前对象的________对象。
6. 多态有 3 种具体形态，分别是________、________和变量多态。

三、问答题

1. 什么是继承？什么是父类和子类？
2. 什么叫数据隐藏？什么叫方法的覆盖？
3. 什么叫多态？Java 中多态体现在哪些方面？
4. 基类对象与子类对象相互转换有哪些具体要求？
5. 什么是抽象类？什么是抽象方法？
6. 什么是接口？使用时要注意哪些问题？

四、程序分析题

1. 试写出下面程序的执行结果。

```
class FatherClass {
    public FatherClass() {
        System.out.println("FatherClass Create");
    }
}
public class ChildClass extends FatherClass {
    public ChildClass(){
        System.out.println("ChildClass Create");
    }
    public static void main(String[] args) {
        FatherClass fc=new FatherClass();
        ChildClass cc=new ChildClass();
    }
}
```

2. 试写出下面程序的执行结果。

```
class B {
```

```
    public B(int x) {
        System.out.println("B"+x);
    }
    B() {System.out.println("B");}
}
public class A extends B{
    public A(int x) {
        System.out.println("A"+x);
    }
    public static void main (String args[]) {
        new A(1);
    }
}
```

3. 试写出下面程序的执行结果。

```
public class Tester {
    int var;
    Tester(double var) {
        this.var=(int)var;
        System.out.println("you have entered:"+this.var);
    }
    Tester(int var) {
        this("hello");
    }
    Tester(String s) {
        this();
        System.out.println(s);
    }
    Tester() {
        System.out.println("you are welcomed");
    }
    public static void main(String[] args) {
        Tester t=new Tester(6);
        Tester t2=new Tester(6.0);
    }
}
```

4. 试写出下面程序的执行结果。

```
class Tree{}
class Pine extends Tree{}
class Oak extends Tree  {}
public class Forest{
    public static void main(String[] args)  {
    Tree tree=new Pine();
    If  (tree instanceof Pine)
        System.out.println("Pine");
    If  (tree instanceof Tree )
        System.out.println("Tree");
    If  (tree instanceof Oak)
        System.out.println( "Oak" );
    else System.out.println( "Oops" );
```

```
    }
}
```

5. 试写出下面程序的执行结果。

```
class A  {
   public int f(int x)  {
      return x+1;
   }
}
class B extends A  {
   public int f(int x)  {
      return x*x;
   }
}
public class E  {
   public static void main(String[] args)  {
      A a=new B();
      int m=a.f(10);
      System.out.println(m);
   }
}
```

五、程序填空题

1. 请填充完成下面的程序。

```
class Base  {
   int x;
   public Base(int x)  {
      ________.x=x;
   }
}
class Sub extends Base  {
   int y;
   public Sub(int sx, int sy)  {
     ________;
     y=sy;
   }
}
public class Test  {
   public static void main(String[] args)  {
      Sub sb=new Sub(2,3);
   }
}
```

2. 请填充完成下面的程序。

```
class Base  {
   int x;
   String getDetail()  {
      return ("x="+x);
   }
}
class Sub extends Base  {
```

```
    int y;
    String getDetail()  {
        return (________.getDetail()+"y="+y);
    }
    void f2()  {
        System.out.println("call for f2().");
    }
}
public class Test  {
    public static void main(String[] args)  {
        Base sb=new Sub();
        System.out.println(sb.getDetail());
        ((________)sb).f2( );
    }
}
```

3. 请填充完成下面的程序。

```
interface inf  {
    void fun();
}
class sub ________ inf  {
    ________ void fun(){
    }
}
```

4. 请填充完成下面的程序。

```
class A  {
    int x=0, y=0, z=0;
    public A(int x)  {
        this.x = x;
    }
    public A(int x, int y)  {
        ________;
        this.y=y;
    }
    public A(int x, int y, int z)  {
        ________;
        this.z=z;
    }
}
```

5. 请填充完成下面的程序。

```
abstract class AbsClass  {
}
interface inf1  {
    void fun1();
}
interface inf2  {
    void fun2();
}
class Conclass  extends AbsClass implements inf1,inf2  {
    public void fun1()  {
```

```
    }
    public void fun2()  {
    }
}
public class Test  {
    public static void main(String[] args)  {
        AbsClass as = new Conclass();
        ((________)as).fun1();
        ((________)as).fun2();
    }
}
```

六、程序设计题

1. 编写一个使用 this 和 super 的程序。
2. 狗、猫、羊叫的声音不同，试编一程序来分别测试它们的叫声。
3. 假设有下列事实：所有的动物都能吃，但人除了吃外，还能奔跑和游泳，而狗除了吃外，只会奔跑，却不会游泳，试利用抽象类和接口编写一个程序，分别演示人与狗所具有的能力。
4. 编写一个抽象类用于水果计价，再编写苹果和梨类继承并计算输出。
5. 编写数据访问接口，再分别以堆栈和队列的形式实现。

第 6 章　异常处理与输入/输出

引言

对在程序运行过程中出现的一些非正常情况进行处理的技术称为异常处理。通过引入异常类的概念，Java 采取了面向对象的方式来处理异常，并提供一系列技术手段使正常代码和异常代码有效分离，大大提高了程序的安全性、健壮性和可维护性。Java 提供了大量内置异常类，按层次结构分类组织，当这些内置的异常类还不能满足实际问题需要时，用户可以自行编写异常类来加以解决。

输入/输出是程序设计语言的一项重要功能，是程序和用户之间沟通的桥梁，方便易用的输入/输出使程序和用户之间产生良好的交互。Java 提供了丰富的用于输入/输出处理的类，主要有：用于顺序输入输出处理的流（Stream）类；用于文件及文件目录管理的文件（File）类以及用于对文件信息随机访问的随机文件访问（RandomAccessFile）类。其中基于流的输入/输出是 Java 实施数据输入/输出操作的最主要手段，根据流中数据传输方向和组织方式的不同，Java 类库提供了 4 个基础流类：InputStream、OutputStream、Reader、Writer，其他流类都派生自这些类。熟悉这些类，并正确、灵活地使用它们，可以方便有效地实现多种输入/输出操作和复杂的文件与目录管理。

本章介绍 Java 的异常处理技术和输入/输出方法。

学习目标

通过对本章内容的学习，读者应该能够：

- 了解异常及异常处理的基本概念。
- 理解异常处理的一般过程、常见的内置异常类及其基本的层次结构。
- 掌握异常处理的常用方法、自定义异常类的编写和使用。
- 了解流、文件类以及随机文件读/写类的概念。
- 理解流类的层次结构。
- 掌握 4 个基础流类及其常用子类，能在程序设计时正确地进行选择和使用这些流类。
- 掌握文件和目录管理方面的程序设计方法。

6.1 异常处理

异常是指在程序执行过程中发生的非正常事件，这些事件的发生将中断程序的正常运行。Java 用面向对象的方法处理异常，将处理异常的代码和正常的程序代码分开，使程序维护起来更加方便，也增强了程序的安全性和健壮性。

6.1.1 异常的概念

异常是指发生在正常情况以外的情况，如除数为零、需要的文件不存在、数组下标越界、内存不足等。一般来说，程序在运行过程中发生这样或那样的错误是不可避免的，然而，一个好的健壮的程序，应具备较强的容错能力，也就是说，除了在正常情况能够顺利完成用户所预想的功能，在遇到各种异常的情况下，也能够做出恰当的处理。这种对异常情况给予适当处理的技术就是异常处理。

异常的处理涉及两大基本问题，一是如何表示异常情况的问题，二是如何控制处理异常的流程的问题。

在一些传统的编程语言，如 C 语言，由于没有提供专门的处理异常的机制，通常做法是利用分支语句预设各种可能情况，或者是利用方法的特定返回值来表示各种异常情况。很显然，这样做虽然可行，但是缺点也非常明显：首先，程序的正常流程和异常流程都采用相同的流程控制语句，使得两部分的代码混杂在一起，导致程序结构比较复杂，影响了程序的可读性，增加了系统维护的难度。其次，这些方法难以表达清楚异常情况所含的全部信息，不利于异常位置的定位和异常原因的追踪。

Java 语言按照面向对象的方法来处理异常。一个方法在运行过程中，如果发生了异常，则该方法将生成一个相应类型的异常对象，并把其交给运行时系统，这个过程被称为抛出异常，运行时系统在接收到异常后，会寻找相应的代码来处理，这一过程称为捕获，如果运行时系统未找到异常的处理代码，将会继续抛出以寻求方法的调用者处理，如此上溯，若始终找不到处理代码，则由运行时系统负责终止程序运行；若能够找到异常处理部分则执行处理代码，然后程序可以继续运行。

这种方法的主要优势体现在以下 3 个方面：

首先，通过引入异常类来表示异常情况，这样可以充分发挥类的可扩展性和可重用性的优势，对异常情况进行合理的分类和说明。

其次，提供了相应的语法结构使得异常流程代码和正常流程代码分离出来，简化了程序的结构，提高了程序的可读性和可维护性。

最后，异常的具体处理也非常灵活，如果当前方法有能力处理异常，就立即捕获并处理它，若没有能力马上处理，还可以抛出异常，由方法调用者来处理它。

6.1.2 异常的处理

Java 系统中异常处理的过程很简单，当出现异常时，首先要抛出异常，然后由相应的代码处理。异常处理方法有两种：捕获异常和声明抛出异常。下面分别具体介绍。

1．抛出异常

当 Java 程序在运行过程中，因某种原因出现了异常，这时由 Java 虚拟机或调用产生异常的方法生成代表该异常的一个异常对象，并把这个异常对象提交给运行系统，这一过程称为抛出异常。

下面是一个由系统自动抛出异常的例子。

【例 6-1】异常的自动抛出：TestException1.java。

```
public class TestException1 {
   public static void main(String[] args) {
      int a,b,c;
```

```
        a=128;
        b=0;
        c=a/b;
        System.out.println(a+"/"+b+"="+c);
    }
}
```

输出结果为：

```
Exception in thread "main" java.lang.ArithmeticException: / by zero
        at TestException.main(TestException.java:6)
```

该例中出现了一个除数为零的算术异常。因为在程序中 a 赋值为 0，而 a 被当作除数进行运算，所以出现了异常并被系统自动抛出，最后在屏幕上显示该了异常的提示信息，供用户调试程序时参考。

有时，程序员也可以根据实际情况在程序中显式地抛出异常。这一点可以通过使用 throw 语句来完成，其作用是改变程序的执行流程，使程序流程跳转到相应的异常处理语句中去执行。throw 语句的格式如下：

```
throw 异常对象;
```

例如：

```
IOException ioe=new IOException();
throw ioe;
```

注意：可以抛出的异常必须是 Throwable 或其子类的实例。如，下面的语句在编译时将会产生语法错误：

```
throw new String("want to throw");
```

2. 捕获异常

如果当前方法可以处理某种类型的异常，则可通过 try-catch-finally 语句捕获并处理相关异常，其基本格式如下：

```
Try  {
    //可能抛出异常的代码段
}catch( 异常类型 1 e1)  {
    //异常处理代码
}catch( 异常类型 2 e2)  {
    //异常处理代码
}
    //可以有多个 catch 子句
}finally{
    //最终执行的语句
}
```

在上述语句中，try 语句和 catch 语句是必须的，而且 catch 语句可以定义多个，finally 语句不是必须的。

如果程序中调用了可能抛出异常的方法，则调用这些方法的语句放在 try 语句块中，如果程序执行到某个语句时产生了异常，则 try 块后面的语句不再执行，而去找与该异常相匹配的 catch 进行异常处理。

一个 try 语句后可以有多个 catch 语句，用来捕获并处理多个不同类型的异常事件。Java 运行时系统再依据 catch 语句出现的顺序分别对每个 catch 语句处理的异常类进行检测，直到找到与生成的异常对象的类型相匹配的 catch 语句。catch 语句排列时通常是从特殊到一般。对异常的处理程序写在 catch 语句块中，具体编写处理代码，常常会用到异常类提供方法 getMessage()、toString() 和 printStackTrace()，其中 getMessage()方法获取抛出异常的原因，toString()方法返回抛出异常的类型和原因，printStackTrace()方法返回抛出异常时的堆栈状态。

finally 语句为 try 语句给定了一个统一的出口，无论 try 语句中是否有异常产生也无论 catch 语句是否捕获并处理了异常，finally 语句所指定的程序段都要执行。通常，finally 语句中的程序段用于完成释放系统资源，如关闭文件、关闭流等。另外要特别注意，Java 规定如果 catch 语句中有诸如 throw 语句等会引起流程跳转的语句，那么这样的语句要等到 finally 语句执行完之后才会执行，因此 finally 部分最好不要有像 return 这样的会导致程序“突然中止”的语句。

3. 声明抛出异常

如果在某个方法中并不确切地知道该如何处理某一类型的异常事件，那么该方法就应该在方法头部声明抛弃该种类型的异常，使得异常对象可以沿着调用栈的方向反向传播，直到有合适的方法捕获并处理它为止。这种做法可以大大增加异常处理的灵活性。

声明抛出异常是在一个方法声明中利用 throws 子句来指明的，语法如下：

```
返回类型 方法名(方法形式参数列表) throws 抛出异常类型列表;
```

例如：

```
public void f1(int money) throws SpecialException  {
   //以下代码可能会抛出 SpecialException
   If  (--money<=0) throw new SpecialException("Out of money");
}
```

throws 子句中同时声明抛出多种异常类型时，用逗号来分隔。

例如：

```
public void f2() throws IOException, IndexOutOfBoundsException {
   …
}
```

6.1.3 异常类的层次结构

Java 中定义了很多异常类，每个异常类都代表了一类运行错误，类中包含了该运行错误的信息和处理错误的方法等内容。这些异常类的继承结构如图 6-1 所示。

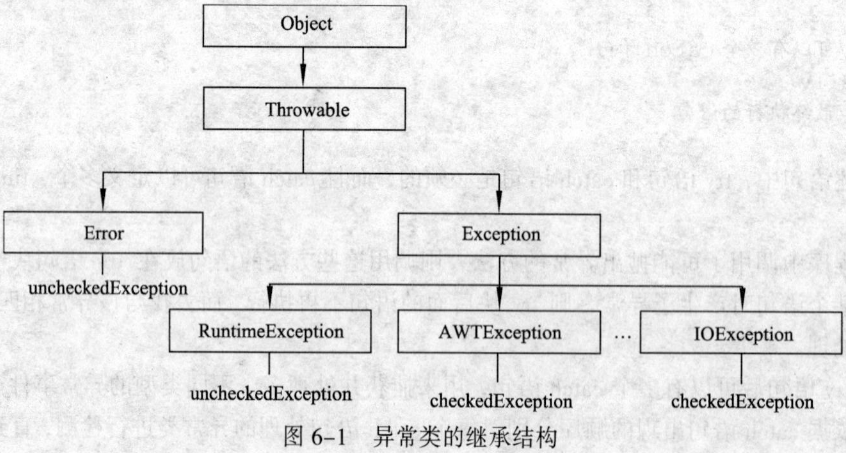

图 6-1 异常类的继承结构

所有的这些异常类都直接或间接继承自 java.lang.Throwable 类。它的实例表示具体的异常对象，可以通过 throw 语句抛出。Throwable 类提供了访问异常信息的一些方法，最常用的就是前面已经提到的 getMessage()、printStackTrace()和 toString()。

Throwable 类有两个直接子类：

（1）Error 类。通常指 Java 系统或执行环境中发生的错误，仅靠程序本身是无法恢复的，比如内存空间不足、Java 虚拟机出错等。遇到这样的错误，用户程序是无法捕获到的，建议让程序直接终止。

（2）Exception 类。表示程序本身可以处理的一般性异常，如 I/O 异常、SQL 异常，这些异常是用户可以捕获到的异常，可以通过产生它的子类来创建自己的异常处理。当程序运行时出现这类异常，应该尽可能地处理异常，并且使程序恢复运行，而不应该随意终止程序。

在 Java API 中，声明了几百个 Exception 的子类分别来代表各种各样的常见异常情况，这些类根据需要代表的情况位于不同的包中，这些类的类名均以 Exception 作为类名的后缀。如果遇到的异常情况，Java API 中没有对应的异常类进行代表，也可以声明新的异常类来代表特定的情况。

在这些 Exception 类中，根据是否是程序自身导致的异常，又可以细分为两种：

（1）RuntimeException 及其所有子类。该类异常属于程序运行时异常，也就是由于程序自身的问题导致产生的异常，例如数组下标越界异常 ArrayIndexOutOfBoundsException 等。

该类异常在语法上不强制程序员必须处理，即使不处理这样的异常也不会出现语法错误。

（2）其他 Exception 子类。该类异常属于程序外部的问题引起的异常，也就是由于程序运行时某些外部问题导致产生的异常，例如文件不存在异常 FileNotFoundException 等。

该类异常在语法上强制程序员必须进行处理，如果不进行处理则会出现语法错误。

有时也将派生于 Error 类或 RuntimeException 类的所有异常称为未检查（unchecked）异常，所有其他的异常称为已检查（checked）异常。一般来说，在编写的程序方法中必须对已检查异常予以处理（自行捕获处理或者声明让其调用者们去捕获），否则编译器就会给出一个错误消息。而未检查异常要么不可控制（Error），要么就应该避免发生（RutimeException）。

6.1.4　自定义异常

Java 虽然提供了丰富的异常类，但是在项目开发中还经常遇到 Java 内置异常类不能满足实际需求的情况，此时就需要用户自己定义异常类了。

用户自定义异常类要继承 Throwable 类或它的子类，通常是继承 Exception 类。编写自定义异常类实际上是继承一个 API 标准异常类，用新定义的异常处理信息覆盖原有信息的过程。

用户自定义异常的一般步骤是：

（1）创建一个类继承于 Throwable 或其子类。

（2）为该异常类添加构造方法。

（3）在一个方法中使用 throw 抛出异常。

（4）在另一个方法中捕获并处理异常。

下面来看一个例子。

【例 6-2】自定义异常：TestException2.java。

```
class MyException extends Exception {        // 定义一个自定义异常类
```

```
    private int info;
    MyException(int a) {                         //添加构造函数
        info= a;
    }
    public String toString() {
        return "我的自定义异常[" +this.info + "]";
    }
}
class ExceptionDemo {                            //自定义异常的使用
    static void compute(int a) throws MyException {
        System.out.println("调用 compute(" + a + ")");
        If  (a > 10)
            throw new MyException(a);            //抛出异常
        System.out.println("正常退出");
    }
    public static void main(String[] args) {
        try {
            compute(1);
            compute(20);
        } catch (MyException e) {                //捕获并处理异常
            System.out.println("捕获 " + e);    //此时会自动调用 e 的 toString()方法
        }
    }
}
```

输出结果为:

```
调用 compute(1)
正常退出
调用 compute(20)
捕获 我的自定义异常[20]
```

该例子定义了 Exception 的一个子类 MyException。该子类非常简单：它只含有一个构造函数和一个重载的显示异常值的 toString()方法。ExceptionDemo 类定义了一个 compute()方法。该方法引发一个 MyException 对象。当 compute()的整型参数比 10 大时该异常产生并被抛出。Main()方法为 MyException 设立了一个异常处理程序，然后用一个合法的值和不合法的值调用 compute()来显示执行经过代码的不同路径。

6.1.5 异常处理的使用原则

异常处理虽然能够在某种程度上提高程序运行的安全性，但也会额外消耗系统资源，绝对不可滥用，使用时应特别注意。

（1）异常只能用于非正常情况。不能用异常来控制程序的正常流程，这样会降低系统的性能，模糊程序的原有意图，掩盖代码中的错误，增加调试的复杂性，影响程序代码的可读性。

（2）避免过于庞大的 try 代码块。try 代码块越庞大，出现异常的地方就越多，要分析发生异常的原因就越困难。有效的做法是分割各个可能出现异常的程序段落，把它们分别放在单独的 try 代码块中，从而分别捕获异常。

（3）异常设计时需要分层次。在异常设计的层次处理上，注意不要把解决特定情况的检查型异常笼统地提到更高的异常解决层次，应该是对子类异常的捕获放在它的父类的前面，因此异常处理表中 catch 子句的顺序很重要，应按照从特殊到一般的顺序安排 catch 子句表。

（4）在 catch 子句中尽量捕获特定的异常。不同的异常通常需要不同的处理方式。不要试图用一个 catch 块处理所有可能出现的异常，这样不利于分析异常发生的位置以及异常原因的追根溯源。

（5）不要在 catch 代码中忽略被捕获的异常。只要异常发生，就意味着某些地方出了问题，catch 代码块既然捕获了这种异常，就应该提供处理异常的措施。当然如果在 catch 代码块中实在无法处理，那就不要捕获异常，而是在方法一级用 throws 子句声明将异常抛出。

（6）善用 finally 语句。try...catch...finally 语句是 Java 执行异常处理最重要的语句之一。它的执行流程表面看很简单，但遇到程序“突然中止”的情况可能产生意想不到的结果。强烈建议不要在 finally 块内部使用 break、continue、return 以及 throw 等这些会引起程序“突然中止”的语句。它不仅会影响函数的正确返回值，而且它可能还会导致一些异常处理过程的意外终止，最终导致某些异常的丢失。

（7）应该尽可能地避免异常，尤其是运行时异常。应该尽可能地避免异常，尤其是运行时异常。许多运行时异常实际上是由于程序代码中的错误引起的，例如 NullPointerException，如果在编写程序时加入空值判断，这类异常是可以避免的。在可以预知和可以预防的情况下，建议采用逻辑代码处理，不要过度依赖 try...catch...finally 和 throws，因为过多使用异常处理会降低程序的性能。

6.2　Java 的 I/O 处理

输入/输出是指应用程序与外部设备及其他计算机进行数据交换的操作，如读/写硬盘数据、向显示器输出数据、通过网络读取其他结点的数据等。输入/输出处理是程序设计中非常重要的环节，任何一种程序设计语言都会涉及数据的输入/输出相关操作。在 Java 语言中，输入/输出数据是以流的形式出现的，并且为此提供了大量的流类，通过调用这些流类对象提供的操作，来具体完成相关数据的输入与输出。

6.2.1　I/O 流的概念

所谓流是指同一台计算机中或网络中不同计算机之间有序运动着的数据序列。它实际上是一个很形象的概念。当程序需要读取数据的时候，会开启一个从数据源获取数据的虚拟通道，这个数据源可以是内存的某个区域，文件或者网络上的某个资源。与读取过程相似，当程序需要写入数据时，也会开启一个通向数据目的地的虚拟通道。在程序读取和写入数据的执行过程中这些数据就会在虚拟通道中“流动”。Java 把这些在虚拟通道中“流动”着的、有着不同来源和目的地的数据统一抽象为流（Stream），并为不同种类的流定义不同流类，程序员就可以把跟这些不同格式的数据交互的复杂细节交给具体的流类来处理，自己只需把握好这些流类的读/写接口就可以顺利地完成数据的输入输出工作。合理的选择并使用好这些流类，将有效地减轻程序员的负担，提高他们的工作效率。

一般来说，按照流向不同，可以把流分为输入流和输出流。输入流类负责将外部数据源的数据转换为流，程序只需通过读取该类流中的数据就可读入对于外部数据源中数据。输出流类则负责完成将流中的数据转换到对应的数据目的地中，程序只需通过向该类流中写入数据即可将数据写入到对应的外部数据目的地。

另外，按照处理单位的不同，可以把流分为字节流和字符流。在字节流中，数据序列以字节为基本操作单位，即流中的数据按照字节的顺序组织成流；而对于字符流，数据序列以字符为基本操作单位，即流中的数据按照字符的顺序组织成流。一般来说字符流有着比字节流更高的处理效率，然而有些情况下，如二进制数据读/写，只能采用字节流。

流式输入/输出的一个重要特点是数据的获取和发送沿数据序列的顺序进行，即每一个数据都必须等待排在它前面的数据读入或送出之后才能被读/写。所以流和队列一样，只能以"先进先出"的方式对其中的数据进行读/写，而不能随意选择读/写的位置。

6.2.2 基本的 I/O 类

为了方便输入输出处理，Java 在 java.io 包中提供了丰富的类。它们都源自 Object 类，每一个流类代表一种特定的输入或输出流，然后根据流中数据处理方式的不同，分别归属于字节流或字符流。需要说明的是，在最底层，所有的输入与输出的是字节形式的。基于字符的流只是为处理字符提供方便有效的方法。

在这些类中，作为 Object 类的直接子类，InputStream 和 OutputStream 是所有字节流类的共同祖先，读/写以字节为单位进行；Reader 和 Writer 类所有字符流类的共同祖先，读/写以字符为单位进行。它们都是抽象类，提供了所有子类共用的一些读/写操作，子类在此基础上通过实现某些接口，完成对数据的读/写。因此，不能用这些抽象类来创建对象，当程序需要向外部设备输入或输入数据时，需要创建这些类的子类对象。

另外，为了对文件及目录实施管理，Java 还提供了 File 类。针对流类只能顺序读/写的不足，为了实现对磁盘文件内容的随机读/写，Java 专门提供 RandomAccessFile 类。图 6-2 所示为 Java 提供的基本 I/O 类。

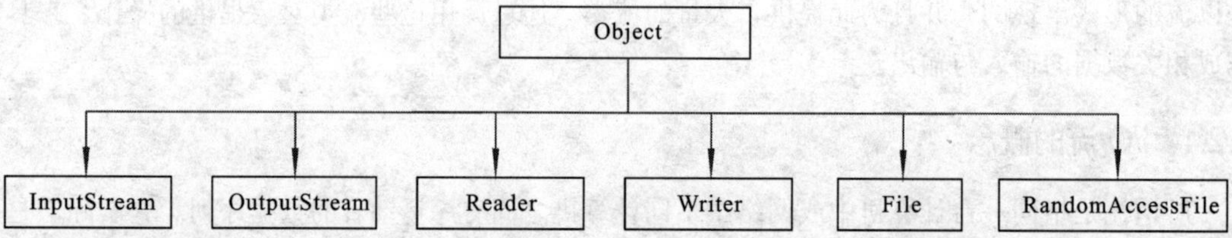

图 6-2　基本 I/O 类

1. 常用的字节输入流类

字节输入流类的继承关系如图 6-3 所示。

使用频度比较高的类有：

（1）ByteArrayInputStream：从字节数组读取的输入流。

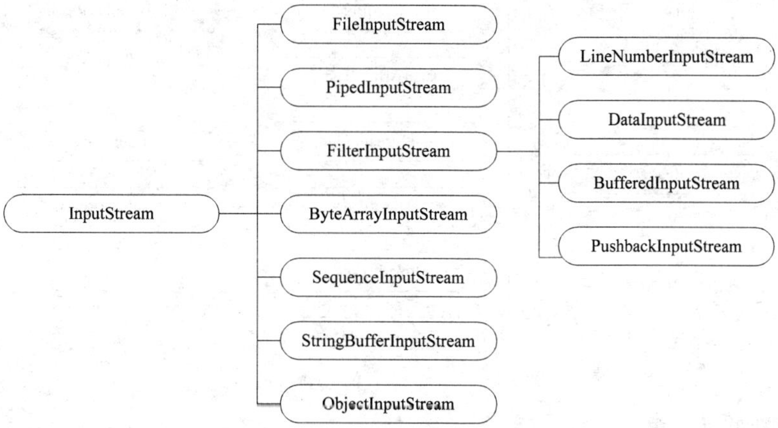

图 6-3 字节输入流类继承关系

（2）BufferedInputStream：缓冲输入流。

（3）FileInputStream：读取文件的输入流。

（4）DataInputStream：包含读取 Java 标准数据类型方法的输入流。

（5）PipedInputStream：输入管道。

2. 常用的字节输出流类

字节输出流类的继承关系如图 6-4 所示。

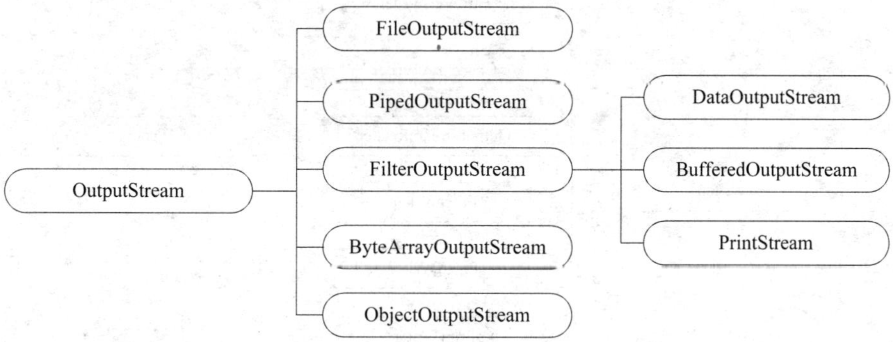

图 6-4 字节输出流类继承关系

使用频度比较高的类有：

（1）ByteArrayOutputStream：向字节数组写入的输出流。

（2）BufferedOutputStream：缓冲输出流。

（3）FileOutputStream：写文件的输出流。

（4）DataOutputStream：包含写入 Java 标准数据类型方法的输出流。

（5）PipedOutputStream：输出管道。

（6）PrintStream：产生格式化输出，包含 print()、println()的输出流。

3. 常用的字符输入流类

字符输入流类的继承关系如图 6-5 所示。

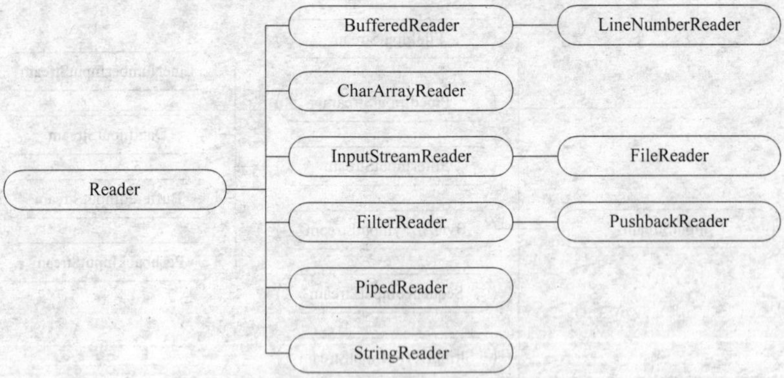

图 6-5　字符输入流类继承关系

使用频度比较高的类有：

（1）CharArrayReader：从字符数组读取数据的输入流。

（2）BufferedReader：缓冲输入字符流。

（3）FileReader：读取文件的字符输入流。

（4）PipedReader：输入管道。

（5）StringReader：读取字符串的输入流。

4．常用的字符输出流类

字符输出流类的继承关系如图 6-6 所示。

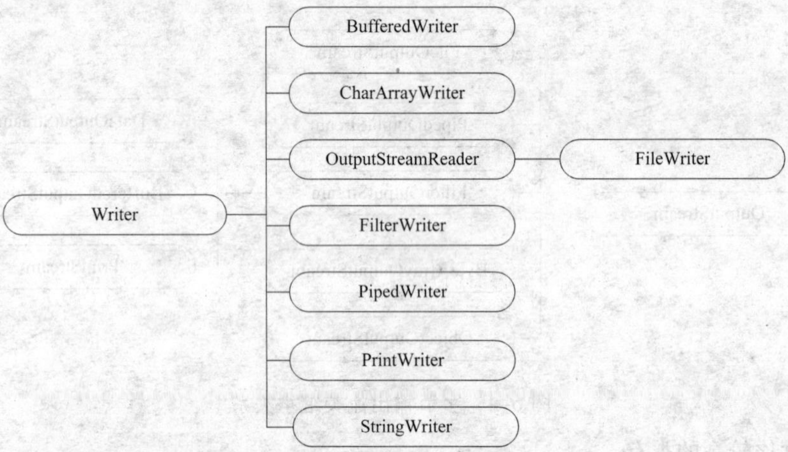

图 6-6　字符输出流类继承关系

使用频度比较高的类有：

（1）CharArrayWriter：向字符数组写数据的输出流。

（2）BufferedWriter ：缓冲字符输出流。

（3）FileWriter：写文件的输出流。

（4）PipedWriter：输出管道。

（5）PrintWriter：包含 print()和 println()的输出流。

（6）StringWriter：写字符串的输出流。

6.2.3　实体流与过滤流

在实际使用时，一般都使用上述这 4 个父类中对应的子类，每个子类完成相关的功能。对于这些子类，也可以根据这些类是否直接连接数据源，将这些 I/O 类分类为：实体流和过滤流。

其中，实体流是指直接与磁盘文件、字符串、通道、内存区域等实体数据相连接，执行从其中读取数据或写入数据操作的流类。如前面介绍的 FileInputStream 和 FileOutputStream 以及 FileReader 和 FileWriter 等，都是实体流，该类流直接实现将外部实体数据转换为流对象，它们均可单独进行使用。常用的实体流如表 6-1 所示。

表 6-1　常用的实体流

类　型	字 节 流	字 符 流
文件	FileInputStream FileOutputStream	FileReader FileWriter
内存：数组	ByteArrayInputStream ByteArrayOutputStream	CharArrayReader CharArrayWriter
内存：字符串		StringReader StringWriter
管道	PipedInputStream PipedOutputStream	PipedReader PipedWriter

过滤流是指不直接与磁盘文件、字符串、通道、内存区域等这些实体数据相连接，而是建立在其他流对象（实体流对象或过滤流对象）基础上建立的流类，主要作用是将实体流中的数据进行转换，增强流对象的读/写能力。如前面介绍的 DataInputStream 和 DataOutputStream 以及 BufferedReader 和 BufferedWriter 等，都是过滤流，过滤流类不可以单独使用，必须配合实体流或其他过滤流进行使用。过滤流有时又称装饰流。常见的过滤流如表 6-2 所示。

表 6-2　常用的过滤流

类　型	字 节 流	字 符 流
缓冲	BufferedInputStream BufferedOutputStream	BufferedReader BufferedWriter
过滤	FilterInputStream FilterOutputStream	FilterReader FilterWriter
字节字符 转换		InputStreamReader OutputStreamWriter
对象 序列化	ObjectInputStream ObjectOutputStream	
数据类型 读/写	DataInputStream DataOutputStream	
计算行号	LineNumberInputStream	LineNumberReader
回退	PushbackInputStream	PushbackReader
格式化输出	PrintStream	PrintWriter

6.2.4 标准输入/输出对象

在一般应用程序中，需要频繁地向标准输出设备即显示器输出信息，从标准输入设备即键盘输入信息，如果程序员每次都在输出或输入前首先建立输出流对象或输入流对象，显然十分低效和麻烦。为此 Java 系统预先定义好了 3 个预定义的流对象：System.in、System.out 和 System.err，分别表示标准输入设备、标准输出设备和标准错误设备，其中标准错误设备默认是显示器。需要指出的是，这些流可以重定向到任何兼容的输入/输出设备。

System 类是 java.lang 包中一个很重要的类，它的所有方法和属性都是静态的，因此在使用它的属性和方法时不用创建对象，只要使用类名做前缀。

尽管 System.in、System.out 和 System.err 是用来读/写外设字符的，但它们都是字节流。当然如果愿意，可以用基于字符的流来包装它们。前面的章节多次用到 System.out，也可以用同样的方式使用 System.err。System.in 的使用则要稍微复杂一些，实际使用时往往需要做一些特殊处理。

（1）System.in 对象。System.in 是 InputStream 类的对象，调用 System.in.read()方法就可以实现通过键盘读取数据的操作。与大多数输入/输出方法一样，System.in.read()方法可能引发 IOException 异常，因此必须与异常处理语句配合使用以提高系统健壮性。另外 InputStream 类中提供的方法比较基础，故在使用时常常需要和其他过滤流类相结合。

（2）System.out 和 System.err 对象。System.out 和 System.err 都是 PrintStream 类的对象，利用 PrintStream 类的 print()和 println()方法可以非常方便地输出各类数据，它们能将各类数据以字符串形式输出。这两个方法的维一区别是 print()输出后不换行，下一个输出语句从当前位置接着输出；而 println()方法输出完毕后要换行，下一个输出语句从下一行的第一个字符位置开始输出。

6.3 字节流应用

在 Java 中，I/O 流往往成对出现，即提供了一种类型的输入流，往往提供对应的输出流。有了这些流类的支持，编写输入/输出代码就比较容易了。

一般而言，数据输入代码的形式大致如下：创建输入流对象，建立与外部数据的连接；调用该流对象的读操作将流中的数据读出，并转换成相应的格式提供给调用程序；关闭流对象，断开与外部数据的连接。数据输出代码的形式大致与之类似：创建输出流对象，建立与外部数据的连接；调用该对象的写操作将程序中输出数据以合适的形式写入流中，并通过它向外部数据输出；关闭流对象，断开与外部数据的连接。

可见，那些比较复杂的，与各种不同外部数据打交道的部分交给了流类的提供者来负责，而程序员需要考虑的问题是选择合适的流类，以及针对流的读/写要求组织数据格式等。显然，程序员的负担减轻了，编程的效率也就得到了提高。

下面，从实际的应用的角度，介绍常见的字节流类及它们的具体使用方法。

6.3.1 InputStream 和 OutputStream

InputStream 和 OutputStream 分别是所有字节输入流和字节输出流的抽象父类，所以它们所定义的每个方法都会被其子类所继承，这样的设计可以保证每个字节流子类在进行实际使用时，开放给程序员使用的功能方法是一致的。这样将简化 I/O 类学习的难度，方便程序员进行实际的编程。

1. 字节输入流 InputStream

InputStream 类中包含了一套所有字节输入流都需要的方法，可以完成最基本的从输入流中读取数据的功能。InputStream 是一个抽象类，所以实际应用中是通过其子类来具体完成数据输入操作的。

使用时，程序员只要创建一个适当类型的字节输入流对象，就可自动完成与外部数据源之间的连接，然后通过调用执行该流对象的特定读取方法，如 read()等，就可实现按逐个字节读取的方式从外部数据源中读取数据的操作。

在 InputStream 类中，常用的方法有：

（1）read()方法。read()方法是输入流类最核心的方法。在实际读取流中数据时，只能按照流中数据存储顺序依次进行读取，在使用字节输入流时，读取数据的最小单位是字节。

另外，需要注意的是，read()方法是阻塞方法，也就是如果流对象中无数据可以读取时，则 read()方法会阻止程序继续向下运行，直到有数据可以读取为止。

read()方法总计有 3 个，依次是：

① public abstract int read() throws IOException

该方法的作用是读取当前流对象中的第一个字节。当该字节被读取出来以后，则该字节将被从流对象中删除，原来流对象中的第二个字节将变成流中的第一个字节。如果需要读取流中的所有数据，只要使用一个循环依次读取每个数据即可。当读取到流的末尾时，该方法返回-1。该返回值的 int 中只有最后一个字节是流中的有效数据，所以在获得流中的数值时需要进行强制转换。返回值使用 int 型的目的主要是好处理-1 的问题。

由于该方法是抽象的，所以会在子类中被覆盖，从而实现最基础的读数据的功能。

② public int read(byte[] b) throws IOException

该方法的作用是读取当前流对象中的数据，并将读取到的数据依次存储到字节数组 b（b 需要提前完成初始化，即 b 要对应实际的内存区域）中，也就是把当前流中的第一个字节的数据存储到 b[0]，第二个字节的数据存储到 b[1]，依此类推。流中已经读取过的数据也会被删除，后续的数据会变成流中的第一个字节。而实际读取的字节数量则作为方法的返回值返回。当然从流中读取出数据以后，获得的是一个 byte 数组，还需要根据以前的数据格式，实现对于该 byte 数组的解析。

③ public int read(byte[] b, int off, int len) throws IOException

该方法的作用和上面的方法类似，也是将读取的数据存储到 b 中，只是将流中的第一个数据存储到 b 中下标为 off 的位置，最多读取 len 个数据，而实际读取的字节数量则作为方法的返回值返回。

（2）close()方法的格式如下：

public void close() throws IOException

该方法的作用是关闭当前流对象，断开与外部数据源的连接，释放其所占用的资源。在 I/O 操作结束以后，关闭流是必须要完成的操作，这样既可以保证外部数据的安全，也可以减少内存的占用。

（3）定位指针的方法。每个流有一个指针，每次读入数据都是从指针位置开始进行。流在刚被创建时，指针位于流的第一个数据，以后每读入一个数据（字节），指针自动向后移动一个（字节）位置，指向未被读取的下一个数据。

InputStream 用来控制指针位置的方法有以下几个：

① public long skip(long n) throws IOException

该方法的作用是跳过当前流对象中的 n 个字节，而实际跳过的字节数量则以返回值的方式返回。跳过 n 个字节以后，如果需要读取则从新的位置开始读取。使用该方法可以跳过流中指定的字节数，而不用依次进行读取。

② public void mark(int readlimit)

该方法为流中当前的位置设置标志，使得以后可以从该位置继续读取。变量 readlimit 指设置该标志以后可以读取的流中最大数据的个数。当设置标志以后，读取的字节数量超过该限制，则标志会失效。

③ public void reset() throws IOException

该方法的作用是使流读取的位置回到设定标记的位置。可以从该位置开始继续向后读取。

与这几个方法配合使用的常常还有：

① public boolean markSupported()

该方法的作用是判断流是否支持标记（mark）。

② public int available() throws IOException

该方法的作用是返回当前流对象中还没有被读取的字节数量。也就是获得流中数据的长度。另外，该方法不是在所有字节输入流内部都能得到正确的实现，所以使用该方法获得流中数据的个数是不可靠的。

由于 InputStream 类是字节输入流的父类，所以该体系中的每个子类都包含以上的方法，这些方法是实现流数据读取的基础。

2. 字节输出流 OutputStream

OutputStream 类中包含所有字节输出流都要使用的方法。OutputStream 也是一个抽象类，不能直接创建 OutputStream 的对象，而应该创建其某个子类的对象。

使用时，先要创建一个输出流对象，通过该对象与外部数据连接，然后利用该对象的 write()方法将数据顺序写入。

在实际写入流时，流内部通常会保留一个缓冲区，会将程序员写入流对象的数据首先暂存起来，然后在缓冲区满时将数据输出到外部数据。当然，当流关闭时，这些缓冲在输出流内部的数据会被强制输出。

字节输出流中数据的单位是字节，在将数据写入流时，一般情况下需要将数据转换为字节数组进行写入。

OutputStream 常用的方法有：

（1）write()方法。write()方法是输出流中的核心方法，该方法实现将数据写入流中。在实际写入前，需要实现对应的格式，然后依次写入流中。写入流的顺序就是实际数据输出的顺序。

write()方法总计有 3 个，依次是：

① public abstract void write(int b) throws IOException

该方法的作用是向流的末尾写入一个字节的数据。写入的数据为参数 b 的最后一个字节。在实际向流中写数据时需要按照逻辑的顺序进行写入。作为抽象方法，该方法需要在 OutputStream 的子类中实现。

② public void write(byte[] b) throws IOException

该方法的作用是将数组 b 中的数据依次写入当前的流对象中。

③ public void write(byte[] b, int off, int len) throws IOException

该方法的作用是将数组 b 中从下标为 off（包含）开始，后续长度为 len 个的数据依次写入到流对象中。在实际写入时，还需要根据逻辑的需要设定 byte 数值的格式，这个根据不同的需要实现不同的格式。

（2）close()方法的格式如下：

```
public void close() throws IOException
```

该方法的作用是关闭流，释放流占用的资源。

（3）flush()方法的格式如下：

```
public void flush() throws IOException
```

该方法的作用是将当前流对象中的缓冲数据强制输出。为了减少和输出设备交互次数，提高输出效率，Java 还提供了具备缓冲功能的输出流类，对于这些类，write()方法所写的数据先暂存至流内部的缓冲区中，等到缓冲区满后，才统一执行一次向外部输出数据的操作，将所缓冲的数据全部输出。但是在某些情况下，缓冲区中的数据并未填满的情况下就需要将其输出，此时应用 flush()方法强制清空缓冲区，并将缓冲区的现有数据向外输出。

6.3.2 常用实体流

实体流是指与外部数据直接相连接的输入/输出流，常见的外部数据有文件、内存和管道等。Java 为此专门提供了一批实体流，常见的字节流有：

- 文件流（FileInputStream/FileOutputStream）。
- 字节数组流（ByteArrayInputStream/ByteArrayOutputStream）。
- 字符串缓冲流（StringBufferInputStream）。
- 管道流（PipedInputStream/PipedOutputStream）。

其中 FileInputStream 和 FileOutputStream 将在 6.5.2 节予以详细介绍，而在 JDK 1.1 以后 StringBufferInputStream 已经被标记为过时，并被建议用 StringReader 替代，因此，因此这里主要介绍字节数组流和管道流。

1．字节数组流 ByteArrayInputStream/ByteArrayOutputStream

类 ByteArrayInputStream 可以从字节数组中读取数据，其创建时需指定一个内存字节数组，使之与其内部维持的字节数组缓冲区联系起来。它主要重写了其父类 InputStream 的方法 read()、available()、reset()和 skip()。其中 reset()方法重新设置输入流的读取位置为起始位置，即字节数组的起始位置。

类 ByteArrayOutputStream 可以向其内部维持的字节数据缓冲区写入数据。它继承并重写了其父类 OutputStream 中定义的方法，在其实现的方法中，使用 size()可以得到输出流中的有效字节数；write()用于向输出流的字节数组缓冲区写入数据；通过 toByteArray()可以得到输出流的字节数组缓冲区的有效内容；flush()则清空字节数组输出流的缓冲区。另外，通过 writeTo()可以将流中的内容写入另一个指定的输出流中。

2．管道流 PipedInputStream/PipedOutputStream

管道主要用来把一个程序、线程或代码块的输出连接到另一个程序、线程或代码块的输入。在构造管道时，管道输入流作为一个通信管道的接收端，管道输出流作为发送端，如果要进行管道输出，则必须把输出流连在输入流上。如利用 PipedOutputStream 和 PipedInputStream 可以实现线程之间的二进制信息传输。其中，PipedOutputStream 是 OutputStream 的直接子类，而 PipedInputStream 是 InputStream 的直接子类。PipedOutputStream 和 PipedInputStream 往往成对出现、配合使用。

在使用管道之前，管道输出流和管道输入流必须进行连接。下面有两种连接的方法：

（1）构造方法中连接：

① `PipedInputStream(PipedOutputStream src)`

创建 PipedInputStream，使其连接到管道输出流 src。写入 src 的字节数据可用作此流的输入。

② `PipedOutputStream(PipedInputStream snk)`

创建连接到指定管道输入流的管道输出流。写入此流的字节数据稍后将用作 snk 的输入。

（2）用 connect()方法进行连接：

类 PipedInputStream 中定义为：

① `void connect(PipedOutputStream src)`

类 PipedOutputStream 中定义为：

② `void connect(PipedInputStream snk)`

如果 src 为未连接的管道输出流，snk 为未连接的管道输入流，则可以通过以下任意调用使其连接：

```
snk.connect(src)
```

或

```
src.connect(snk)
```

这两个调用的效果相同。

6.3.3 常用过滤流

Java 提供了一系列所谓的过滤流来增强现有流的能力。这一点是通过过滤流在将数据实际写入输出流之前对输出进行预处理，或者在读取数据之后对输入进行后期处理来达到的。

过滤流的工作方式是：将输入/输出流传递给过滤流构造函数，之后即可使用过滤流替代原先的输入/输出流。这样就能使用过滤流的方法来代替原始流的方法。

另外，过滤流在读/写数据的同时还提供了同步机制，使得某一时刻只有一个线程可以访问一个输入/输出流，以防止多个线程同时对一个输入/输出流进行操作所带来的意想不到的结果。

字节流中，类 FilterInputStream 和 FilterOutputStream 分别为所有过滤输入流和过滤输出流的父类。它们也是抽象流，其子类中常用的有：

- 缓冲流（BufferedInputStream/BufferedOutputStream）。
- 数据流（DataInputStream/DataOutputStream）。
- 打印流（PrintStream）。

1．缓冲流 BufferedInputStream 和 BufferedOutputStream

BufferedInputStream 和 BufferedOutputStream 实现了带缓冲的过滤流，主要用于提高输入/输出处理的效率。

由于提供了缓冲机制，在已定义的输入流或输出流上再定义一个具有缓冲的流可以有效地减少 I/O 操作次数，从而获得性能上的提升。同时，缓冲流还支持 mark()、reset()、skip()等方法，这也会提高数据读/写时的灵活性。

2．数据流 DataInputStream 和 DataOutputStream

DataInputStream 和 DataOutputStream 分别实现了 java.io 包中的接口 DataInput 和 DataOutput，它能够读/写 Java 基本数据类型的数据和 Unicode 编码格式的字符串（所有读方法都以“read”开头，比如 readByte()，readFloat()等，特别的，还可使用 readLine()方法实现一次读取一行字符；所有写方法都以“wirte”开头，例如 writeByte()，writeFloat()等）。这样，在输入/输出数据时就不必关心该数据具体如何编码的问题。

3．打印流 PrintStream

PrintStream 的作用是把 Java 语言的数据类型以其字符串表示形式送到相应的输出流。该类还提供了方法 print()和 println()，可以方便地输出各种类型的数据，如 boolean、int、float、String 等，甚至还可以是 Object 类型，此时，方法将自动调用该对象的 toString()方法，然后输出相应的字符串。print()和 println()之间的差异是后者在操作完毕后会自动添加一个新行。

6.3.4　使用示例

由于 InputStream 和 OuputStream 类是抽象类，不能直接创建对象，程序中一般利用它们的派生类来具体完成输入/输出工作。下面通过两个示例来说明这些派生类的使用方法。

【例 6-3】从键盘读入字符串并由屏幕输出：Keyin.java。

```
import java.io.*;
public class Keyin  {
    public static void main(String[] args) {
       byte[] buf= new byte[256];
       int count;
       String str;
       BufferedInputStream in=new BufferedInputStream(System.in);
       BufferedOutputStream out=new BufferedOutputStream(System.out);
       Try  {
          If  (in.markSupported())  {
             System.out.print("请输入，按 Enter 键结束: ");
             in.mark(256);          //在输入流当前位置上标记
             count=in.read(buf);  //将键盘中输入的数据存放在 buf 字节数组中
             System.out.println("读入  "+count+"  字节");
             System.out.print  ("输入的字符串为: ");
             out.write(buf, 0, count);
             out.flush();
          }else  {
             System.out.println("不支持 mark");
          }
      }catch(IOException e)  {
```

```
                System.out.println("发生 I/O 错误! ");
            }
        }
    }
```

输出结果为:

```
请输入,按 Enter 键结束: 123456789↙
读入  10  字节
输入的字符串为: 123456789
```

System.in 和 System.out 分别代表 Java 的标准输入/输出，前者是 InputStream 类的对象，表示从键盘上读取数据，后者是 PrintStream 类的对象，可以通过 print()方法或 println()方法向屏幕上输出数据。BufferedInputStream 和 BufferedOutputstream 称为缓冲流，其功能是为数据的输入/输出增加一级缓冲区。BufferedOutputStream 类的构造方法中指定的参数是“System.out”，表示向屏幕输出数据时需要先把输出的数据输出到该缓冲流对象的缓冲区中，然后通过该缓冲流对象的 flush()方法真正地将数据输出到屏幕上。

接下来的示例，利用流 PipedInputStream 和 PipedOutputStream 实现管道通信，利用流 ByteArrayInputStream 与 ByteArrayOutputStream 实现内存读/写。

【例 6-4】管道流和字节数组流应用：PipeAndByteArray.java。

```
import java.io.*;
public class PipeAndByteArray  {
    public static void main(String[] args)  {
        byte a1=35, a2=66;
        byte[] buf= {'h','e','l','l','o',' ','w','o','r','l','d','!'};
        try  {
            //管道的建立
            PipedInputStream pin= new PipedInputStream();
            PipedOutputStream pout= new PipedOutputStream(pin);
            //字节数组流的定义
            ByteArrayInputStream bin= new ByteArrayInputStream(buf);
            ByteArrayOutputStream bout= new ByteArrayOutputStream();
            System.out.println("PipedInputStream 和 PipedOutputStream");
            System.out.println("将数据 "+a1+" 送到 pout");
            pout.write(a1);
            System.out.println("将数据 "+a2+" 送到 pout");
            pout.write(a2);
            System.out.println("由 pin 读入数据:  "+(byte)pin.read());
            System.out.println("由 pin 读入数据:  "+(byte)pin.read());
            int m, n=buf.length;
            bin.skip(n/2);
            while(bin.available()>0)  {
                bout.write(bin.read());
            }
            System.out.print ("读/写后半段的数据: ");
            bout.writeTo(System.out);  //输出到屏幕上
            bin.reset();
```

```
            bout.reset();
            m= buf.length;
            byte[] buf2= new byte[m];
            bin.read(buf2, 0, 10);
            bout.write(buf2, 0, 10);
            System.out.println("\n 输出读/写所有数据: "+bout.toString());
        }catch(Exception e)  {
            System.out.println("发生 I/O 错误! ");
        }
    }
}
```

程序输出为：

```
PipedInputStream 和 PipedOutputStream
将数据 35 送到 pout
将数据 66 送到 pout
由 pin 读入数据:  35
由 pin 读入数据:  66
读/写后半段的数据: world!
输出读/写所有数据: hello worl
```

该例子中共有 3 段输入/输出操作，第 1 段中，管道输入流 pin 和管道输出流 pout 共同构建一个管道，向 pout 中写入的数据，最终都可以从 pin 中顺序读取出来。第 2 段中，字节数组流 bin 表示从字节数组 buf（一段内存区域）中读取数据；然后将从 bin 中读取的部分数据写入字节输出流 bout 中，然后将 bout 中的数据输出到显示器屏幕上。第 3 段中，bin 从字节数组 buf2 中读取数据，然后写到 bout 中，最后利用 bout 的 toString()方法转换成字符串输出。

6.4　字符流应用

字符流体系是对字节流体系的升级，在子类的功能上基本和字节流体系中的子类一一对应，但是由于字符流内部设计方式的不同，使得字符流的执行效率要比字节流体系高一些，在可能的情况下，一般优先选择使用字符流体系中的类，从而提高程序的执行效率。

6.4.1　Reader 和 Writer

与 InputStream 和 OutputStream 在字节流中的情况类似，Reader 和 Writer 分别是所有字符输入流和字符输出流的抽象父类。它们分别定义了所有字符输入流和字符输出流必须的一些方法。

1．字符输入流 Reader

Reader 类和 InputStream 类中的很多方法，无论声明还是功能都是一样的，但是也增加了两个方法,依次介绍如下：

（1）read()方法的格式如下：

```
public int read(Char[] target) throws IOException
```

该方法的作用是将流内部的数据依次读入字符数组对象中，实际读入的字符个数作为返回值返回。

（2）ready()方法的格式如下：

```
public boolean ready() throws IOException
```

该方法的作用是返回当前流对象是否准备完成，也就是流内部是否包含可以被读取的数据。

2．字符输出流 Writer

字符输出流体系是对字节输出流体系的升级，在子类的功能实现上基本和字节输出流保持一一对应。一般而言，该体系中的类执行效率要比字节输出流中对应的类效率高一些。在可能的情况下，应优先选择使用该体系中的类进行使用，从而提高程序的执行效率。

Writer 体系中的类和 OutputStream 体系中的类，在功能上是一致的，最大的区别就是 Writer 体系中的类写入数据的单位是字符，也就是每次最少写入一个字符（两个字节）的数据，在 Writer 体系中的写数据的方法都以字符作为最基本的操作单位。

Writer 类和 OutputStream 类中的很多方法，无论声明还是功能都是一样的，但是还是增加了一些方法，依次介绍如下：

（1）append()方法。将数据写入流的末尾。总计有 3 个方法，分别是：

① public Writer append(char c) throws IOException

该方法的作用和 write(int c)的作用完全一样，即将字符 c 写入流的末尾。

② public Writer append(CharSequence csq) throws IOException

该方法的作用是将字符序列对象 csq 写入流的末尾，在写入时会调用 csq 的 toString 方法将该对象转换为字符串，然后再将该字符串写入流的末尾。CharSequence 是一个接口类型，代表一个可读字符序列。此接口对许多不同种类的字符序列提供统一的只读访问。实现了该接口的常见类有 String、StringBuffer 和 StringBuilder。

③ public Writer append(CharSequence csq, int start, int end) throws IOException

该方法的作用和上面的方法类似，只是将转换后字符串从索引值为 start（包含）到索引值为 end（不包含）的部分写入流中。

（2）write()方法

除了基本的 write()方法以外，在 Writer 类中又新增了两个，分别是：

① public void write(String str) throws IOException

该方法的作用是将字符串 str 写入流中。写入时首先将 str 使用 getChars 方法转换成对应的字符数组，然后实现依次写入流的末尾。

② public void write(String str, int off, int len) throws IOException

该方法的作用是将字符串 str 中索引值为 off（包含）开始，后续长度为 len 个字符写入到流的末尾。

使用这两个方法可将字符串写入流的末尾。

6.4.2 字符流中的实体流和过滤流

和字节流类似，Java 在字符流中也提供了对应的实体流和过滤流，常见的实体流有：

- 字符文件流（FileReader/FileWriter）。
- 字符管道流（PipedReader/PipedWriter）。
- 字符数组流（CharArrayReader/ CharArrayWriter）。

它们分别对应着字节流中的字节文件流（FileInputStream/FileOutputStream）、字节管道流

(PipedInputStream/PipedOutputStream)和字节数组流(ByteArrayInputStream/ ByteArrayOutput Stream)。

这些对应的流之间的功能和使用方法基本类似,但在具体使用时要特别注意一些细微的差别,如，CharArrayWriter 的 writTo()方法定义如下：

```
void writeTo(Writer out)
```

而 ByteArrayWrite 的 writeTo()方法定义如下:

```
void writeTo(OutputStream out)
```

显然两者参数类型是不一样的。

常用的过滤流有：字符缓冲流（BufferedReader/ BufferedWriter），它对应着字节流中的字节缓冲流（BufferedInputStream/ BufferedOutputStream）。

在具体使用时需要注意，BufferedReader 和 BufferedWriter 除了实现 Reader 和 Writer 中提供的基本读/写方法外，还增加了对整行字符的处理。

在 BufferedReader 中提供了读取一行字符串的方法：

```
public String readLine() throws IOException
```

在 BufferedWriter 中提供了写入一个行分隔符的方法：

```
public void newLine() throws IOException
```

6.4.3 InputStreamReader 和 OutputStreamWriter

另外，为了让字节流和字符流相互转换，Java 还分别提供了 InputStreamReader 和 OutputStream Writer，前者主要负责将字节输入流转换成字符输入流，后者主要负责将字符输出流转换成字节输出流。这种类有时也称为“桥接类”，它们提供的方法主要有：

（1）构造方法。InputStreamReader 的构造方法有：

```
public InputStreamReader(InputStream in)
public InputStreamReader(InputStream in,String enc) throws UnsupportedEncoding
Exception
```

其中 enc 为字符编码方式，如 ISO8859-1、UTF-8、GBK 等。

OutputStreamReader 的构造方法有：

```
public OutputStreamWriter(OutputStream out)
public OutputStreamWriter(OutputStream out,String enc) throws Unsupported
EncodingException
```

（2）读入和写出。分别与 Reader 和 Writer 类同。

（3）获取当前编码方式：

```
public String getEncoding()
```

（4）关闭流：

```
public void close() throws IOException
```

6.4.4 使用示例

下面这个例子利用 InputStreamReader、BufferedReader、OutputStreamWriter 类实现键盘输入字符串，再输出到屏幕上。利用 CharArrayReader 类、CharArrayWriter 类实现存储器读/写操作。

【例 6-5】字符流应用：ReaderAndWriter.java。

```
import java.io.*;
public class ReaderAndWriter  {
```

```
    public static void main(String[] args) {
        char[] c1, c2;
        String str;
        CharArrayReader cin;
        CharArrayWriter cout;
        InputStreamReader sin= new InputStreamReader(System.in);
        BufferedReader in=new BufferedReader(sin);
        OutputStreamWriter out=new OutputStreamWriter(System.out);
        Try {
            System.out.print ("请输入一个字符串，按 Enter 结束: ");
            str=in.readLine();                  //读入一行字符串
            c1=str.toCharArray();               //将字符串转换成字符数组
            //创建一个字符数组输入流对象 cin，与数组对象 c1 相绑定
            cin=new CharArrayReader(c1);
            //常见一个字符数组输出流对象 cout
            cout=new CharArrayWriter();
            //将 c1 的内容写到 cout 中去
            while(cin.ready()) {
               cout.write(cin.read());
            }
            System.out.print("c2=");
            c2=cout.toCharArray();               //将 cout 中的数据写到字符数组 c2 中
            System.out.print (new String(c2)); //用字符数组创建字符串对象并打印
            System.out.print("\n 直接由 CharArray 输出: ");
            cout.writeTo(out);                   //将 cout 中的数据写入 out
            out.flush();                         //强制输出 cout 中的数据到屏幕
        }catch(IOException e) {
            System.out.println("I/O 错误! ");
        }
    }
}
```

输出结果为：

```
请输入一个字符串，按 Enter 结束: nice to meet you!↙
c2=nice to meet you!
直接由 CharArray 输出: nice to meet you!
```

从程序中可以看到，System.in 是字节流对象，为提高键盘输入的处理效率，通常同 InputStreamReader 类将其包装转换为字符流处理，然后再用 BufferedReader 进一步包装。CharArrayReader/CharArrayWriter 和 ByteArrayInputStream/ ByteArrayOutputStream 非常类似，但也存在细微的不同，如 CharArrayWriter 中的 writeTo()方法不能直接与 System.out 连接在一起，即不能直接将结果输出到屏幕上，而必须借助 OutputStreamWriter 来“桥接”。

6.5 文件处理

在计算机系统中，需要长期保留的数据通常是以文件的形式保存在磁盘、磁带等外部存储设备中的，因而文件操作是计算机程序中不可缺少的一部分。而目录是管理文件的特殊机制，同类文件保存在同一目录下可以简化文件的管理，提高工作效率。

6.5.1 File 类

File 类是用来管理目录和文件的类，每一个 File 类的对象都与某个目录或文件相联系（目录实际上也可以看做一种特殊的文件）。调用 File 类提供的一系列方法，可以方便地完成文件或目录的创建、删除、改名、获取相关信息等操作，从而实现管理文件和文件系统的有效管理。

另外，需要注意的是，File 类只是关于文件和目录路径名的抽象表示形式，只负责对文件或目录的常用管理操作，并没有涉及文件信息如何从文件中读取或向文件中写入的问题。而这一方面的工作，则需要由像 FileInputStream 与 FileOutputStream 这样的类具体负责。

下面是 File 类提供的常用方法。

（1）File 对象的构造方法。它的构造方法有 3 个，分别*：

```
public File(String path)
public File(String path,String name)
public File(File dir,String name)
```

在这里，path 是文件的路径名，name 是文件名，dir 是一个指定目录的 File 对象。

（2）文件名的处理。

String getName()：获取文件名。

String getPath()：获取文件路径。

String getAbsolutePath()：获取绝对路径字符串。

File getAbsoluteFile()：获取绝对路径名。

String getParent()：获取父目录的路径名字符串，若无则返回 null。

File getParentFile()：获取父目录的路径名，若无则返回 null。

boolean renameTo(File newName)：给文件对象重新命名。

（3）文件属性测试。

boolean exists()：判断该文件或目录是否存在。

boolean canWrite()：判断是否可写。

boolean canRead()：判断是否可读。

boolean isFile()：判断是否是文件。

boolean isDirectory()：判断是否是目录。

（4）普通文件信息和工具。

boolean equals(File f)：判断两个 File 类对象是否相同。

long lastModified()：得到文件最近一次修改的时间。

long length()：得到文件的长度，以字节为单位。

boolean delete()：删除当前文件或目录（若目录为空，即可删除）。

void deleteOnExit()：程序顺利结束时从系统中删除文件。

boolean createNewFile()：当文件不存在时创建文件。

boolean setReadOnly()：将文件设置为只读。

String toString()：将文件对象的路径转换为字符串返回。

（5）目录操作。

boolean mkdir()：创建一个目录，其路径名由此文件对象指定。

boolean mkdirs()：创建一个目录，其路径名由此文件对象指定并包括必要的父目录。

String[] list()：列出当前目录下的各个文件对象的名称。

File[] listFiles()：列出当前目录下的各个文件对象。

下面通过示例介绍如何通过 File 类来管理文件和目录。

【例 6-6】文件和目录管理：FileManager.java。

```
import java.io.*;
import java.util.Date;
public class FileManager {
    public static void main(String []args) {
        String filename="d:\\javapj\\example.java";
        File myfile=new File(filename);
        If (!myfile.exists() ) {
            System.err.println(filename+"未找到！ ");
            return;
        }
        If (myfile.isDirectory()) {  //该文件对象是否是目录
            System.err.println("文件对象"+myfile.getName()+"是目录！ ");
            File ds=new File("mydata");
            if(!ds.exists()) {
                ds.mkdir();                //创建新目录
                System.out.println("目录"+ds.getAbsolutePath()+"创建结束！ ");
            }
            return;
        }
        If (myfile.isFile()) {
            System.out.println("文件对象: "+myfile.getAbsolutePath());
            System.out.println("文件字节数: "+myfile.length());
            System.out.println("文件是否能读: "+myfile.canRead());
            System.out.println("文件是否可写: "+myfile.canWrite());
            Date fd=new Date(myfile.lastModified());
            System.out.println("文件上次修改时间:"+fd.toString());
        }
    }
}
```

输出结果为：

```
文件对象:d:\javapj\example.java
文件字节数:188
文件是否能读:true
文件是否可写:false
文件上次修改时间:Wed Mar 18 08:21:00 CST 2010
```

上述程序针对磁盘文件 d:\javapj\example.java 创建了文件对象 myfile，然后通过调用它的方法 isDirectory()来判断其是否为目录，若是目录，则在其下面新建一子目录 mydata，若 myfile 不是目录，则调用其一系列方法获取其文件大小、是否可读、是否可写以及最后修改时间等属性信息。

6.5.2 文件的顺序读/写

通过对 File 类的学习，可了解并掌握 Java 对目录和文件的管理，但 File 类不是流类，没法对文件内容的进行具体读/写操作，要完成对文件内容的读取和写入，通常需要使用 java.io 包中的相关流类，属于字节流的有 FileInputStream 和 FileOutputStream 类，属于字符流的有 FileReader 和 FileWriter 类。

1. 字节文件的读/写

利用字节文件输入输出流完成文件的读/写，首先要文件名或 File 对象创建输入输出流对象，然后从流对象中读/写数据。主要有两种方式。

（1）利用 FileInputStream 类和 FileOutputStream 类。这两个类直接从 InputStream 和 OutputStream 分别继承而来，没有做任何功能扩充，因此只能完成以字节为单位原始二进制数据的读/写。

在 FileInputStream 类和 FileOutputStream 类构造函数中，需要指定与所创建的输入/输出对象相连接的文件。当然，要构造一个 FileInputStream 对象，所连接的文件必须存在而且是可读的；构造一个 FileOutputStream 对象如果输出文件已经存在且可写，该文件内容会被新的输出所覆盖。

FileInputStream 类有 3 个构造函数：

public FileInputStream(String name)：参数 name 表示带路径的磁盘文件名。

public FileInputStream(File file)：参数 file 表示为磁盘文件所建的 File 对象名。

public FileInputStream(FileDescriptor fdObj)：使用 FileDescriptor 对象创建一个 FileInputStream 对象。

FileOutputStream 类的构造函数与 FileInputStream 类的基本相同，在此不再做介绍。

下面举个例子来说明直接利用文件输入/输出流类来进行文件信息的读/写操作：编写程序，使用 FileInputStream 类与 FileOutputStream 类复制文件。

【例 6-7】 文件的复制：CopyFile.java。

```
import java.io.*;
public class CopyFile  {
   public static void main(String[] args) {
      String file1,file2 ;
      int ch=0 ;
      file1="source.txt" ;
      file2="target.txt";
      try  {
         FileInputStream fis=new FileInputStream(file1);
         FileOutputStream fos=new FileOutputStream(file2);
         int size=fis.available();
         while((ch=fis.read())!=-1)  {
            //在屏幕上打印读到的内容，也可以用 System.out.print((char)ch);
            System.out.write(ch);
            fos.write(ch);
         }
         fis.close();
         fos.close();
      } catch(IOException e)  {
         System.out.println(e.toString());
      }
   }
}
```

FileInputStream 对象 fis 的 read()方法按字节对 readme.txt 文件进行读取，每次读取一个字节存入 ch 变量（int 型），再通过 FileOutputStream 对象 fos 的 write()方法将读取的 int 型的低字节部分顺序写入 target.txt 文件中。

对于文件较小的情况下，也可以不用以上循环结构来读取，可以直接根据文件字节数创建字节数组，使用 read(byte b[])方法读取文件内容到字节数组中，再进行处理。以下的代码实现了同样的功能：

```
int size=fis.available();
byte b[]=new byte[size];
fis.read(b);
fos.write(b, 0, b.length);
System.out.println(new String(b));
```

（2）配合其他过滤流完成文件的读/写操作。常与 FileInputStream 和 FileOutputStream 相配合的过滤流类是 DataInputStream 和 DataOutputStream，这两个流的对象均不能独立地实现数据的输入和输出处理，必须与其他输入流与输出流对象一起使用，才能实现不同类型数据的读/写。可以完成对格式数据的读/写。

DataInputStream 和 DataOutputStream 的构造函数：

```
public DataInputStream(InputStream in);
public DataOutputStream(OutputStream out);
```

如果要完成对文件中各种数据的读入，需要将一个文件输入流对象 fin 与一个格式输入流对象 in 相连，如下所示：

```
FileInputStream fin=new FileInputStream("source.dat");
DataInputStream in=new DataInputStream(fin);
```

如果要完成将各种数据的写入，需要将一个文件输出流对象 fout 与一个格式输出流对象 out 相连，如下所示：

```
FileOutputStream fout=new FileOutputStream("target.dat");
DataOutputStream out=new DataOutputStream(fout);
```

接下来就可以使用格式输入/输出流对象的常用方法读/写数据了。

下面示例为使用 DataInputStream 类和 DataOutputStream 类读/写格式文件。

【例 6-8】结合数据流完成文件内容的读/写：FdataInOut.java。

```
import java.io.*;
public class FdataInOut {
    public static void main(String[] args) {
        String file="student.dat";
        Student s1=new Student(10, "Lisi", 17, 'B', true);
        Student s2=new Student(11, "Zhansan",16, 'A',true);
        Try {
            FileOutputStream fo=new FileOutputStream(file);
            DataOutputStream out=new DataOutputStream(fo);
            out.writeInt(s1.sid);  //写入
            out.writeUTF(s1.name);
            out.writeInt(s1.age);
            out.writeChar(s1.grade);
            out.writeBoolean(s1.sex);
            out.writeInt(s2.sid);
            out.writeUTF(s2.name);
            out.writeInt(s2.age);
```

```
            out.writeChar(s2.grade);
            out.writeBoolean(s2.sex);
            out.close();
            fo.close();
            System.out.println("文件: "+file+"创建完毕! ");
            System.out.println("开始读取文件内容:");
            FileInputStream fi=new FileInputStream(file);
            DataInputStream in=new DataInputStream(fi);
            for(int i=1;i<=2;i++){  //读取文件内容
               int sid=in.readInt();
               String sname=in.readUTF();
               int age=in.readInt();
               char grade=in.readChar();
               boolean sex=in.readBoolean();
               System.out.println(sid+"\t"+sname+"\t"+age+"\t"+grade+"\t"+sex);
            }
            in.close();
            fi.close();
         }catch(IOException e) {
            System.out.println(e.toString());
         }
      }
}
class Student  {
   int sid;
   String name;
   int age;
   char grade;
   boolean sex;
   public Student()  {
      this.sid=0;
      this.name="未知";
      this.age=0;
      this.grade='C';
      this.sex=true;
   }
   public Student(int sid,String name,int age,char grade,boolean sex){
      if  (sid>0) this.sid=sid;
      this.name=name;
      this.age=age;
      this.grade=grade;
      this.sex=sex;
   }
}
```

输出结果为：

```
文件:student.dat 创建完毕!
开始读取文件内容:
10  Lisi  17  true
10 ZhanSan 16 A true
```

在该例子中，先创建了两个 Student 类的对象 s1、s2，然后将对象的信息写入 student.dat 文件，最后再读出 student.dat 文件的内容显示在屏幕上。

2. 字符文件的读/写

FileReader 和 FileWriter 用于读取文件和向文件写入字符数据。其构造方法与 FileInputStream 和 FileOutputStream 的情形基本一致。

FileReader 和 FileWriter 类的成员方法是直接从父类 Reader 类和 Writer 类中继承的，下面通过示例来说明其应用。

【例 6-9】复制文件：CopyFile.java。

```
import java.io.*;
public class CopyFile  {
  public static void main(String[] args) {
      String temp;
      File sourceFile, targetFile;  //创建 File 对象
      BufferedReader source;
      BufferedWriter target;
      try  {
         InputStreamReader isr=new InputStreamReader(System.in);
         BufferedReader in=new BufferedReader(isr);
         System.out.print("请输入来源文件路径: ");
         sourceFile=new File(in.readLine());
         source=new BufferedReader(new FileReader(sourceFile));
         System.out.print("请输入目的文件路径: ");
         targetFile=new File(in.readLine());
         target=new BufferedWriter(new FileWriter(targetFile));
         System.out.print("确定要复制? (y/n) ");
         if  ((in.readLine()).equals("y"))  {
              while((temp=source.readLine())!=null)  {
                  target.write(temp);
                  target.newLine();
                  target.flush();
              }
              System.out.println("复制文件完成! ");
          }else  {
              System.out.println("复制文件失败! ");
              return;
         }
         isr.close();
         in.close();
      }catch(IOException e)  {
          System.out.println("I/O 错误! ");
      }
  }
}
```

输出结果为：

```
请输入来源文件路径: source.txt↙
请输入目的文件路径: target.txt
确定要复制? (y/n) y↙
复制文件完成!
```

程序运行的结果是将 source.txt 复制到 target.txt 中。程序中使用了 FileReader 类输入流套接

BufferedReader 类、FileWriter 类输出流套接 BufferedWriter 类的策略，加快了复制文件的速度。

6.5.3 文件的随机访问

至此，已经介绍了 Java 用于文件读/写的一些类，所涉及的读/写方式都属于顺序存取即只能从文件的起始位置向后顺序读/写。对于普通顺序读/写的文件来说，利用这些类已经足够完成任务了。而在许多情况下，人们想获取文件中的一部分数据，又觉得从头到尾读取整个文件比较麻烦。Java 语言提供了一个功能强大的文件随机读取的类 RandomAccessFile，可以对文件进行随机读/写操作，实现从一条记录任意跳转到另外一条记录，进行读取和修改。

与 Java 中大部分的输入/输出流类不同，完成随机文件读/写的类没有针对输入、输出对应出现两个相应的类，仅使用一个 RandomAccessFile 类来完成，它由 java.lang.Object 直接继承而来。所以 RandomAccessFile 类的对象既可以用于数据输入，也可以用于数据输出。

（1）RandomAccessFile 的构造函数。RandomAccessFile 类提供了两个构造函数：

```
public RandomAccessFile(File file,String mode) throws FileNotFoundException
public RandomAccessFile(String name,String mode) throws FileNotFoundException
```

上述构造方法中，第 1 个参数用于指定目标文件，第 2 个参数 mode 用于指定操作模式，重用的操作模式有两种：取值为“r”，是以只读方式打开文件；取值为“rw”，是以读/写方式打开文件。例如，下面以只读方式打开当前日录下 student.dat 文件：

```
RandomAccessFile rf=new RandomAccessFile("student.dat","r");
```

接下来以读/写方式打开 d:\javapj\mydata.dat 文件：

```
File f1=new File("d:\\javapj\\mydata.dat");
RandomAccessFile rwf=new RandomAccessFile(f1,"rw");
```

（2）RandomAccessFile 类指针控制方法。在创建 RandomAccessFile 类对象的同时，系统自动创建了一个指向这个文件开头的指针，当执行一次读/写操作后，指针自动指向被读/写数据之后的第一个字节处。指针初始值是 0，每读/写一个字节，指针自动增加 1。RandomAccessFile 类提供了一些控制指针移动的方法。

```
public long getFilePointer() throws IOException
```

返回此文件中的当前偏移量。

```
pulbic void seek(long pos) throws IOException
```

将文件指针移动到 pos 指定的位置，以字节为单位。

```
public int skipBytes(int n) throws IOException
```

文件指针从当前位置向后移动 n 个字节位置，并返回指针实际移动的字节数。

（3）RandomAccessFile 类读/写数据的常用方法。RandomAccessFile 类直接继承自 Object 类，并且实现了 DataInput 和 DataOutput 两个接口。因此，它与前面讲述的 DataInputStream 类和 DataOutputStream 类一样，具备读/写 Java 的基本数据类型和 Unicode 编码字符串的相同功能，读/写数据所用的方法与这两个类相似。如 readInt()方法读取一个 int 型数，writeInt(int v)方法写入一个 int 型数。readUTF()和 writeUTF(String str)可以按 UTF-8 编码读/写一个字符串，等等。

该类中还提供了一个 readLine()方法，用于文本文件的读取，可以一次读取文件的一行，文件指针自动移到下一行开始位置，行的结束标记使用回车换行符。readLine()方法的结果以字符串形式返回。

除此之外，RandomAccessFile 类还包括其他一些常用的方法，如：

```
public void close() throws IOException
```

作用为关闭输入/输出流。

```
public long length() throws IOException
```

作用为获取文件的长度。

下面通过两个示例来说明其应用。

【例 6-10】随机读取文件中的字符信息：Readtext.java。

```
import java.io.*;
public class Readtext {
    public static void main(String[] args) {
        String str1;
        char ch1;
        int n;
        try {
            File mytxt=new File("read.txt");
            RandomAccessFile ra=new RandomAccessFile(mytxt, "rw");
            ra.write("This is the first sentence".getBytes());
            ra.write("\r\n".getBytes());
            ra.write("Java Program Design".getBytes());
            ra.write("\r\n".getBytes());
            ra.seek(0);
            str1=ra.readLine();
            System.out.println(str1);
            ra.seek(18);
            System.out.println(ra.readLine());
            ra.close();
        } catch(IOException e) {
            System.out.println(e.toString());
        }
    }
}
```

输出结果为：

```
This is the first sentence
Sentence
```

而生成的 read.txt 中的内容为：

```
This is the first sentence
Java Program Design
```

下面这个示例利用 RandomAccessFile 实现记录的随机访问。

【例 6-11】文件记录的随机访问：RaFile.java。

```
import java.io.*;
public class RaFile {
    public static void main(String[] args) {
        Student s[]=new Student[4];
        s[0]=new Student("zhangsan",17,false);
        s[1]=new Student("lisi",18,true);
        s[2]=new Student("wangwu",20,true);
```

```
        s[3]=new Student("zhaoliu",19,false);
        try{
        RandomAccessFile ra=new RandomAccessFile("student.dat","rw");
        for(int i=0;i<4;i++) {              //将 4 个学生信息写入文件
              ra.writeBytes(s[i].name);  //将字符串按字节写入
              ra.writeInt(s[i].age);
              ra.writeBoolean(s[i].sex);
           }
           System.out.println("随机文件字节数: "+ra.length());
           ra.seek(0);                      //文件指针指向开始位置
           System.out.println("第一条学生记录: ");
           byte b[]=new byte[8];
           ra.read(b);
           int age=ra.readInt();
           boolean sex=ra.readBoolean();
           System.out.println(new String(b)+"\t"+age+"\t"+sex);
           ra.skipBytes(13);               //访问第三个记录
           System.out.println("移动后指针位置: "+ra.getFilePointer());
           ra.read(b);
           age=ra.readInt();
           sex=ra.readBoolean();
           System.out.println(new String(b)+"\t"+age+"\t"+sex);
           ra.close();
        }catch(IOException e)  {
           System.out.println(e.toString());
        }
    }
}
class Student{                                    //学生类的定义
    String name;
    int age;
    boolean sex;
    Student(String name,int age,boolean sex)  {
        If  (name.length()>8){
          name = name.substring(0,8);  //超过 8 个字符时，取前 8 个
       }else  {
       while(name.length()<8)
             name=name+"\u0000";         //不足 8 位，补足
       }
       this.name=name;
       this.age=age;
       this.sex=sex;
    }
}
```

输出结果为：

```
随机文件字节数: 52
第一条学生记录:
Zhangsan    17    false
```

```
移动后指针位置: 26
wangwu        20   true
```

在以上两个示例中，使用 RandomAccessFile 类的常用方法完成对随机文件的读/写。要注意在后一个示例中，对于在随机文件中字符串的写入，是通过 RandomAccessFile 类的 writeBytes(String str)方法将字符串按字节方式写入文件的。

小　结

（1）异常处理是保证程序健壮性和容错能力的重要手段。Java 语言按照面向对象的方法来处理异常，通过引入异常类来表示异常情况，可以充分发挥类的可扩展性和可重用性的优势，对异常情况进行合理的分类和充分的说明。Java 还提供了相应的语法结构使得异常代码和正常代码分离，简化了程序结构，提高了程序可读性和可维护性。

（2）异常的处理包括 3 个方面：抛出异常、捕获异常和声明异常。抛出异常是在异常发生时刻由 Java 虚拟机抛出或者发生异常的程序利用 throw 语句抛出，捕获异常是利用 try-catch-finally 来捕获并在相应的 catch 子句中具体处理。若对应的方法无法对某类型异常进行处理，可以在方法头中利用 throws 子句声明异常，以在异常发生时将异常对象转交给该方法的调用者去处理。

（3）Java 内置了许多异常类，每个异常类都代表了一类运行错误情形，包含相关异常类型信息和发生异常时的系统状态信息等内容，并对异常按层次结构进行分类和组织，便于异常发生时针对不同情况具体处理。当 Java 提供的异常类不够用时，还可以根据实际情况自定义异常。通常自定义的异常继承自 Exception 类。

（4）Java 中数据的输入与输出主要是通过流类实施的，根据数据的传输方向的不同，分为输入流和输出流，根据数据的传输单位的不同，分为字节流和字符流，流类往往成对出现。

（5）字节流中，Java 提供了 InputStream 和 OutputStream，它们分别为所有字节输入流类和字节输出流类的共同祖先；字符流中，Java 提供了 Reader 和 Writer，它们分别为所有字符输入流类和字符输出流类的共同祖先。这 4 个流类都是抽象类，因而不能直接创建它们的对象，其作用主要为定义各自类型的流类共同需要的操作方法。

（6）如果一个流直接与外部数据相连接，则称之为实体流，常见的外部数据有文件、内存和管道，另外，为增强已有流类的处理能力，Java 还提供了一系列的过滤流，常见的过滤流有数据流、缓冲流和打印流。另外，Java 还提供了字节流和字符流之间“桥接流”：InputStreamReader 和 OutputStreamWriter。

（7）为便于对文件和目录的管理，Java 专门提供了 File 类，但该类只是关于文件和目录路径名的抽象表示形式，并不直接负责文件内容的读/写问题。文件内容的读/写可以借助 FileInputStream/FileOutputStream 以及 FileReader/FileWriter 来完成，借助 RandomAccessFile 实现文件数据的随机读/写。

思考与练习

一、选择题

1. 如果要抛出异常，应用（　　）子句。

A. catch　　B. throw　　C. try 0　　D. finally

2. 当方法遇到异常又不知道如何处理时，正确的做法是（　　）。

A. 捕获异常　　B. 抛出异常　　C. 声明异常　　D. 嵌套异常

3. 所有的异常类都继承自（　　）类。

A. java.io.Exception　　B. java.lang.Throwable

C. java.lang.Exception　　D. java.lang.Error

4. 对于 Catch 子句的排列，正确的是（　　）。

A. 父类在先，子类在后　　B. 子类在先，父类在后

C. 只能使用子类异常　　D. 有继承关系的异常不能在同一个 try 程序段内

5. 下列选项属于字符流的有（　　）。

A. ByteArrayOutputStream　　B. DataOutputStream

C. InputStreamReader　　D. OutputStream

6. 为实现多线程之间的通信，需要使用（　　）才合适。

A. FilterStream　　B. FileStream

C. RandomaccessStream　　D. PipedStream

7. 下列 InputStream 类中（　　）方法可以用于关闭流。

A. skip()　　B. close()　　C. mark()　　D. reset()

8. 能够正确创建一个 InputStreamReader 实例的语句是（　　）。

A. new InputStreamReader(new FileInputStream("data"));

B. new InputStreamReader(new FileReader("data"));

C. new InputStreamReader(new BufferedReader("data"));

D. new InputStreamReader("data");

9. 可以正确创建一个 RandomAccessFile 实例的语句是（　　）。

A. RandomAccessFile("data", "r");　　B. RandomAccessFile("r", "data");

C. RandomAccessFile("data", "read");　　D. RandomAccessFile("read", "data");

10. 如要读取大文件的中间一段内容，最好采用（　　）来操作。

A. FilterStream　　B. FileStream

C. RandomaccessStream　　D. PipedStream

二、填空题

1. Java 中的异常对象分为________或________两类，前者的对象不会被 Java 应用程序捕获和抛出。

2. 异常不处理，而是在方法的声明之中声明抛出，用________子句来完成。

3. 抛出异常对象用________子句来完成。

4. 以字节方式对文件进行读/写的流是________和________。

5. Java 中，Reader 和 Writer 是以________为读/写单位的输入/输出流的基类。

6. RandomAccessFile 所实现的接口是________和 DataOutput。

三、问答题

1. 什么是异常？为什么要进行异常处理？

2. Error 与 Exception 类有何不同？
3. 什么是抛出异常？如何抛出异常？
4. 什么是流？根据流的方向，流可以分为哪两种？
5. 什么是字节流和字符流，它们对应的基础抽象类分别是什么？
6. 使用缓冲区输入/输出流的好处是什么？

四、程序分析题

1. 试写出下面程序的执行结果。

```
public class Test {
    public static void aMethod() throws Exception {
        try {
            throw new Exception();
        } finally {
            System.out.println("finally");
        }
    }
    public static void main(String args[]) {
        try {
            aMethod();
        } catch (Exception e) {
            System.out.println("exception");
        }
        System.out.println("end");
    }
}
```

2. 试写出下面程序的执行结果。

```
class Exception1 extends Exception{}
class Exception2 extends Exception{}
class Exception3 extends Exception{}
public class Test {
    public static void main(String[] args) {
        int i=8;
        if (i>0)
            try {
                if (i>0)
                    throw new Exception1();
                else if (i==0)
                    throw new Exception2();
                else if (i<0)
                    throw new Exception3();
            }catch(Exception1 e){
                System.out.println("Exception1");
            }catch(Exception2 e){
                System.out.println("Exception2");
            }catch(Exception3 e){
                System.out.println("Exception3");
            }
        System.out.println("end.");
```

```
    }
}
```

3. 试写出下面程序的执行结果。

```
class Excp1 extends Exception{}
class Excp2 extends Excp1{}
public class ExceptionExam  {
   public static void main(String[] args)  {
      try  {
         test();
      }catch(Exception e)  {
         System.out.println(e);
      }
   }
   static void test() throws Exception  {
      try  {
         throw new Excp2();
      }catch(Excp2 e)  {
         System.out.println("catch1");
         throw new Excp1();
      }catch(Excp1 e)  {
         System.out.println("catch2");
         throw new Exception();
      }catch(Exception e)  {
         System.out.println("catch3");
      }finally  {
         System.out.println("finally");
      }
   }
}
```

4. 下列程序能否捕获到异常?

```
public class Exception  {
   public static void main(String[] args)  {
      int c[]={1,2,3,4},sum=0;
      try  {
         for(int i=0;i<5;i++) sum=sum+c[i];
         System.out.println("sum"+sum);
      }catch(ArrayIndexOutOfBoundsException e)  {
         System.out.println(e);
      }
   }
}
```

5. 写出下列程序实现的功能。

```
import java.io.*;
public class  TestFile  {
   public static void main(String args[]) throws Exception {
      BufferedReader br=
         new BufferedReader(new InputStreamReader(System.in));
      BufferedWriter bw=new BufferedWriter(new FileWriter("input.txt"));
      String s;
      while(true) {
```

```
            System.out.print("请输入一个字符串:  ");
            System.out.flush();
            s=br.readLine();
            if (s.length()==0) break;
            bw.write(s);
            bw.newLine();
        }
        bw.close();
    }
}
```

五、程序填空题

1. 请填充完成下面的程序。

```
class Exception1 extends Exception{}
class Exception2 extends Exception1{}
public class Test  {
    public static void main(String[] args)  {
        try  {
            throw new Exception();
        }catch( ________  e)  {
         System.out.println(e);
        }catch( ________  e)  {
         System.out.println(e);
        }catch(Exception e)  {
         System.out.println(e);
        }
    }
}
```

2. 请填充完成下面的程序。

```
import java.io.*;
public class StdIn  {
    public static void main(String[] args) ________ IOException  {
        char c;
        System.out.println("输入一个字符");
        c=( ________ )System.in.read();
        System.out.println("输出的字符是: "+c);
    }
}
```

3. 下列程序段的功能是：不断从键盘输入数据，并显示在屏幕上，直到用户键入“e”。请填充完成。

```
import java.io.*;
public class DataIODemo  {
    public static void main(String[] args)throws Exception  {
        char c;
        BufferedReader br=new
                BufferedReader(new ________ (System.in));
        System.out.println("please enter characters, util 'e'");
        Do  {
          c=( ________ )br.read();
        }while(c!='e');
    }
}
```

4. 下面这个程序段的功能是：分别用小写和大写字母打印“abc”。请填充完成。

```
import java.io.*;
public class DataIODemo  {
    public static void main(String[] args)throws Exception  {
        String tmp="abc";
        byte[] b=tmp.getBytes();
        ByteArrayInputStream in = new ByteArrayInputStream(b);
        for(int i=0; i<2; i++)  {
            int c;
            while((c=in.read())!= ________ )  {
                if (i==0){
                    System.out.print((char)c);
                }else  {
                    System.out.print(Character.toUpperCase((char)c));
                }
            }
            System.out.println();
            in.________();
        }
    }
}
```

5. 请填充完成下面的程序。

```
import java.io.*;
public class pipedstream  {
    public static void main(String[] args) throws IOException  {
        byte aByteData1=123, aByteData2=111;
        PipedInputStream pis=new PipedInputStream();
        PipedOutputStream pos=new PipedOutputStream(________);
        System.out.println("PipedInputStream");
        Try  {
            pos.write(aByteData1);
            pos.write(aByteData2);
            System.out.println((byte)pis.read());
            System.out.println((byte)pis.read());
        } finally {
            pis.close();
            ________;
        }
    }
}
```

六、程序设计题

1. 编程捕获空指针异常。
2. 编写一个程序，从键盘输入一串字符，统计这串字符中英文字母、数字、其他符号的字符数。
3. 编写一个程序，在当前目录下创建一个子目录 test，在这个新创建的子目录下创建一个文件，并把这个文件设置成只读。
4. 编写一个程序，实现复制文件 test.txt 中的所有内容到 test1.txt 中。
5. 分别把一个 double 型和 boolean 型的变量写入一个文件，然后读取此文件内容并在显示器上输出。

第7章　多　线　程

引言

一般来说，当运行一个应用程序时，就启动了一个进程（Process），当然有些会启动多个进程。启动进程时，操作系统会为进程分配资源，其中最主要的资源是内存空间，因为程序是在内存中运行的。而一个进程又是由多个线程所组成的，线程（Thread）是程序中的一个执行流，每个线程都有自己的专有寄存器（栈指针、程序计数器等），但代码区是共享的，即不同的线程可以执行同样的函数。多线程是指程序中包含多个执行流，即在一个程序中可以同时运行多个不同的线程来执行不同的任务，也就是说允许单个程序创建多个并行执行的线程来完成各自的任务。

多线程（MulTithreading，MT）技术允许一个程序同时运行多个任务。应用多线程可以提高程序的反应速度、增强交互反应并能提高 CPU 的运行效率。Java 可以通过利用线程库，简单方便地写出多线程程序。本章将介绍编写 Java 线程的两种方式，以及线程的控制与同步和线程间的通信，并介绍一个综合实例以说明多线程编程方式。

学习目标

通过对本章内容的学习，应该能够：

- 了解多线程的概念以及多线程竞争中死锁的概念。
- 理解线程状态的生命周期，线程的优先级别和线程的同步和通信。
- 掌握如何通过扩展 Thread 类和实现 Runnable 接口编写线程的两种方式，掌握在代码中如何应用线程同步和如何避免死锁，并能够在实践中灵活运用。
- 通过学习本章提供的案例，学会分析基于多线程编程的思路和方法，能够从案例中获取多线程同步与互斥以及多线程通信编程相关的经验。

7.1　进程与线程

在两个以上的处理要同时运行（例如并行计算、多任务）的场合中，计算机可以对处理进行分割、并指定同时运行的部分，这时计算机处理的分割单位为进程和线程。进程为了能够运行、需要独立占用一定的 CPU 和内存空间资源。而在多数情况许多处理可以共享一部分资源，而使用进程却不能共享资源，因此引入了线程。同一进程内的多个线程可以共享进程资源，节省了多进程间切换的开销，提高 CPU 的运行效率。

7.1.1　进程的概念

进程是静态程序在信息处理过程中的一个动态实体，包含了所有变量和其他状态等。多任务操作系统中，为了让多个进程能并发处理，在进程间进行上下文切换。进程是操作系统中分配 CPU、内存、外存资源的基本单位。

1．进程的构成

操作系统为了让进程间相互切换而不引发系统障碍（例如死锁、系统抖动），设计了隔离进程，为进程分配必要的资源。并且，操作系统准备了进程间通信的机制以让进程能够安全地进行通信。

一般来说，进程由以下资源构成：

（1）对应于程序的运行命令的映像。

（2）内存（通常包括实内存和虚拟内存）中装载了运行程序与进程固有的数据。

（3）分配给进程的资源描述符。例如，文件描述符（UNIX 系统中）、文件句柄（Windows 系统中）等。

（4）安全属性。进程的所有者、进程相关的权限信息等。

（5）处理机状态（上下文）。寄存器的内容、物理内存的地址等。上下文在进程运行时保存在寄存器中、非运行时保存在内存里。

2．进程的分类

进程根据它发挥的作用可以分为实现操作系统功能的系统进程以及使用用户权限运行的用户进程。根据其程序部分的性质可以分为以下几类：

（1）可再配置程序。在把进程的程序段从辅助存储装置读入主存储装置时，可以从主存储的任何位置读入均能运行的程序。此类程序在指定地址时，使用进程的开始地址的相对位置来表示即可。

（2）可再使用程序。在主存被读入并运行完的程序，可以不用再次读入主存而再次运行的程序。

（3）可递归使用程序，即可以调用自身的程序。

（4）可再入程序。一个能被多个用户同时调用的程序称做可再入的程序。可再入程序必须是纯代码，就是说程序段和数据段分别存储在不同的存储区域，可以共有程序段。同时调用的进程，需要准备各自的数据部分。可再入程序肯定是可递归和可再使用程序。

7.1.2　线程的概念

线程（thread）是 CPU 处理的基本单位，但不独立分配资源。和进程相比较，线程在程序运行时的上下文信息达到最小，线程间的切换会快许多，因此线程也被称为轻量级进程。线程是 thread of execution（运行的脉络）的省略。

从编程的观点来看，应用程序处理中线程很多时候不是只有一个，比如说要同时处理多个客户的通信，就必须有多个线程负责和不同的客户进行通信，并且还会有一个线程负责监听是否有新的客户请求。如果用单线程实现，可以采用信号或者时钟中断的方法进行编码，也可以采用多个进程，通过进程间通信来协调运行。但是，首先进程间切换代价很高，并且信号或中断处理会导入与原本的算法没有关系的多余编码。而多线程程序设计会简化这些处理而让程序设计者能专注于原本的算法，程序的结构也会得到改善。

通过使用线程，可以让在同一进程内的多个线程能够在同一内存空间运行，大幅度地减少内存的使用。但是，正因为同一个数据可能会同时被多个线程改写引发问题，所以在编写多线程处理的程序时，要注意同步与互斥问题。特别是在使用共享库（动态链接库）时，需要特别注意共享库是否是线程安全程序（即可再入程序），再进行程序设计。

1. 用户线程和内核线程

在用户空间实现的线程称做用户线程。用户线程的切换由所属进程的线程时刻表决定。这种方式开销小、并且实现简单。但是会导致在同一个进程内的多个线程只能有一个运行，不能享受多处理机系统的好处。而且如果其中有一个线程进入到阻塞状态，整个进程就会进入阻塞状态。

在内核空间实现的线程称做内核线程。内核线程的切换由内核决定，因此在多处理机系统同一进程内的多个线程可以并行处理，并且其中任一线程阻塞，其他线程可以继续运行。但是，内核线程只是共享用户空间的资源，而内核空间的资源是独占的，所以从进程管理方面看，内核线程几乎与进程没什么改变，开销也与进程差不多。并且，如果内核管理所有线程，系统可以生成的线程数的上限也会变得非常严格。

2. 轻量级进程

轻量级进程（Light Weight Process，LWP）也是在内核实现的多线程并行的机制，在多处理机环境可以运行一个进程中的多个线程。内核线程和轻量级进程统称为本地线程（Native Thread）。

LWP 综合了用户级和内核级线程两种方式，是 Solaris、SVR4.2MP 引入的线程机制。编程时不管生成多少个线程，能并行处理的线程最多只能达到 CPU 的个数。所以内核线程通过内核管理所有线程的方式消耗和浪费的资源就太大。因此，采用内核管理 LWP 运行对象，而 LWP 选择适当的用户线程运行的方式。每个进程的 LWP 个数上限是被设定的（为处理器个数），这样浪费的资源就会比较少。用户线程生成的上限是在内存等资源的限度内，并且用户线程间的切换是在用户空间进行，切换开销在用户线程和内核线程之间。

Java 语言在设计的初期就引入了多线程的概念，使用 Java，能比较容易地进行多线程的同步和通信协作。Java 程序开始运行时，Java 虚拟机生成一个新的线程，由这个线程运行 main()方法，这个线程称为 main 线程，main()方法运行完毕返回后，main 线程也随之消亡。在 main 线程运行过程中，可以生成新线程，而新生成的线程又可生成其他的线程。而除 main 线程外，其他的线程的运行主体为线程所属对象的 run()方法，随着 run()方法运行结束，该线程也会结束。

要注意的是，main 线程与程序的结束之间没有关系，即使 main 线程很早就结束了，但只要程序中还有其他线程没有消亡，程序就没有结束。

7.2 线程的创建

在 Java 语言中，线程表现为线程类 Thread，在 Thread 类中提供了线程需要的所有操作与控制方法。生成线程的方法有两种：一种是通过继承（Extends）java.lang.Thread 类的方法生成，另一种是通过实现（implements）java.lang.Runnable 接口的方法来生成。本节对两种方法进行说明。

7.2.1 继承 Thread 类

利用继承 Thread 类的方法生成和运行新的线程，按照以下顺序进行：

（1）编写继承 Thread 类的 class。

（2）在这个 class 中声明 run()方法。

（3）生成此 class 的实例对象。

（4）调用实例对象的 start()方法。

以下是使用这种方法的程序。例 7-1 是两个同时进行计数处理线程的运行程序。

【例 7-1】通过继承 Thread 类实现线程计数程序 CountDownThread.java。

```
class CountDownThread extends Thread {  //声明继承 Thread 类
    private String name;
    public CountDownThread(String name) {
        this.name=name;
    }
    public void run() {
        for (int i=3;i>=0;i--) {
            try {
                sleep(1000);
            } catch (InterruptedException e) {}
            System.out.println(name+" : "+i);
        }
    }
   public static void main(String[] args) {
       CountDownThread t1=new CountDownThread("thread 1");  //生成线程对象
       CountDownThread t2=new CountDownThread("thread 2");  //生成线程对象
       t1.start(); //启动线程
       t2.start();
   }
}
```

在例 7-1 中，第一行的 CountDownThread 类声明时，继承了 Thread 类。在类的 run()方法中，描述了需要在新的线程中运行的处理。这里的处理使用了 for 循环进行减计数。在 run()方法中使用的 sleep()方法是 Thread 类的 static()方法。Sleep()方法的功能是让现在运行的线程休眠指定的时间。此程序每进行一次减计数会休眠 1000ms（1s）。

为了使用线程，必须生成线程对象。程序中分别生成了两个名字不同的线程对象。最后调用线程对象的 start()方法，启动线程。在这里注意不是调用 run()方法而是调用 start()方法。如果直接调用 run()方法，在 run()方法中的处理程序会运行，但是会和普通的方法调用一样，新的线程并没有启动。没有启动新的线程，线程间就不会竞争运行。而通过调用 start()方法、启动了新的线程，新线程会自动调用 run()方法。

7.2.2　实现 Runnable 接口

通过实现 Runnable 接口运行新的线程，按照以下的顺序进行。

（1）编写实现 Runnable 接口的类。

（2）在这个类中实现 run()方法。

（3）生成这个类的实例。

（4）把这个实例作为构造方法的参数生成 Thread 类的对象。

（5）调用此 Thread 类的对象的 start()方法。

和继承 Thread 类的方法相比较，流程稍微多了一些。前面的 CountDownThread.java 可以改写为例 7-2。

【例 7-2】通过实现 Runnable 接口实现线程计数程序 CountDownTest.java。

```
public class CountDownTest implements Runnable {
    private String name;
    public CountDownTest(String name) {
        this.name=name;
    }
    public void run() {
        for(int i=3;i>=0;i--) {
            try {
                Thread.sleep(1000);
            } catch (InterruptedException e) {}
            System.out.println(name+" : "+i);
        }
    }
    public static void main(String[] args) {
        CountDownTest cdt1=new CountDownTest("thread 1");
        CountDownTest cdt2=new CountDownTest("thread 2");
        Thread t1=new Thread(cdt1);
        Thread t2=new Thread(cdt2);
        t1.start();
        t2.start();
    }
}
```

在实现 Runnable 接口的类中必须定义的方法只是 run 方法。在 run 方法中和继承 Thread 时一样，描述其在线程运行的处理。此程序的 run 方法几乎和前面程序一样，只是因为 sleep 方法是 Thread 类的方法，所以使用了不同的方式。

运行实现了 Runnable 接口的新线程，在生成实现 Runnable 接口的类的实例之后，还必须生成 Thread 类的对象。在生成 Thread 类的对象时，必须指定构造方法的参数为实现 Runnable 接口的类的实例。程序如下所述：

```
CountDownTest cdt1=new CountDownTest("thread 1");
  Thread t1=new Thread(cdt1);
  t1.start();
```

7.2.3 两种创建方式的比较

使用继承 Thread 类的方法，实现起来确实比较简单。但是如果仅仅是为了改变一些处理方法，并不改变线程本身的性质，只通过覆盖 run 方法就可以达到目的，因此采用继承 Thread 类的方法是不恰当的，也不太符合类的扩展原则。此时应该使用实现 Runnable 接口的方法。

另外，因为 Java 不支持多重继承，在设计的类需要扩展其他类的时候，需要使用实现 Runnable 接口的方法。而一般来说，在类的设计中需要改变 run 以外的方法的处理时使用继承 Thread 的方法。

7.2.4 线程的生命周期

在一个线程的生命周期中，它总处于某一种状态中，Java 线程从创建开始到消亡会经历几个状态。线程状态迁移图如图 7-1 所示。

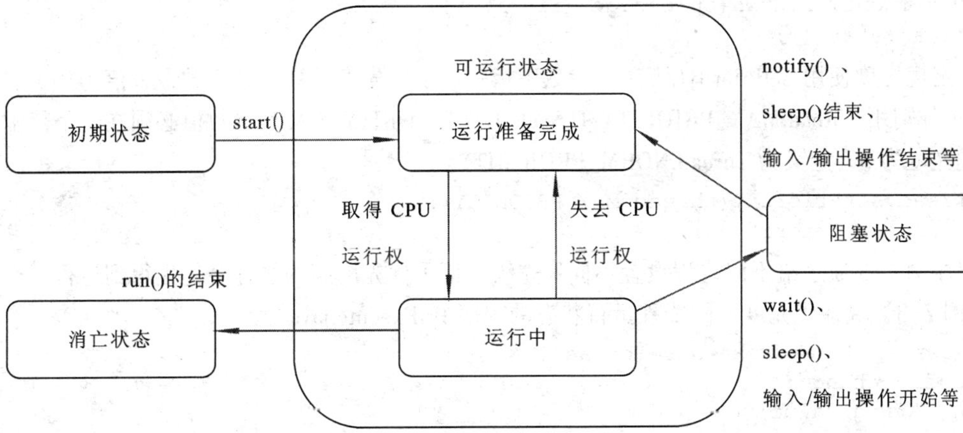

图 7-1 线程状态迁移图

1. 初期状态

通过 new 创建了新线程对象的状态。但是，此状态线程还未启动，通过调用 start 方法启动线程，转移到可运行状态。

2. 可运行状态

线程开始运作的状态。这个状态进一步可分为运行中和运行准备完成两种状态。运行中是获得 CPU 运行权运行处理的状态。通常单 CPU 处理机，在一个时点只能运行一个线程，这时其他可运行状态的线程就处在运行准备完成状态，等待获取 CPU 运行权。

3. 阻塞状态

对磁盘的读人输出操作、线程的互斥控制以及同步处理等，线程会在一定时间进入阻塞状态。阻塞状态的原因解除后会回到可运行状态。

4. 消亡状态

线程处理完成的状态。已经消亡的线程，是不能再次运行的。需要注意的是，在线程消亡的时候，线程所属的线程对象却不一定消亡。

7.3 线程的调度与同步机制

多个线程进行相互之间没有影响的处理时，不必特别意识到线程之间的关系。但是如果多个线程对同一个对象进行操作、互相之间协作处理的时候，就必须注意线程间的相互作用，因此需要对多个线程进行调度、互斥处理，并对需要同步的线程实行同步处理。

7.3.1 线程调度

本小节从优先度设定、线程的休眠、中断等多个方面说明线程调度的方法。

1. 优先度的设定

所有的线程都具有优先度属性。在竞争资源时，一般来说优先度高的线程会优先得到运行。线程的优先度可以通过 getPriority 方法取得。

```
Thread thread=new Thread(runnable);
```

```
System.out.println(thread.getPriority());
thread.start();
```

设定优先度使用 setPriority()方法。参数中指定表示优先度的数字，它的最大值（10）和最小值（1）分别用 Thread.MAX_PRIORITY Thread.MIN_PRIORITY 定义。参数值必须在这个范围内。默认优先度为 5，定义为 Thread.NORM_PROIORITY。

```
thread.setPriority(thread.MAX_PRIORITY);
thread.setPriority(2);
```

程序例 7-3 通过给不同线程设置不同优先级验证了优先度高的线程会优先得到运行。

【例 7-3】验证优先度不同线程运行状态的程序 PriExecute.java。

```
class PriThread extends Thread {
    int change;
    String value;
    PriThread(int change,String value) {
        this.change=change;
        this.value=value;
    }
    public void run() {
        for(int i=0;i<10;i++) {
            System.out.print(value);
            try {
                Thread.sleep(500);
            }catch(InterruptedException e){}
            if(i==4) {
                setPriority(change);
            }
        }
    }
}
class PriExecute {
     public static void main(String args[]) {
         PriThread pt1 = new PriThread(1,"A");
         PriThread pt2 = new PriThread(10,"B");
         pt1.setPriority(10);
         pt2.setPriority(1);
         pt1.start();
         pt2.start();
     }
}
```

但是根据优先度的差别分配资源的方法，依赖于操作系统和 Java 虚拟机的实现。不能保证高优先度的线程一定会优先得到运行权，因此在因运行顺序不同而会引起混乱的情况下，就不能使用设定优先度的方法来进行多线程调度。

2. 线程的休眠和中断

线程运行中，有时候需要暂停本线程运行，或者暂时让出线程的运行权，以使得其他线程有运行的机会，有时也会中断其他进程的休眠，下文中介绍这几种情形中的相关方法。

（1）public static void sleep(···)方法。sleep()方法是 Thread 类的类（Static）方法，也称静态方法。Sleep()方法在指定时间休眠当前运行的线程。Sleep()方法的时间指定有以下两种方式：

```
sleep(long millis)
sleep(long millis, int nanos)
```

需要注意的是，调用 sleep()方法进入休眠状态的线程并没有解除对占用资源的锁，这样就会让需要获取资源的线程等待不必要的时间。在后面的章节中介绍利用 wait()方法，可实现让线程在解锁的状态下休眠。

线程调用 sleep()方法在指定时间经过后，并不是马上进入到运行状态，而是转变为可运行状态，和其他的线程一样，等待 Java 虚拟机分配给自己 CPU 时间。

Sleep()方法在休眠中，被其他方法中断的时候会发生 InterruptedException 例外，所以必须进行例外处理，中断一个休眠的线程采用后述的 interrupt()方法。

（2）public static void yield()方法。yield()方法，会暂停现在处理中的线程，给其他线程运行的机会。Java 虚拟机可给多个线程分配时间，根据实现方法的不同有不同的分配时间。有的虚拟机会使得即使有其他可实行的线程，也很难让正在运行的线程让出运行权，为了防止这种事情发生，一般让运行线程调用 yield()方法主动让出运行权。

yield()方法和 sleep()方法一样同属于类方法。yield()方法不能指定需要休眠的线程，只能让调用 yield()方法的线程本身休眠。

【例 7-4】主动出让运行权的程序 YiExecute.java。

```
class YieldThread1 extends Thread {
   public void run() {
      for(int i=0;i<10;i++) {
         System.out.print("A");
         if(i==4) Thread.yield();
      }
   }
}
class YieldThread2 extends Thread {
   public void run() {
      for(int i=0;i<10;i++) {
         System.out.print("B");
      }
   }
}
class YiExecute {
   public static void main(String[] args) {
      YieldThread1 yt1=new YieldThread1();
      YieldThread2 yt2=new YieldThread2();
      System.out.println("Start");
      yt1.start();
      yt2.start();
   }
}
```

yield()方法和 sleep()方法非常相似，但不能指定休眠的时间。调用 yield()方法后，可能处理会移到其他的线程，但此时调用 yield()方法的线程也还是可运行状态，在没有其他线程进入到可运行状态时，此线程可能会再次获得 CPU 运行权。

（3）public void interrupt()方法。interrupt 方法是中断线程休眠的方法。可中断的线程为运行 join()方法、sleep()方法等进入等待状态的线程，还可以是 7.4 节中介绍的因运行 wait()方法而等待的线程。

【例 7-5】使用 interrupt 中断其他线程休眠的程序 InterruptExecute.java。

```
class TestThread extends Thread {
    public void run() {
        int i=0;
        while(i<10) {
            try {
                Thread.sleep(1000);
            }catch(InterruptedException e) {
                System.out.println("Interrupted!");
                return;
            }
            System.out.print(i++);
        }
    }
}
class InterruptThread extends Thread {
    Thread target;
    InterruptThread(Thread obj){ target=obj;}
    public void run() {
        try {
            Thread.sleep((long)(Math.random()*10000));
        }catch(InterruptedException e){}
        target.interrupt();
    }
}
class InterruptExecute {
    public static void main(String[] args) {
        TestThread tt=new TestThread();
        InterruptThread it=new InterruptThread(tt);
        System.out.println("Start");
        tt.start();
        it.start();
    }
}
```

被中断的休眠线程会抛出 java.lang.InterruptedException 例外，进入到可运行状态。可以使用 isInterrupted 方法判断是否已被中断。

（4）public static boolean interrupted()方法。用来检测当前线程是否已被中断并清除线程的中断状态。

3．不被推荐的方法

Thread 类中，还有着一些因历史原因存在，但现在不被推荐使用的方法。原则上来说，不能使用这些方法。

（1）public void stop()方法。强制终止线程运行的方法。因为不管线程处于什么状态都强制终止，因此有可能会让此线程操作对象中的数据产生一些奇怪的现象。

（2）public void suspend()方法。立刻挂起线程的方法。被挂起的线程因 resume()方法的运行而解除挂起状态。因为 suspend 方法不能解除线程所取得的资源的锁，会比较容易发生死锁。

（3）public void resume()方法。恢复因 suspend 方法挂起的线程动作方法。如果不能使用 suspend()

方法，当然也不会使用 resume 方法。

4. 线程的终止

既然 stop 方法是不被推荐使用的方法，那么需要采用其他方法终止线程。

让线程自身终止，只要让运行中的 run()方法结束即可，start()方法启动的线程会随着 run()方法的结束而消亡。要终止自身以外的线程，一般采用以下步骤。

（1）在实现了 run()方法的类中，声明表示线程运行状态的 boolean 型变量。

（2）在 run()方法中，循环确认线程的运行状态，如果运行状态变为完成的值时终止 run()方法。

（3）声明可以改变线程运行状态的方法。

（4）设定线程运行状态为运行中，启动新的线程。

（5）从外部调用改变线程运行状态的方法。

其中将被终止的线程类可以设计为以下代码:

```
class someThread extends Thread {
    private boolean running=true;
    public void start() {
        new Thread(this).start();
    }
    public void run() {
        while(running) {
            … //线程中需要运行的处理
        }
    }
    public void stopRunning() {
        running=false;
    }
}
```

线程的运行状态用 running 成员变量表示，running 的初始值为 true（表示运行中）。线程启动后，run()方法内的 while 循环在 running 为 true 时不断运行。

外部终止此线程时，只需要调用线程对象的 stopRunning()方法，修改 running 的值为 false。线程在重新获得运行权时，run()方法中的 while 再确认下一次循环条件时终止循环处理。Run()方法运行完毕后，线程消亡。

5. 等待其他线程的完成

多线程程序中，有时候需要把某个处理委托给另一个线程，等待其结束后继续自己线程的运行。这时候，需要利用到 Thread 类的 join()方法。有些教材把使用 join()方法称为合并线程。

join 方法有 3 个重载的方法：

```
public final void join()
public final void join(long millis)
public final void join(long millis, int nanos)
```

join()会一直等待相应线程的结束。而有参数的 join 方法，不会永久等待，只是在指定时间到达后，继续运行本线程（join(0)也会和 join()一样永久等待）。这 3 个方法都会在被外部线程使用 interrupt 方法中断时，产生 InterruptedException 例外终止等待。

程序例 7-6 中，新线程 t 进行减计数，主线程打印等待计数完毕的信息，调用 t 线程的 join 方法等待 t 线程结束。

【例 7-6】使用 join 方法等待其他线程结束的程序 JoinTest.java。

```
public class JoinTest extends Thread {
    public void run() {
        for (int i=3;i>=0;i--) {
            try {
                sleep(1000);
            } catch (InterruptedException e) {}
            System.out.println(i);
        }
    }
    public static void main(String[] args) {
        JoinTest t=new JoinTest();
        t.start();
        try {
            System.out.println("等待新线程计数完成");
            t.join();  //主线程等待 t 线程计数完成
            System.out.println("新线程运行结束。");
        } catch (InterruptedException e) {}
    }
}
```

6. 创建守护线程

守护线程是在后台以较低优先级运行，为同一个程序中的其他线程或对象提供服务的线程。被指定成 daemon 的线程在创建它的线程结束时也随之消亡。与守护线程有关的方法如下：

（1）public final void setDaemon(boolean on)方法。当 on 的值为 true 时，该线程被设置为守护线程。如果一个线程为 Daemon 状态，则它所创建的子线程也为 Daemon 状态，线程启动后不能改变 Daemon 状态。

（2）public public final boolean isDaemon() 方法。检查是否为 Daemon 状态。

7. 测试线程

为了测试线程状态，经常会使用到以下几个方法：

（1）public static Thread currentThread()方法。取得当前线程。

（2）public final boolean isAlive()方法。判断一个线程是否是活动的。在 start()方法调用后一段时间，虚拟机才能分配好资源真正启动线程，而在 run 方法结束后，也需要一段时间虚拟机才能结束线程。

（3）public static int activeCount()方法。返回程序中的线程个数。

（4）public static int enumerate(Thread [] tarray)方法。获取程序中的所有线程对象。

8. 线程组

每一个线程都属于一个线程组，在进行多线程程序设计时，为了便于线程统一管理和安全性，将做同一项操作或是同性质（运行相同安全策略等）的线程放在一个组里，用 ThreadGroup 对象描述。

```
public final ThreadGroup getThreadGroup()
```

返回该线程所属的线程组对象。

7.3.2　线程的同步

多个线程在操作同一个对象时，会发生一些破坏数据完整性的事件。因此，在对公共资源（对象等）进行处理时，不允许多个并发线程交叉运行，这种因直接制约而互相发送消息进行协作，使得各线程按一定的速度运行的过程称为线程的同步。在 Java 当中，是通过与关键字 synchronized 相关的一系列程序结构来实现。

1．synchronized 块

两个线程可以并行处理同一个对象，但是如果同时对某个对象的属性进行读写操作，很可能程序就会出现异常。

观察以下存款账户类。在这个类中定义了存款 deposit()的方法。

```
class Account {
    private int balance=0;  //存款余额
    public void deposit(int money) {
        int total=balance+money;
        balance=total;
    }
}
```

看似这个程序没有什么问题。确实，同一个对象被一个线程使用时是没有问题的。但是如果是被多个线程同时访问，就有可能产生问题。

假设在两个线程中引用同一 Account 对象，余额 balance 为 0，传给参数 money 值为 1 000，当这两个线程中调用 deposit()方法时按图 7-2 中的时刻运行之后会有什么样的结果？

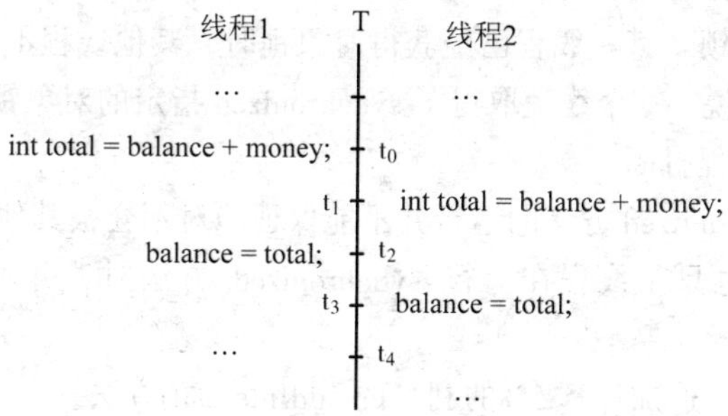

图 7-2　多线程调用 deposit 方法时刻示意图

total 是方法内定义的局部变量，因此方法每次被调用都会分别拥有不同的变量区域。在时间轴 T 上的 t_0、t_1时刻，两个线程分别赋值给 total 后，每个线程的 total 的值都为 1 000。而 balance 是实例变量，为两个线程的共享资源。在 t_2、t_3时刻两个线程中将 total 的数值赋给 balance。最终结果 balance 的值为 1000，事实上 deposit()方法运行了两次，也就是说存了 2 000，但是 balance 值只增加了 1 000。

如果把 deposit 的处理改成如下只有一行代码，可能会想这样绝对不会发生上例的错误。

```
public void deposit(int money){
    balance+=money;
}
```

但是即使是这样写代码，也可能会发生误操作。线程分别持有各自的复制空间，为了更高速地运行程序，操作系统会将变量的值暂时保存在线程自有的复制空间。如图 7-3 所示，把 balance

的值从共享内存先复制到线程的自由内存里，进行加运算后再写回到共享内存。也就是说，即使 deposit 只写了一条语句，也会发生和上例同样的问题。

为了解决这个问题，就需要使用 synchronized 块（或是 synchronized 方法）。

```
public void deposit(int money) {
    synchronized(this) {
        int total=balance+money;
        balance=total;
    }
}
```

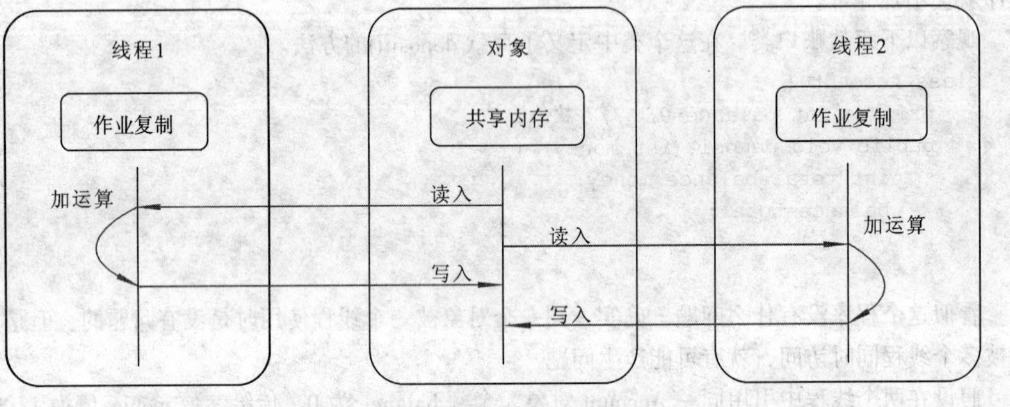

图 7-3　多线程操作同一对象示意图

Java 中，类与对象都拥有锁。线程在 synchronized 方法开始时，取得用 synchronized 指定对象的锁，在结束时释放对象锁。某一线程已经获得对象锁时，其他线程不能获得同一把锁，只能等待对象锁的释放。也就是说，一个线程取得了 synchronized 指定的对象锁后，在 synchronized 方法内的处理就不会被其他线程打断。

在对象加锁后，synchronized 方法的运行并不能保证绝对不会被其他线程插入运行，因为使用中检查对象是否加锁，也只是线程在运行 synchronized 方法时，并不能防止来自于没有使用 synchronized 的访问。

例如在 Account 类中，追加计算 5%的利息的 addInterest()方法。

```
public void addInterest() {
    balance=(int)(balance * 1.05);
}
```

即使 deposit()方法的处理是在 synchronized 中运行，但是 addInterest()方法可能会同时运行，addInterest()方法运行的线程不会检查对象锁是否在使用中而修改 balance()的值。如果需要 addInterest 方法也按照设想的运行，必须也要加上 synchronized 块。

2. synchronized 方法

synchronized()方法是对类内方法的总处理。

上述的 addInterest 方法可以改写成以下程序。

```
synchronized public void deposit(int money) {
    int total=balance + money;
    balance=total;
}
```

对此例进行比较简单的处理，使用 synchronized 方法是没有问题的。但是长代码和比较消耗时间的方法不能强用 synchronized 方法，这样会让其他的线程长时间等待对象锁的解除。互斥应该是在不引起错误的最低限范围内使用。

3. static synchronized 方法

类方法也可以设置为 synchronized 方法。即使类实例不存在时类方法也可以调用，此时线程会取得哪个对象的锁呢？

一个类在被使用时，必定会有对应于这个类的 java.lang.Class 类的对象存在。线程在运行 static synchronized 方法时，将取得这个类所对应 Class 对象的锁。并且可以使用 Class 类的类方法 forName 取得这个类对应的 Class 对象。

```
class SomeClass {
    …
    synchronized static public void someMethod() {
    …
    }
}
```

这段程序和下列程序是等价的。

```
class SomeClass {
    …
    static public void someMethod() {
        synchronized(Class.forName("SomeClass")) {
        …
        }
    }
}
```

需要注意的是，Class 对象在静态同步方法上锁定并不会影响该类的任何实例对象的同步锁定。即在实例对象持有锁定在静态同步方法上的 Class 对象时，另一个对象仍然可以调用该对象的非静态同步方法。

4. volatile 变量

线程运行中，会将共享变量的内容复制到线程固有的作业区域。因此，为了使用共享变量，有必要进行读入到作业区域和写出共享内存的操作。而这些操作有一定的自由度，有可能在连续访问同一个变量时并没有及时写回到共享内存，也有可能在程序中以不同顺序的操作写回共享内存。

下列程序的 increment()方法，先对 a 然后对 b 进行自增运算。但是有可能线程在运行 increment 方法中，而其他线程运行 print()方法，导致打印出“a=0,b=1”。

```
class someClass {
    private int a=0,b=0;
    public void increment() {
        a++;
        b++;
    }
    public void print()  { System.out.println("a=" + a + ",b=" + b);}
}
```

为了防止这种预期外的行为，需要将共享变量声明为 volatile。volatile 变量在线程每次访问时，都必须保持共享内存和线程作业区域变量的值一致。程序需要改写为：

```
volatile private int a=0,b=0;
```

为了防止不必要的麻烦，将可能被多个线程访问的成员变量声明为 volatile 是一种常用方法。但是在 synchronized 方法的锁解除时，一定会将线程作业区域的内容写回到共享内存，因此只在 synchronized 方法访问的变量就不必声明为 volatile。

7.4 线程的通信

多个线程协作处理会有一个线程等待另一个线程的部分处理结束的情况。这时，需要通过线程间的互相通信来协调，线程通信使用 java.lang.Object 类的 wait()、notify/notifyAll()方法。

1. public final void wait()方法

调用 wait()方法，会使得线程停止处理，进入等待状态。即使线程拥有锁，由于得不到期望的数据，也只能放弃锁，而让另一个线程工作。

2. public final void notify()/notifyAll()方法

notify 方法可唤醒因 wait()方法而进入等待状态的线程的方法。因 wait()方法而等待的线程集合称为等待集合（Wait Set）。Wait()方法会唤醒等待集合中的一个线程。具体选择哪一个线程由 Java 虚拟机调度，不能在程序中指定。notifyAll 方法会唤醒集合中所有的线程。

注意，调用 wait()和 notify()/notifyAll()时必须取得相应的对象锁，也就是说必须在 synchronized 方法内，否则会抛出 IllegalMonitorStateException 例外。

例 7-7 程序是多线程利用一个队列（Queue）进行输入/输出的程序，在这个程序中也是通过线程通信解决线程的协调问题。

【例 7-7】多线程通信程序 QueueTest.java。

```
import java.util.LinkedList;
import java.util.Iterator;
public class QueueTest {
    public static void main(String[] args) {
        Queue queue=new Queue();
        new Producer(queue).start();
        new Consumer(queue).start();
    }
}
class Queue {
    private LinkedList queue;
    static private final int SIZE = 3;
    public Queue() {
         queue=new LinkedList();
    }
    synchronized public void put(Object obj) {
        while(queue.size()>=SIZE) {
            System.out.println(obj + "追加," + "队列数据满。等待");
            try {
                wait();
            } catch(InterruptedException e) {}
        }
```

```
        queue.addFirst(obj);
        printList();
        System.out.println(obj + "追加至队列。");
        notifyAll();
    }
    synchronized public Object get() {
        while(queue.size()==0) {
            System.out.println("取数据," + "队列数据空。等待");
            try {
                wait();
            } catch(InterruptedException e) {}
        }
        Object obj=queue.removeLast();
        printList();
        System.out.println(obj + "从队列中取出。");
        notifyAll();
        return obj;
    }
    synchronized public void printList() {
        System.out.print("[ ");
        for(Iterator i=queue.iterator(); i.hasNext();) {
            System.out.print(i.next() + " ");
        }
        System.out.print("]  ");
    }
}
class Producer extends Thread {
    private Queue queue;
    public Producer(Queue queue) {
        this.queue=queue;
    }
    public void run() {
        for(int i=0;i<100;i++) {
            try {
                Thread.sleep((long)(Math.random()*1000));
            } catch (InterruptedException e) {}
            queue.put(new Integer(i));
        }
    }
}
class Consumer extends Thread {
    private Queue queue;
    public Consumer(Queue queue) {
        this.queue=queue;
    }
    public void run() {
        for(int i=0;i<100;i++) {
            try {
                Thread.sleep((long)(Math.random()*1000));
            } catch(InterruptedException e) {}
            Object obj=queue.get();
        }
```

```
    }
}
```

程序中定义了 QueueTest 类、Producer 类、Consumer 类和 Queue 类。

（1）QueueTest 类为主程序。创建一个 Queue 类的实例，启动对 Queue 进行操作的 Producer 类和 Consumer 类的两个线程。

（2）Producer 类。把数据保存在队列的类。把 100 个数据保存到队列里。保存数据的时候，不进行队列状态检查。

（3）Consumer 类。从队列中取出数据的类。从队列中取出 100 个数据。取出数据时不进行队列的状态确认。

（4）Queue 类。Queue 类是表示队列的类。内部使用 LinkedList 保存数据。设定了保存数据个数最多为 3，提供追加数据的 put()方法和取出数据的 get()方法。 这些方法为保证多线程操作，实现了同步处理（LinkedList 不是线程安全方法，所以让 LinkedList 被多个线程同时访问，必须使用 synchronized）。但是，在队列满的时候调用 put()方法、空的时候调用 get()方法时需要怎么做呢？抛出例外是其中一个解决办法，在这里使用 wait()方法，等待达到满足处理条件的状态。

首先看看 put()方法的开始部分。

```
synchronized public void put(Object obj) {
    while(queue.size()>=3) {
        System.out.println(obj + "追加," + "队列数据满。等待");
        try {
            wait();
        } catch(InterruptedException e) {}
    }
```

队列的上限是 3，在不能保存数据的状态时，打印相应信息并调用 wait()方法。wait()方法会释放已获得的对象锁，因此其他线程可以运行 synchronized 方法的 put 和 get 方法。

在这里假设其他线程运行 get()方法（如果运行 put()方法，当然也会满足不了运行条件，而进入 wait 状态）。get()首先检查运行条件，此时队列中有数据，所以继续运行。

```
synchronized public Object get() {
    while (queue.size()==0) {
        System.out.println("取数据," + "队列数据空。等待");
        try {
            wait();
        } catch(InterruptedException e) {}
    }
```

之后的运行语句，是从队列中取出数据，打印出队列的状态和信息。

```
Object obj=queue.removeLast();
printList();
System.out.println(obj + "从队列中取出。");
```

取出数据后，调用 notifyAll()方法，唤醒因 wait()方法而进入等待状态的线程。

```
notifyAll();
```

被唤醒的线程并不是立刻可以运行，线程需要再次取得对象锁。但是，调用 notifyAll()的线程此时还在保留着对象锁，直到线程运行完 synchronized 块，释放对象锁，这时被唤醒的线程才可以得到对象锁继续它的处理。

要注意的是，wait()方法进入等待状态和等待锁释放的状态是完全不同的两个状态。等待集合的线程会因为 notify/notifyAll/interrupt()的方法退出等待集合。退出时，必须再次取得对象锁，如果不能取得，会进入等待锁释放状态。

对加上 wait()方法中的状态后线程的迁移状态如图 7-4 所示。

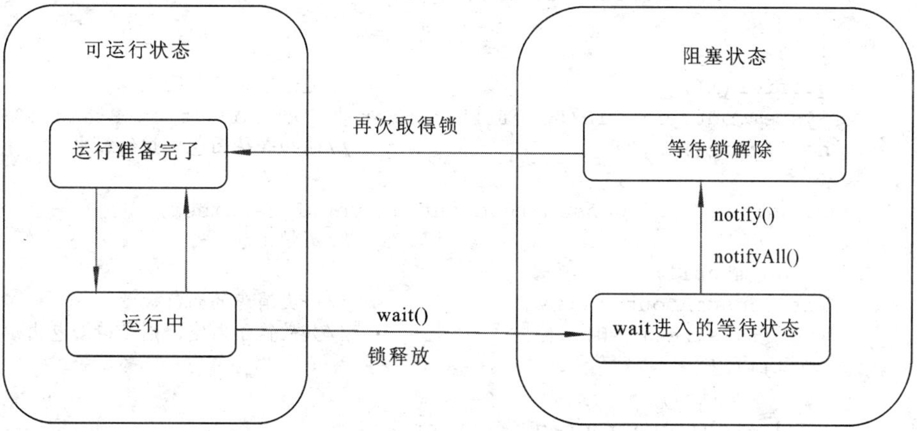

图 7-4　修改后的线程迁移状态部分图

但是为什么在 put()和 get()方法中没有使用 notify()而是使用了 notifyAll()方法？因为如果有 notify 方法唤醒的线程不能满足运行条件，会再次进入 wait 状态而形成死锁，而 notifyAll()方法会唤醒所有等待线程，其中必定会有一个以上线程能满足运行条件。

7.5　多线程应用实例

下面以一个面包房模拟程序为例，说明多线程的基本应用，这个例子中，有厨师（Chef）、客户（Customer）、篮子（Basket）和面包（Bread）四个类。厨师控制一天生产面包的总数，并制作面包，放入篮子内。在达到生产面包总数时，挂出打烊标志。客户从篮子内取面包消费，在得知已打烊时停止消费。程序的代码见例 7-8。

【例 7-8】面包房模拟程序 Test.java。

```
import java.util.*;
class Bread  {
    private static int count;                //记录面包的总数
    private int number;                      //每个面包的标号
    private int chefNumber;                  //制作厨帅编号
    Bread(int chefNum){count++; number=count;chefNumber=chefNum;}
    public int getNumber(){return number;}
    public String toString(){return ""+number;}
    public static int getCount()  {return count;}
}
class Basket  {
    private final int maxSize=20;            //篮子内存放面包的最大数量
    private Queue<Bread> q ;
    Basket(){q=new LinkedList<Bread>();}
    public boolean isEmpty(){return q.isEmpty();}
```

```
    synchronized void ProBread(Bread m,int number) {
       while(q.size()>=maxSize)  {              //提供放入面包的方法，在篮子满时进入等待状态
           try  {
              wait();
           }catch(InterruptedException e)  {
              e.printStackTrace();
           }
       }
       q.offer(m);                              //篮子空时放入面包
       System.out.println("Chef #"+number+":"+"Production Bread :"+m);
       notifyAll();                             //通知等待面包出炉的客户
    }
   synchronized void ConsumBread(int amount,int number)  {
                                                //消费面包
       Bread m=null;
       int consumAmount;                        //一次消费的面包数量
       while(q.size()<=0)  {                    //如果篮子内空，则等待面包出炉
           try  {
              wait();
           }catch(InterruptedException e){
              e.printStackTrace();
           }
       }
       int qsize=q.size();
       if  (qsize <amount)
           consumAmount=qsize;
       else
           consumAmount=amount;
       for(int i=0; i<consumAmount;i++)  {  //从篮子中取相应数量的面包
           m=q.poll();
           System.out.println("customer :"+number +":"+"Consumer Bread :"+m);
       }
       notifyAll();                                  //消费完后，通知等待篮子空出的厨师
    }
 }
 class Chef extends Thread  {
      private static int count;
      private static boolean shutUp=false;      //通知关门的标志
      private int number;
      private final static int maxCount=200;      //一天生产面包的总量
      private Basket  la;
      Chef(Basket l)  {
         la=l; count ++; number=count;
      }
      public int getNumber()  {return number;}
      public void run()  {
         while(Bread.getCount()<maxCount)  {
            la.ProBread(new Bread(number),number);  //生产面包
            try  {
               sleep((int)(Math.random() * 100));
            }catch(InterruptedException e){e.printStackTrace();}
```

```
        }
        shutUp=true;                                        //当达到生产总量限值,标记打烊
    }
    public static boolean getShutUp(){return shutUp;}
}
class Customer extends Thread  {
    private static int count;
    private int number;
    private Basket la;
    Customer(Basket l)  {
        la=l; count++; number=count;
   }
   public int getNumber()  {
        return number;
    }
    public void run()  {
        while(!Chef.getShutUp() || !la.isEmpty() )  {  //消费面包
          la.ConsumBread((int)(Math.random()*5),number);
          try  {
              sleep( (int)(Math.random() * 100 ));
          }catch(InterruptedException e){e.printStackTrace();}
        }
    }
}
class Test {
    public static void main(String args[])  {
        Basket la=new Basket();
        Customer c1=new Customer(la);
        Customer c2=new Customer(la);
        Customer c3=new Customer(la);
        Customer c4=new Customer(la);
        Chef  chef1=new Chef(la);
        Chef  chef2=new Chef(la);
        Chef  chef3=new Chef(la);
        Chef  chef4=new Chef(la);
        chef1.start();
        chef2.start();
        chef3.start();
        chef4.start();
        c1.start();
        c2.start();
        c3.start();
        c4.start();
    }
}
```

小　结

（1）线程是 CPU 利用的基本单位，但线程的资源分配依赖于所属的进程。和进程相比较，线程在程序运行时上下文信息达到最小，线程间的切换会快许多，并能大幅度地减少内存的使用。

（2）线程的创建有两种方式：使用继承 Thread 类和实现 Runnable 接口的方式。在需要多重继承时使用实现 Runnable 接口方式，这种方式不会改变线程本身的性质。如果在类的设计中需要改变 run()以外的方法，可采用继承 Thread 类的方式。从 JDK 1.5 开始，也可以通过 ExecutorService、Callable、Future 实现有返回结果的线程对象。

（3）线程的生命周期分为初期状态、可运行状态、阻塞状态和消亡状态，其中可运行状态又分为运行准备完成和运行中状态，而阻塞状态可分为多种原因引起的状态。这里需要注意的是，在用 new 创建线程后的初期状态中线程并没有启动，而是在 start()方法后一段时间 Java 虚拟机调度启动新创建的线程。并且因 wait 和 synchronized 进入的等待状态是不同的状态，线程在阻塞状态解除后，会进入可运行状态队列中。因 wait 阻塞的线程，在被唤醒后，需要再次获得对象锁，进入等待对象锁，即 synchronized 等待队列中。

（4）run()方法是运行线程的主体，启动线程时，由 Java 直接调用。为了控制线程停止等，一般会采用标志量控制线程。

线程的停止：

```
public void run() {
    while(running) {
       … //线程中需要运行的处理
    }
}
public void stop() {
    running=false;
}
```

线程的暂停：

暂停可以使用几种方式，例如：sleep()、yield()、wait()/notify()/notifyAll()。

①
```
while(pause) {
    try{sleep(…) ; }…
}
```
②
```
while(pause) {
    try{yield();} …
}
```
③ 设定对象锁 Object pauseObject 和条件标志 boolean pause;

```
void setPause() {
    synchronized(pauseObject) {
        pause=true;
        while(pause)  wait();
    }
}
void cancelPause() {
    synchronized(pauseObject) {
        pause=false;
        notify();
```

```
        }
    }
```

此 3 种方法都可以采用 interrupt()中断暂停，当然调用前需要设定好标志。

（5）线程调度和同步会有很多方法，如优先度调度、线程的休眠及中断、线程的终止方法、等待线程结束等多种方法。这里要注意的是：

① 使用 yield()方法让出 CPU 运行权时，要注意到的是可能由于虚拟机的调度，刚让出运行权的线程又会重新获得运行权，而不能让预想的线程获得运行权。这时可以改用 sleep()方法。

② join()方法，等待相应线程的停止。单方向的线程等待使用 join()即可，但是需要交互通信时，需要用到 wait()/notify()/notifyAll()。

③ 线程同步使用 synchronized，需注意的是，synchronized 锁定的是对象，在 synchronized 方法，其实是方法的全体内容加上了 synchronized(this)锁，而静态方法锁则是锁定本类的 Class 对象。

④ 使用 synchronized，特别要注意需要进行互斥和同步处理的代码段都需要加上 synchronized 修饰。因为加上修饰的代码才会先检查对象锁的存在，而其他代码不检查就进行操作可能会破坏数据的完整性。

（6）在使用某个对象锁时，注意不能改变对象的引用。这会导致同步失效。例如以下代码：

```
synchronized(array[0] {
    …
    array[0]= new A();
}
```

（7）使用 notify()/notifyAll()的选择主要取决于进入 wait 等待队列的条件是否有两个以上，如果有两个以上的条件，只是调用 notify()可能新唤醒的线程仍然不能达到运行条件，会重新进入等待队列，这样就形成了死锁。

思考与练习

一、选择题

1. 可以使线程启动的方法是（　　）。

   A. start　　B. run　　C. join　　D. suspend

2. 让线程等待的条件是（　　）和（　　）。

   A. join()运行　　B. interrupt()运行　　C. sleep()运行　　D. run()完成

3. Thread 类的 static 方法有（　　）和（　　）。

   A. join　　B. sleep　　C. interrupt　　D. yield

4. 关于线程描述中正确的有（　　）和（　　）。

   A. sleep()的线程被唤醒后马上进入运行状态

   B. 线程在 run 方法运行完后消亡

   C. main 线程运行完后 JVM 也会完成

   D. 完成后的线程不能再使用

5. 正确的 wait()的说明选项是（　　）。

   A. 不能指定等待时间

B. 只能够在 synchronized 指定方法或块内使用

C. 在 Thread 类中定义

D. wait 调用后进入等待状态的线程只能被 notify()唤醒

6. 线程 A 在没有获得对象锁的情况下调用了 notify()方法，会产生的结果是（　　）。

A. 编译错误

B. 因等待对象锁的所有进程从等待队列中释放

C. 运行时抛出 IllegalMonitorStateException 例外

D. 运行时抛出 InterruptedException 例外

7. 实现 Runnable 接口的类中必须定义的方法是（　　）。

A. public void run()　　B. void run()

C. public void run(Thread t)　　D. public void start()

8. 以下代码的正确说明是（　　）。

```
Thread t = new Thread();
```

A. 通过调用 t.start()方法运行 Thread 类中的 run()方法

B. 线程 t 进入可运行状态

C. 线程 t 进入阻塞状态

D. 线程 t 的优先度为 NORM_PRIORITY

9. 错误的线程状态迁移方向是（　　）。

A. 从运行中状态转为阻塞状态

B. 从阻塞状态转为运行中状态

C. 从阻塞状态转为运行准备完成状态

D. 从运行中状态转为运行准备完成状态

10. wait 等待状态的线程收到 notify()或 notifyAll()通知后，就会转变到（　　）状态。

A. 运行　　B. 锁等待　　C. 可运行　　D. 延迟

二、填空题

1. ________是操作系统中分配 CPU、内存、外存资源的基本单位。

2. ________变量在线程每次访问时，都必须保持共享内存和线程作业区域变量的值一致。

3. 在进行多线程程序设计时，为了便于线程统一管理和安全性，将做同一项操作或是同性质（运行相同安全策略等）的线程放在一个________。

4. ________指的是程序运行中，多个线程竞争共享资源时可能出现的一种系统状态，每个线程都被阻塞，都不会结束，进入一种永久等待状态。

5. notifyAll 方法会唤醒________中所有的线程。

6. ________方法，会暂停现在处理中的线程，给其他线程运行的机会。

三、问答题

1. 进程和线程有什么不同和联系?

2. 直接和间接创建一个线程有什么不同，分别在什么不同的情况下使用?

3. 简述线程生命周期的状态。

4. 说明在什么样的情况下使用 notifyAll 而不是 notify 通知等待队列中的线程。

5. sleep()和 wait()有什么区别?
6. 说明 volatile 的使用场合和作用。

四、程序分析题

1. 写出下列程序的执行结果。

```
class TestThread extends Thread {
    String mes;
    TestThread(String mes) {
       this.mes=mes;
     }
     public void run() {
        for(int i=0;i<3;i++) {
            try {
                Thread.sleep(500);
            }catch(InterruptedException e)  {}
        System.out.print(mes + " ");
        }
    }
}
class Execute {
    public static void main(String[] args) {
        TestThread t1=new TestThread("Hello");
        TestThread t2=new TestThread("world");
        t1.run();
        t2.run();
    }
}
```

2. 写出下列程序的执行结果。

```
public class TEST {
    public static void main(String[] args) {
         MyThread th=new MyThread();
         th.start();
         try {
            Thread.sleep(1000);
         } catch(InterruptedException e) {}
         th.interrupt();
    }
}
public class MyThread extends Thread {
     Object obj=new Object();
     public void run() {
         synchronized(obj) {
             try {
                 obj.wait();
             } catch(InterruptedException e) {
                 System.out.println("throw InterruptedException.");
             }
         }
         System.out.println("end.");
    }
}
```

3. 写出下列程序的执行结果。

```
public class MyThread implements Runnable {
    public void run() {
        for(int i=0;i<5;i++) {
            System.out.println(Thread.currentThread().getName());
        }
    }
}
public class TEST {
    public static void main(String[] args) {
        MyThread thread1=new MyThread();
        Thread th=new Thread(thread1);
        th.start();
        try {
            th.join();
        } catch(InterruptedException e) { e.printStackTrace(); }
        System.out.println("状态: " + th.isAlive());
    }
}
```

4. 写出下列程序完成的功能。

```
public class Task implements Runnable {
    public void run() {
        try {
            for(int i=1;i<=10;i++) {
                Thread.sleep(1000);
                System.out.println("Hello, world! - " + i);
            }
        } catch(InterruptedException e) {
            System.out.println("interrupted");
        }
    }
}
public class ThreadInterrupt {
    public static void main(String[] args) throws InterruptedException {
        Task task=new Task();
        Thread lazyThread=new Thread(task);
        lazyThread.start();
        Thread.sleep(5000);
        lazyThread.interrupt();
    }
}
```

5. 写出下列程序存在的问题。

```
public class Deadlock implements Runnable {
    volatile boolean finished=false;
    public void run() {
        try {
            synchronized (this) {
                while(!finished) {
                    System.out.print(".");
```

```
                    Thread.sleep(500);
                }
            }
        } catch(InterruptedException ex) {
            ex.printStackTrace(System.out);
            Thread.currentThread().interrupt();
        }
    }
    public static void main(String[] args) {
        Object obj=new Object();
        Deadlock test=new Deadlock();
        Thread th=new Thread(test, "Child");
        try {
                th.start();
                Thread.sleep(5000);
                synchronized (test) {
                    test.finished=true;
                }
        } catch(Exception ex) {ex.printStackTrace(System.out); }
    }
}
```

五、程序填空题

1. 以下程序由不同线程输出 3 次指定字符。

```
class test ________ Thread {
    String name;
    public static void main(String[] args) {
        test t1=new test("1");
        test t2=new test("2");
        t1.start();
        t2.start();
    }
    public test(String name) {
        _______=name;
    }
    public void run() {
        try {
            for(int i=0;i<3;i++) {
                sleep((int)(Math.random()*1000));
                System.out.print(name);
            }
        } catch(Exception e){}
    }
}
```

2. 以下程序为启动实现 Runnable 接口类 TestA 的对象作为线程体的 th 线程的程序。

```
class TestA _______ Runnable {
    public void run() {
        System.out.println("PrioritizingA Start");
        System.out.println("PrioritizingA End");
    }
```

```
}
class Test {
    public static void main(String[] args) {
    Thread th=_______;
    th.start();
}
```

3. 以下程序为主线程实例化线程对象 thre1 并启动，接着主线程等待 thre1 的结束。

```
class SimpleSync1 implements Runnable {
    public void run() {
        System.out.println("\t" + "子线程 1 开始");
        System.out.println("\t" + "子线程 1 结束");
    }
}
class SimpleSyncTest {
    public static void main(String[] args) {
        SimpleSync1 sync1=new SimpleSync1();
        Thread thre1=new Thread(sync1);
        thre1.start();
        System.out.println("等待 thre1 线程结束 ");
        try {
            thre1._______ ();
        } catch (_______ e) {
            System.out.println(e);
        }
        System.out.println("主线程结束");
    }
}
```

4. 以下程序为主线程生成对 message 进行读/写操作的两个内部类线程实例并启动它们进行读/写操作。

```
public class MultiAccess {
    protected StringBuffer message=new StringBuffer( "Hello world" );
    public static void main( String argv[] ) {
        MultiAccess ma=new MultiAccess();
        MessageEditor editor=ma.new MessageEditor();//生成内部类实例
        MessageReader reader=ma.new MessageReader();//生成内部类实例
        editor.start();
        reader.start();
    }
    class MessageEditor extends Thread {
        public void run()  {
            while(_______ ()) {  //判断线程是否活动化
                _______ (message){
                    message.setLength(message.length()-1);
                    try {
                        Thread.sleep(500);
                    } catch(Exception e){}
                    message.append('i');
                }
                Try {
```

```
                Thread.sleep(500);
            } catch(Exception e)  {}
        }
    }
}
class MessageReader extends Thread {
    public void run() {
        while(isAlive()) {
            try  {
                Thread.sleep(800);
            } catch(Exception e ){}
            System.out.println( message.toString());
        }
    }
}
}
```

5. 以下程序为创建线程组并取得线程组活动线程数和打印线程组信息的程序。

```
public class ThreadGroupTest extends Thread {
    ThreadGroup group;
    int timeout;
    ThreadGroupTest(ThreadGroup group,int timeout) {
        _______ (group,"timeout="+timeout); //对父类进行初始化
        this.group=group;
        this.timeout=timeout;
    }
    public void run() {
        System.out.println(this+": running");
        try {sleep(timeout);}
        catch(InterruptedException exc)  {}
        System.out.println(this+"ex-activeCount="+group.activeCount());
    }
    public static void main (String[] args) throws Exception {
        ThreadGroup group=new ThreadGroup("mygroup");
        Thread[] threads=new Thread[5];
        for(int i=0;i<threads.length;i++) {
            threads[i]=new ThreadGroupTest(group, (i+1)*1000);
            threads[i].start();
        }
        System.out.println("main after all starts:
        activeCount="+group.activeCount());
        for (int i=0;i<threads.length;i++) {
            threads[i].join();
            System.out.println("main after joining "+i+":
            activeCount="+group._______ ()); //取得线程组内活动线程数
        }
        System.out.println("main after all joins:
        activeCount="+group._______ ());
        threads=null;
        System.gc();
        System.out.println("main after GC: activeCount="+group._______());
```

```
    }
}
```

六、程序设计题

1. 请完成满足以下条件的程序。

   (1) 实现 Runnable 接口。

   (2) 在 main 方法中启动以自身实例化的两个线程。

   (3) 两个线程使用共同的 Account 实例。

   (4) 各线程的 run 方法,(在等待 1s 以下的随机时间后,调用 Account 实例的 deposit(1000)和 showBalance()方法),并循环 10 次。

   银行账号的 Account 类请使用以下程序:

```
public class Account {
    private int balance=0;
    public void deposit (int money) {
        int total=balance+money;
        try {
            Thread.sleep((long)(Math.random()*1000));
        } catch(InterruptedException e) {}
        balance=total;
    }
    public void showBalance() {
        System.out.println("现在的余额为" + balance + "元");
    }
}
```

   编写程序让程序能够运行,并确认此程序不能使得余额为 20 000 元。

2. 请修第 1 题中的 Account 类,最终能让余额地达到 20 000 元。
3. 编写一个进程间通过管道进行数据传送的例子。
4. 完成复制文件的程序,一旦文件内容全部读入后,开始写出到另一个文件。线程分为 3 个:表示文件进行状态的线程、读入文件线程和写出文件线程。
5. 哲学家就餐问题。设有 5 个哲学家,共享一张放有 5 把椅子的桌子,每人分得一把椅子。但是,桌子上总共只有 5 支筷子,在每人两边分开各放一支。哲学家们在肚子饥饿时才试图分两次从两边拾起筷子就餐。

   条件:

   (1) 只有拿到两支筷子时,哲学家才能吃饭。

   (2) 如果筷子已经在他人手上,则必须等待到他人吃完之后才能拿到筷子。

   描述一个既没有两邻座同时吃饭,又没有人饿死的算法,并模拟实现。

第 8 章　网络程序设计

引言

当今时代，网络已成为信息资源共享和信息处理的一种基本平台，它真正实现了足不出户便可知天下事，并提供信息浏览、收发邮件、网上购物、实时聊天、娱乐游戏等已成为人们日常生活方式中不可或缺的内容。网络程序设计是各种网络应用的基础。Java 语言作为一个面向网络的程序设计语言，网络应用自然是其重要应用之一。

作为一种网络程序设计语言，Java 语言必须能够存取各种网络资源并与服务器建立各种传输通道。为此，Java 通过 java.net 程序包提供了许多网络功能，这些功能分为 3 大类：URL、Socket 和 Datagram。本章首先介绍 Java 网络程序设计的基本概念和基础技术，然后重点介绍 java.net 包的使用。

学习目标

通过对本章内容的学习，读者应该能够：

- 了解 Java 中的网络支持以及 java.net 包中的主要资源。
- 理解网络程序设计的基本概念。
- 掌握 Java 中 3 种常见的网络程序设计方式：URL 编程、Socket 编程、Datagram 编程以及它们的特点。

8.1　网络程序设计基础知识

计算机网络利用通讯设备和线路将地理位置不同、功能独立的多个计算机系统相互连接起来，实现了资源共享和信息交换。由于 Internet 的成功和发展，人类社会的生活观念已经发生了变化，时至今日，计算机网络把“地球村”变成了现实，网络应用已经成为计算机领域最广泛的应用。

8.1.1　TCP/IP 简介

网络程序设计的目的就是要将计算机直接或间接地通过网络协议与其计算机进行通信。目前，网络程序设计中有两个主要的问题，一个是如何准确地定位网络上一台或多台主机，另一个就是找到主机后如何可靠高效地进行数据传输。为了解决这两个问题，在计算机网络中实现通信必须使用一些约定来提供帮助，这种约定被称为通信协议。

TCP/IP 是 Internet 中的基本通信协议。其中，IP（Internet Protocol，互联网协议）是支持网间互连的数据报协议，它提供网间连接的完善功能。TCP（Transmission Control Protocol，传输控制协议）常常和 IP 放在一起，它提供了一种可靠的数据信息传递服务。

UDP（User Datagram Protocol，用户数据报协议）是一种面向非连接的协议，它不与对方建立连接，而是直接把数据包发送过去，它提供的是面向事务的简单不可靠信息传送服务。与 TCP 不同，UDP 并不提供对 IP 的可靠机制、流控制以及错误恢复功能等。

8.1.2 地址、域名与端口号

所有连入互联网的终端设备（包括计算机、PDA、打印机以及其他的电子设备）都有一个唯一能被网络识别的标识，这个标识称为 IP 地址。IP 地址是数字型的，目前互联网上的 IP 地址大多由 4 字节组成，这种 IP 地址称做 IPv4，除了这种由 4 个字节组成的 IP 地址，在互联网上还存在一种 IP 地址，这种 IP 地址由 16 字节组成，称做 IPv6。IPv4 和 IPv6 后面的数字是 IP 的版本号。

IPv4 地址的一般表现形式为：X.X.X.X，其中 X 为 0 到 255 的整数。IPv6 地址由 16 字节组成，分为 8 段，每一段由 2 字节组成（采用 4 个十六进制数表示），段与段之间用":"隔开。如 A5E4:BD41:D2F4:45E0:B323:E231:B1E1:DD1A 是一个标准的 IPv6 地址。

然而无论是 IPv4 地址，还是 IPv6 地址，对于普通的互联网用户而言都是很难记忆的。为了使这些地址便于记忆，互联网的管理者引入了 DNS（Domain Name System，域名系统）。DNS 将 IP 地址和域名（一个容易记忆的字符串，如 Google、baidu）联系在一起，当计算机通过域名访问互联网资源时，系统首先通过 DNS 得到域名对应的 IP 地址，再通过 IP 地址访问互联网资源。在这个过程中，IP 地址对普通用户是完全透明的，比如在浏览器里输入 www.baidu.com 就能够打开百度的网站，而不需要知道百度服务器的 IP 地址。某些时候如果一个域名对应了多个 IP 地址（通常一些大型网站都会采用这方式，如新浪、搜狐、网易等），DNS 从这些 IP 地址中随机选取一个。

IP 地址可以唯一地确定网络上的一个通信实体，但一个通信实体可以有多个通信程序同时提供网络服务，每个通信程序拥有不同的连接端口。

端口（Port）成为了应用程序与外界交流的出入口，它是一个 16 位的整数，用于表示数据交给哪个通信程序处理，同一台计算机上不能有两个程序使用同一个端口。端口分为三大类：

（1）公认端口（Well Known Ports）：从 0 到 1023，它们紧密绑定于一些服务。通常这些端口的通信明确表明了某种服务的协议。例如，80 端口实际上总是 HTTP 通信，21 端口对应的是 FTP 服务。除非要和这些服务进行通信，否则不应使用这些端口号。

（2）注册端口（Registered Ports）：从 1024 到 49151，它们松散地绑定于一些服务。即有许多服务绑定于这些端口，这些端口同样用于许多其他目的。例如，许多系统处理动态端口从 1024 左右开始。

（3）动态和（或）私有端口（Dynamic and/or Private Ports）：从 49152 到 65535。理论上，不应为服务分配这些端口。实际上，通常从 1024 起分配动态端口。但也有例外，SUN 的 RPC 端口从 32768 开始。

当一个程序需要发送数据时，只要指定了正确的 IP 地址和端口号，计算机网络就可以将数据送给 IP 地址和端口所对应的程序。

8.1.3 InetAddress 类

Java 语言利用 java.net 包中的 InetAddress 类对 IP 地址进行封装。该类提供了操作 IP 地址的各种方法，该类本身没有构造方法，而是通过调用相关静态方法来创建 InetAddress 对象。

（1）public static InetAddress getByName(String host)：根据主机名创建一个 InetAddress 对象。主机名可以是域名，也可以是 IP 地址。

（2）public static InetAddress getLocalHost()：获得描述本机 IP 的 InetAddress 对象。

创建了 InetAddress 类的对象后，可以利用创建的对象调用两个成员方法来获取 InetAddress 类实例对应的 IP 地址和域名：

（1）public String getHostAddress()：获取 InetAddress 对象的 IP 地址。

（2）public String getHostName()：获取 InetAddress 对象的域名。

【例 8-1】 一个测试 InetAddress 的简单程序：InetAddressTest.java。

```
import java.net.*;
public class InetAddressTest {
   public static void main(String[] args) throws Exception {
      //根据主机名来创建 InetAddress 对象
      InetAddress ip=InetAddress.getByName("www.csu.edu.cn");
      System.out.println(ip.getHostAddress());    //获取主机 IP 地址
      System.out.println(ip.getHostName());       //获取主机名
   }
}
```

上面的程序简单地示范了 InetAdress 类的使用方法，InetAddress 类代表一个 IP 地址对象，它是网络通信的基础，在 URL 编程和 Socket 编程中都会应用到它。

8.2　URL 编程

在 WWW 中，每一个信息资源都有统一且唯一的地址，该地址称为 URL（Uniform Resource Locator），它是 WWW 的统一资源定位标志。通过 URL 可以访问 Internet 上的各种网络资源，比如最常见的 WWW、FTP 站点。浏览器通过解析给定的 URL 可以在网络上查找相应的文件或其他资源。

URL 由传输协议和资源名称两部分组成。传输协议说明访问资源时使用的网络协议，在 Internet 上表示 URL 的典型传输协议有 http、ftp、gopher 和 news 等几种形式；资源名称的格式与所使用的传输协议有关，通常包括主机名、文件名、端口号（Port number）和参考点（Reference）等，其中参考点表示资源中的特定位置，用来标识一个文件中特定的偏移位置。

8.2.1　URL 类

Java.net 包中的 URL 类是对 URL 的抽象，URL 对象是对具体网络资源的引用，一个完整的 URL 对象包括协议（Protocol）、主机名（Host）、端口号（Port）和文件名（File）等信息，它拥有多个构造方法，通过这些构造方法来初始化一个 URL 对象。

1．创建 URL 类的对象

URL 类提供用于创建 URL 对象的构造方法有 4 个：

（1）public URL(String str)：该方法通过一个表示 URL 地址的字符串构造一个 URL 对象。例如：

```
URL myurl=new URL("http://www.edu.cn");
```

（2）public URL(String protocol, String host, String file)：该方法通过指定协议、主机名和文件名构造一个 URL 对象，端口为默认值。例如：

```
URL myurl=new URL("http","www.edu.cn","index.html");
```

（3）public URL(String protocol, String host, String port, String file)：该方法与（2）比较不同之处在于，在构造一个 URL 对象时，指定了端口号。例如：

```
URL myurl=new URL("http","www.edu.cn", 80,"index.html");
```

（4）public URL(URL content, String str)：该方法通过一个表示 URL 地址的字符串构造一个 URL 对象。例如：

```
URL myurl=new URL(myurl,"setup/local.html");
```

其中，myurl 所代表的是 http://www.edu.cn:80。

URL 类的构造方法都声明抛弃非运行时例外（MalformedURLException），因此生成 URL 对象时，必须要对这一例外进行处理，通常是用 try-catch 语句进行捕获。格式如下：

```
try{
   URL myURL=new URL(…)
}catch (MalformedURLException e){
   …
}
```

2. URL 类的常用方法

创建 URL 对象后，就可以使用该类的方法对创建的对象进行处理。

（1）public String getProtocol()：获得协议名，如果没有协议被设置，则返回 null。

（2）public String getHost()：获得主机名，如果没有协议被设置，则返回 null。

（3）public int getProt()：获得端口号，如果没有协议被设置，则返回-1。

（4）public String getFile()：获得文件名，如果没有协议被设置，则返回 null。

（5）public String getPath()：获得 URL 的路径部分。

（6）public String getQuery()：获得 URL 的查询字符串部分。

（7）public String getAuthority()：获得 URL 的授权方。

（8）public final InputStream openStream()：打开与此 URL 的连接，并返回一个用于读取该 URL 资源的输入流。

【例 8-2】 通过调用 URL 类获取 URL 对象属性的实例：UrlTest.java。

```
import java.net.*;
import java.io.*;
public class UrlTest {
   public static void main(String args[]) {
      try {
           //生成一个 URL 对象
           URL url=new URL("http://www.csu.edu.cn:80/index.html");
           //打印一个 URL 对象
           System.out.printf("URL: %s%n", url);
           //打印 URL 的协议名称
           System.out.printf("Protocal: %s%n", url.getProtocol());
           //打印 URL 的主机名
           System.out.printf("Host: %s%n", url.getHost());
           //打印 URL 的端口号
           System.out.printf("Port: %d%n", url.getPort());
           //打印 URL 所在的文件名
           System.out.printf("File: %s%n", url.getFile());
           }catch(MalformedURLException e) {
           e.printStackTrace();
      }
     }
  }
```

运行例 8-2 的代码，结果如图 8-1 所示。

```
URL: http://www.csu.edu.cn:80/index.html
Protocal: http
Host: www.csu.edu.cn
Port: 80
File: /index.html
```

【例 8-3】使用 openStream()方法读取新浪网站首页的内容：OpenUrl.java。

```
import java.net.*;
import java.io.*;
public class OpenUrl {
   public String getContent(String strUrl) {
   // 一个 public 方法，返回字符串，错误则返回"error open url"
      try {
          URL url=new URL(strUrl);        //创建 URL 对象
          String str;
          InputStream st1=null;
          st1=url.openStream();         //通过 openStream()方法创建输入流对象
          InputStreamReader ins=new InputStreamReader(st1,"gb2312");
          BufferedReader br=new BufferedReader(ins);
          String s="";
          StringBuffer sb=new StringBuffer("");
          while((s=br.readLine())!=null) {//从 URL 处获取信息
            sb.append(s+"\r\n");
         }
         br.close();
         return sb.toString();
      }
      catch(MalformedURLException e) {    //捕获 URL 类可能产生的异常
          return "error open url" + strUrl;
      }
      catch(IOException e) {              //捕获 IO 异常
          return e.getMessage();
      }
}
  public static void main(String[] args) {
  //具体使用方法
     OpenUrl ou=new OpenUrl();
     System.out.println(ou.getContent("http://www.sina.com.cn"));
  }
}
```

在例 8-3 中，使用 URL 类的 openStream()读取新浪网站首页页面的具体内容，输出结果如下所示。

```
<!DOCTYPE   html   PUBLIC   "-//W3C//DTD   XHTML   1.0   Transitional//EN"
"http://www.w3.org/TR/xhtml1/DTD/xhtml1-transitional.dtd">
<!--[30,69,1] published at 2011-12-16 20:39:05 from #150 by system-->
<html xmlns="http://www.w3.org/1999/xhtml">
<head>
<meta http-equiv="Content-Type" content="text/html; charset=gb2312" />
<title>新浪首页</title>
```

```
<meta name="description" content="新浪网为全球用户 24 小时提供全面及时的中文资讯，内容覆盖国内外突发新闻事件、体坛赛事、娱乐时尚、产业资讯、实用信息等，设有新闻、体育、娱乐、财经、科技、房产、汽车等 30 多个内容频道，同时开设博客、视频、论坛等自由互动交流空间。" />
<meta name="stencil" content="PGLS000022" />
<meta name="publishid" content="30,69,1" />
<meta http-equiv="X-UA-Compatible" content="IE=EmulateIE7" />
<meta name="verify-v1" content="6HtwmypggdgP1NLw7NOuQBI2TW8+CfkYCoyeB8IDbn8= " />
（省略部分）
```

8.2.2 URLConnection 类

URLConnection 类也在包 java.net 中定义，它表示 Java 程序和 URL 在网络上的通信连接。当与一个 URL 建立连接时，首先要在一个 URL 对象上通过方法 openConnection()创建对应的 URLConnection 对象。

1. 创建 URLConnection 对象

创建 URLConnection 类的对象之前必须首先创建一个 URL 对象，然后调用该对象的 openConnection()方法就返回一个对应其 URL 地址的 URLConnection 对象。例如：

```
URL url=new URL("http://www.edu.cn");
URLConnection connect=url.openConnection();
```

2. URLConnection 的方法

在创建 URLConnection 对象之后，就可以使用下面的方法完成相应的操作。

（1）public Object getContent() throws IOException：获取资源内容。

（2）public int getContentLength()：获取资源信息的长度。

（3）public String getContentType()：获取资源信息的类型。

（4）public long getDate()：获取资源的当前日期。

（5）public long getLastModified()：获取资源的最后修改日期。

（6）public String getHeaderField(int n)：返回第 n 个头部字段的值。

（7）public InputStream getInputStream() throws IOException：获取输入流。

（8）public OutputStream getOutputStream() throws IOException：获取输出流。

【例 8-4】使用 URLConnection 类提取新浪网站首页的内容实例：URLConnectionTest.java。

```
import java.net.*;
import java.io.*;
import java.util.Date;
public class URLConnectionTest {
    public static void main(String[] args) throws Exception {
        URL http=new URL("http://www.sina.com.cn");  //创建 URL 对象
        //获取 URL 的授权方
        System.out.println("Authority: " + http.getAuthority());
        //获取资源内容
        System.out.println("Content: " + http.getContent());
        //获取该 URL 所对应的文件名
        System.out.println("File: " + http.getFile());
        //获取该 URL 所对应的主机名
         System.out.println("Host: " + http.getHost());
```

```
        //获取该 URL 的协议名称
        System.out.println("Protocol: " + http.getProtocol());
        //返回 URLConnection 对象
        URLConnection connect=http.openConnection();
        //获取资源的当前日期
        System.out.println("Date: " + new Date(connect.getDate()));
        //获取资源信息的类型
        System.out.println("Content-Type: " + connect.getContentType());
        //获取资源的最后修改日期
        System.out.println("Last-Modified: "
              + new Date(connect.getLastModified()));
        //获取资源内容的长度
        long length=connect.getContentLength();
        //获取资源的第三个头部字段的值
        System.out.println("Content-Length: " + length);
        System.out.println("Header: " + connect.getHeaderField(3));
        if (length>0) {
           System.out.println("===网页的内容===");
           //获取输入流
           BufferedReader input=new BufferedReader(
                 new InputStreamReader(connect.getInputStream(),"gb2312"));
           String line;
           while ((line=input.readLine())!=null) {
              System.out.println(line);
           }
           input.close();
        } else {
           System.out.println("No Content Available");
        }
    }
}
```

运行例 8-4，结果如下所示。

```
Authority: www.sina.com.cn
    Content:
sun.net.www.protocol.http.HttpURLConnection$HttpInputStream@156ee8e
File:
Host: www.sina.com.cn
Protocol: http
Date: Fri Dec 16 20:44:03 CST 2011
Content-Type: text/html
Last-Modified: Fri Dec 16 20:39:07 CST 2011
Content-Length: 599842
Header: mod_xlayout/rc2
=== 网页的内容===
    <!DOCTYPE html PUBLIC "-//W3C//DTD XHTML 1.0 Transitional//EN"
"http://www.w3.org/TR/xhtml1/DTD/xhtml1-transitional.dtd">
<!--[30,69,1] published at 2011-12-16 20:39:05 from #150 by system-->
<html xmlns="http://www.w3.org/1999/xhtml">
```

```
<head>
<meta http-equiv="Content-Type" content="text/html; charset=gb2312" />
<title>新浪首页</title>
(省略部分)
```

通过运行该程序可以看到，由于新浪网站当前文件名处于不可提取状态，http.getFile()返回null。另外，connect.getDate()以及 connect.getLastModified()以毫秒方式返回日期，代码中利用 java.util 包中的 API 类 Date，创建日期对象，并将毫秒作为构造方法的参数，以便产生格式化的日期。另外，使用 URLConnection 类还可以建立通信，向服务器传递数据。

8.3 Socket 编程

目前，客户端/服务器（Client/Server，C/S）结构的应用十分广泛，例如聊天工具、下载工具等，都是采用这种结构。即通信双方一方作为服务器等待客户提出请求并予以响应，客户则在需要服务时向服务器提出申请。服务器一般作为守护进程始终运行，监听网络端口，一旦有客户请求，就会启动一个服务进程来响应该客户，同时自己继续监听服务端口，使后来的客户也能及时得到服务。Socket 技术是客户/服务器编程的基础。

8.3.1 Socket 的概念

两个进程间可以通过一个双向的网络通信连接实现数据交换，这种通信链路的端点被称为 Socket（套接字）。套接字是支持 TCP/IP 网络通信的基本操作单元，可以看做是不同主机之间的进程进行双向通信的一种约定方式，用以区分不同应用程序进程之间的网络通信与连接。使用 Socket 进行 Client/Server 程序设计的一般连接过程是这样的：Server 端 Listen（监听）某个端口是否有连接请求，Client 端向 Server 端发出 Connect（连接）请求，Server 端向 Client 端回复 Accept（接受）消息，一个连接就建立起来了。Server 端和 Client 端都可以通过 Send、Write 等方法与对方通信。

Socket 有两种主要的操作方式：面向连接的和无连接的。面向连接的操作使用 TCP，无连接的操作使用 UDP。通过 TCP 传输，得到的是一个顺序的无差错数据流。发送方和接收方的成对的两个 socket 之间必须建立连接，以便在 TCP 的基础上进行通信，当一个 socket（通常都是 server socket）等待建立连接时，另一个 socket 可以要求进行连接，一旦这两个 socket 连接起来，它们就可以进行双向数据传输，双方都可以进行发送或接收操作。UDP 是一种无连接的协议，每个数据报都是一个独立的信息，包括完整的源地址或目的地址，它在网络上以任何可能的路径传往目的地，因此能否到达目的地，到达目的地的时间以及内容的正确性都是不能被保证的。

对于一个功能齐全的 Socket，都要包含以下基本结构，其工作过程包含以下 4 个基本的步骤：

（1）创建 Socket。

（2）打开连接到 Socket 的输入/输出流。

（3）按照一定的协议对 Socket 进行读/写操作。

（4）关闭 Socket。

java.net 包提供 4 类套接字：

（1）Socket 是 TCP 客户端 API，负责处理客户端网络通信。

（2）ServerSocket 是 TCP 服务器 API，负责处理服务器端的网络通信。

（3）DatagramSocket 是 UDP 端点 API，用于发送和接收数据报。

（4）MulticastSocket 是 DatagramSocket 的子类，在处理多播组时使用。

8.3.2 Socket 编程

Socket 要完成的通信就是基于连接的通信。建立连接所需的程序分别运行在客户端和服务器端。因此，Socket 提供了 Socket 类和 SeverSocket 类分别应用于客户端和服务器端的 Socket 通信。

1. Socket 类

Socket 类是负责处理客户端网络通信的 Java 类，它提供了一个类似于标准 UNIX 套接字的客户端套接字接口。通过这个类可以连接到指定 IP 或域名的服务器上，并且可以和服务器交换数据。

建一个 Socket 实例，其构造方法有以卜 4 种：

（1）public Socket(String host, int port) ：创建一个数据流 Socket，并将它连到相应的端口上。host 参数包被分配到 InetAddress 对象中，如果没有 IP 地址与 host 参数相一致，那么将抛出 UnknownHostException 异常对象。

（2）public Socket(InetAddress host, int port)：创建一个数据流 Socket，并将它连到相应的端口上。InetAddress 子类对象通过 host 参数获得服务器主机的 IP 地址。

（3）public Socket(String host, int port, InetAddress interface, int localPort)：创建一个数据流 Socket，并将它连到相应指定的远端地址的端口上。

（4）public Socket(InetAddress host, int port, InetAddress interface, int localPort)：创建一个数据流 Socket，并将它连到相应指定的远端地址的端口上。

其中 host 是要连接的服务器，可以是主机名或者地址，port 是服务器端口号，interface 是客户端的网络接口，localPort 是客户端的端口号。因此，前两种构造方法只需指定远端服务器与连接时服务器所使用的端口，而本地客户端的部份则全部交由程序自行决定，后两种构造方法则需要指定远端与本身的所有相关信息。

可能出现的异常有两种：UnknownHostException（无法识别主机）与 IOException（无法建立连接）。除此以外，客户端可以通过两种方式连接服务器，一种是通过 IP 的方式连接服务器，而另外一种是通过主机名方式来连接服务器。在很多程序设计语言中（如 C/C++、Pascal）使用主机名方式连接服务器时必须自己先将主机名解析成 IP，然后再通过 IP 进行连接，而在 Java 中已经将解析功能包含在 Socket 类中，因此，可以像使用 IP 一样使用主机名。

Socket 类中有如下两个重要的方法：

（1）public InputStream getInputStream()：获取 Socket 所发送的信息。

（2）public OutputStream getOutputStream()：获取 Socket 所接收的信息。

【例 8-5】利用 localhost 和端口 1688（可以是 1 024 ~ 65 535 之间的任何一个端口），进行客户/服务器之间的数据交流：SocketClientTest.Java。

```
import java.io.*;
import java.net.*;
import java.util.*;
//注意:需要先运行例 8-6: SocketServerTest.java。
public class SocketClientTest {
    public static void main(String[] args) {
```

```
        try {
            //在 1688 端口创建一个 socket
            Socket clientSocket=new Socket("localhost", 1688);
            //获取 Socket 发送的信息
            InputStream inData=clientSocket.getInputStream();
            //获取 Socket 接收的信息
            OutputStream outData=clientSocket.getOutputStream();
            PrintWriter toServer=new PrintWriter(outData, true);
            //创建一个 Scanner 对象获取用户在控制台的输入
            Scanner sc=new Scanner(System.in);
            //创建一个 Scanner 对象读取所接收的信息
            Scanner data=new Scanner(inData);
            String heading=data.nextLine();
            System.out.println(heading);
            while(sc.hasNextLine()) {
                String line=sc.nextLine();
                //打印客户端所发送的内容
                toServer.println(line);
                String fromServer=data.nextLine();
                //打印服务器所返回的内容
                System.out.println(fromServer);
                //当服务器返回内容为"Bye!"时，结束用户输入
                if(fromServer.equals("Bye!")) {
                    System.out.println("Now is disconnected...");
                    break;
                }
            }
            clientSocket.close();
        } catch(IOException e) {
            e.printStackTrace();
        }
    }
}
```

在例 8-5 中，当用户从键盘输入的数据传递给服务器时，使用 PrintWrite 创建一个封装有 Socket 输出流至服务器的对象 outData，并利用 truc 作为选项，实现对输入流缓冲器的实时刷新。程序中还利用 Scanner 创建了封装有服务器端输入流 inData 的对象 data，用来扫描从服务器传送过来的数据，并将其显示到屏幕上。

要获取 Socket 所发出的信息，可以使用 getInputStream()方法，而要获取 Socket 所接收到的信息，可以使用 getOutputStream()方法。使用这两个方法时，可以将信息当作 I/O 流来处理，就如同用 Java 语言进行文件读取操作一样。至于这些信息在网络中具体是如何交互的，开发人员完全无须理会，Java 语言会自动完成相关的底层运作。

另外，通过调用 Socket 类中的 getInetAddress()方法可以获得远程主机的 IP 地址（在服务器端使用该方法将获得客户端的 IP 地址，而在客户端使用该方法将获得服务器端的 IP 地址）、getLocalAddress()方法可以获得本机 IP 地址、 getLocalPort()方法可以获得本机端口号、getPort()方法可以获得服务器端口号。

2. ServerSocket 类

前面的 Socket 类主要用于客户端，如果要开发一个服务器端程序则需要使用 ServerSocket 类，它包括了一般的服务器监听和与客户端连接的方法，ServerSocket 提供 3 种构造方法：

（1）public ServerSocket(int port)：在指定端口上创建一个服务器 Socket。如果端口号为 0，则在任意可用的端口上创建服务器 Socket。该 Socket 可以提供的最大连接数为 50，如果连接数超过 50，那么这个连接就会被拒绝。

（2）public ServerSocket(int port, int queuelength)：实现的功能类似第 1 种，只是该 Socket 可以提供的最大连接数为 queuelength，如果连接数超过 queuelength，那么这个连接就会被拒绝。

（3）public ServerSocket(int port, int queuelength, InetAddress bindAddr)：创建一个服务器 Socket。参数 bindAddr 为该服务器绑定的本地 IP 地址。如果 bindAddr 为空，那么它将认为是本地的任何一个有效地址。

ServerSocket 有如下 3 个重要的方法：

（1）public InputStream getInputStream()：获取 Socket 所发送的信息。

（2）public OutputStream getOutputStream()：获取 Socket 所接收的信息。

（3）public socket accept() throws IOException：监听并捕获连接到此端口的 Socket。

【例 8-6】利用 ServerSocket 监视请求：SocketServerTest.java。

```
import java.io.*;
import java.net.*;
import java.util.*;
public class SocketServerTest {
   public static void main(String[] args) {
      System.out.println("Welcome! The server is running....");
      try {
         //在 1688 端口创建 ServerSocket
         ServerSocket server=new ServerSocket(1688);
         //监听并捕获一个连接到此端口的 Socket
         Socket fromClient=server.accept();
         System.out.println("Connected to the client....");
         //获取所发送的信息
         InputStream inData=fromClient.getInputStream();
         //获取所接收的信息
         OutputStream outData=fromClient.getOutputStream();
         PrintWriter toClient=new PrintWriter(outData, true);
         toClient.println("Type quit to STOP");
         //创建一个 Scanner 对象来读取所接收的信息
         Scanner data=new Scanner(inData);
         while(data.hasNextLine()) {
            String line=data.nextLine();
            //当用户输入的信息为"quit"时，向客户端返回"Bye!"
            if (line.equalsIgnoreCase("quit")) {
               server.close();
               toClient.println("Bye!");
               break;
            }
            //将用户输入的信息转换为大写，然后发送回客户端
            toClient.println(line.toUpperCase());
```

```
            }
        } catch(IOException e) {
            e.printStackTrace();
        }
    }
}
```

在例 8-6 中,服务器端程序首先利用 ServerSocket 创建有指定监控端口的对象,并调用 accept()方法来接收任何从这个端口试图连接服务器的请求。代码其他部分与客户端程序相似。

注意:测试时,首先运行服务器端程序,再运行客户端程序。

下面是一个实际的 Socket 通讯的应用程序。

【例 8-7】 Socket 通讯的服务器应用程序:MyServer.java。该程序的目的在于服务器不断接收客户机所写入的信息,直到客户机发送“quit”字符串时退出程序,并且服务器也会发出“has receive ...”为回应,告知客户机已接收到消息。

```
import java.io.*;
import java.net.*;
public class MyServer {
    public static void main(String[] args) throws IOException {
        //在5678端口创建一个ServerSocket
        ServerSocket server=new ServerSocket(5678);
        //监听并捕获一个连接到此端口的Socket
        Socket client = server.accept();
        //获取所发送的信息
        InputStream inData=client.getInputStream();
        InputStreamReader isR=new InputStreamReader(inData);
        BufferedReader in=new BufferedReader(isR);
        //获取所接收的信息
        OutputStream outData=client.getOutputStream();
        PrintWriter out=new PrintWriter(outData, true);
        while(true) {
            String str=in.readLine();
            System.out.println(str);
            out.println("has receive ...");
            out.flush();
            //当接收到的信息为"quit"时,停止接收信息
            if(str.equals("quit")) {
                break;
            }
        }
        client.close();
    }
}
```

【例 8-8】 完成 Socket 通讯的客户程序:SocketClient.java。其目的是接收客户键盘输入,并把该信息输出,以输出“quit”作为退出标识。

```
import java.net.*;
import java.io.*;
public class Client {
    public static void main(String[] args) throws Exception {
```

```
            Socket server=new Socket("localhost", 5678);
            //获取所发送的信息
            Input Stream is=server.getInputStream();
            InputStreamReader isR=new InputStreamReader(is);
            BufferedReader in=new BufferedReader(isR);
            //获取所接收的信息
            OutputStream os=server.getOutputStream();
            PrintWriter out=new PrintWriter(os);
            //获取用户输入的信息
            InputStreamReader userData=(new InputStreamReader(System.in);
            BufferedReader wt=new BufferedReader(userData);
            System.out.println("Type quit to end");
            while(true) {
                String str=wt.readLine();
                out.println(str);
                out.flush();
            //当用户输入的信息为"quit"时，向客户端返回"Bye!"
                if (str.equals("quit")) {
                    break;
                }
                System.out.println(in.readLine());
            }
            server.close();
        }
    }
```

注意，每一个端口提供一种特定的服务，只有给出正确的端口号，才能获得相应的服务。0~1023 的端口号为系统所保留，在选取端口号时，最好选择一个大于 1023 的数以防止发生冲突。

不论是 URL 编程还是 Socket 编程，前面所涉及的计算机网络协议都是 TCP/IP，除此以外，在 Java 的网络程序设计中，还采用 UDP（数据报通信协议）来进行网络通信。

8.4　Datagram 编程

Datagram 编程是基于 UDP 协议的网络程序设计模式，UDP 本身是一种不可靠的网络协议，它在通信实例的两端各建立一个 Socket，但这两个 Socket 之间并没有虚拟链路，这两个 Socket 只是发送、接收数据报的对象，但是由于 Java 虚拟机将 UDP 底层通讯细节隐藏，因此编程人员不必顾及其通讯协议和过程，只需利用 java.net 包中提供的 API 类 DatagramSocket 和 DatagramPacket 进行程序设计，其中 DatagramSocket 用来创建端口间的通信，而 DatagramPacket 用来获取通过网络地址和端口以邮包方式发送来的信息。

8.4.1　Datagram 的概念

数据报（Datagram）是通过网络传输的数据的基本单元，包含一个报头（Header）和数据本身，其中报头描述了数据的目的地以及和其他数据之间的关系。数据报是完备的、独立的数据实体，携带有从源计算机传递到目的计算机的信息，该信息不依赖以前在源计算机和目的计算机以及传输网络间交换，就像日常生活中的邮件系统一样，不能保证可靠的寄到，而面向链接的 TCP 就好比电话，双方能肯定对方接收到了信息。

java.net 包中提供了 DatagramSocket 和 DatagramPacket 两个类来支持数据报通信。

DatagramSocket 的构造方法：

（1）DatagramSocket()：创建一个 UDP Socket，并且系统给它分配一个可用的端口号。

（2）DatagramSocket(int prot)：创建一个 UDP Socket，并且程序员给它分配一个端口号。

（3）DatagramSocket(int port, InetAddress laddr)：创建一个 UDP Socket，并将它绑定到参数所示的地址和端口上。

其中 port 指明 socket 所使用的端口号，如果未指明端口号，则把 socket 连接到本地主机上一个可用的端口。laddr 指明一个可用的本地地址。给出端口号时要保证不发生端口冲突，否则会生成 SocketException 类例外。

注意： 上述的构造方法都声明抛弃非运行时例外 SocketException，程序中必须进行处理，或者捕获、或者声明抛弃。

DatagramPacket 有如下 4 个构造方法：

（1）DatagramPacket(byte[] buf, int length)：创建一个数据报，其中 buf 为存放该数据报数据的数组，length 为数据的长度。

（2）DatagramPacket(byte[] buf, int length, InetAddress addr, int port)：创建一个数据报，其中 buf 为存放该数据报数据的数组，length 为数据的长度，addr 为地址，port 为端口号。

（3）DatagramPacket(byte[] buf, int offset, int length)：创建一个数据报，其中 buf 为存放该数据报数据的数组，offset 为数据的偏移量，length 为数据的长度。

（4）DatagramPacket(byte[] buf, int offset, int length, InetAddress address, int port)；创建一个数据报，其中 buf 为存放该数据报数据的数组，offset 为数据的偏移量，length 为数据的长度，addr 为地址，port 为端口号。

用数据报方式编写 Client/Server 程序时，无论在客户端还是服务端，首先都要建立一个 DatagramSocket 对象，用来接收或发送数据报，然后使用 DatagramPacket 类对象作为传输数据的载体。

8.4.2 Datagram 编程的方法

在接收数据前，一般采用 DatagramPacket()方法生成一个 DatagramPacket 对象，并给出接收数据的缓冲区及其长度。然后调用 DatagramSocket 的方法 receive()等待数据报的到来，receive()将一直等待，直到收到一个数据报为止。例如：

```
DatagramPacket packet=new DatagramPacket(buf, 256);
Socket.receive(packet);
```

发送数据前，也要先生成一个新的 DatagramPacket 对象，这时可以使用 DatagramPacket(byte buf[], int length, InetAddress addr, int port)方法，在给出存放发送数据的缓冲区的同时，还给出完整的目的地址（包括 IP 地址和端口号）。发送数据可以通过 DatagramSocket 的方法 send()实现，send()根据数据报的目的地址来寻径，以传递数据报。例如：

```
DatagramPacket packet=new DatagramPacket(buf, length, address, port);
Socket.send(packet);
```

在构造数据报时，要给出 InetAddress 类参数。InetAddress 类在包 java.net 中定义，用来表示一个 Internet 地址，可以通过它提供的类方法 getByName()从一个表示主机名的字符串获取该主机的 IP 地址，然后再获取相应的地址信息。

下面的例子利用 DatagramSocket 和 DatagramPacket 类来模拟客户端和服务器端的通信，将用户的输入发送到服务器端，转换为大写字母，并将结果传回给用户。

【例 8-9】利用 UDP 通信协议传递数据的程序：DatagramServerTest.java。

（1）服务器端代码如下：

```
import java.io.*;
import java.net.*;
public class DatagramServerTest {
    public static void main(String[] args) {
        System.out.println("Welcome! The server is running....");
        String line
        ="Datagram packet from server: I love Java programming.\n";
        String promptString=line.toUpperCase() + "Enter quit to STOP";
        try {
            //在 1688 端口创建一个 DatargamSocket
            DatagramSocket socket=new DatagramSocket(1688);
            //创建一个数据报
            DatagramPacket receivePacket;
            //初始化存放数据报内容的缓存
            byte[] buf=new byte[256];
            receivePacket=new DatagramPacket(buf, buf.length);
            //监听并接收数据报
            socket.receive(receivePacket);
            buf=promptString.getBytes();
            //获取发送该数据报的主机地址
            InetAddress address=receivePacket.getAddress();
            //获取发送该数据报的主机端口
            int port=receivePacket.getPort();
            //发送数据报
            sending(socket, buf, buf.length, address, port);
            while(true) {
                //初始化存放数据报内容的缓存
                buf=new byte[256];
                //创建一个数据报对象 recievePacket
                receivePacket=new DatagramPacket(buf, buf.length);
                //接收一个数据报并将其存放在 recivePacket 中
                socket.receive(receivePacket);
                //将数据报的数据转换成字符串
                String receive=new String(receivePacket.getData());
                //把字符串转换为大写
                buf=receive.toUpperCase().getBytes();
                //发送回客户端
                sending(socket, buf, buf.length, address, port);
                buf=new byte[256]; //清空缓存
                //计算数据报大小并将该数据报大小发送给客户端
                String wordCount="(Converting from server and packet length:
                "+receive.trim().length() + ")";
                receivePacket=new DatagramPacket(buf, buf.length);
```

```
                socket.receive(receivePacket);
                buf=wordCount.getBytes();
                sending(socket, buf, buf.length, address, port);
            }
        } catch(IOException e) {
            e.printStackTrace();
        }
    }

    /**
     * 发送数据报
     * @param socket DatagramSocket 对象
     * @param buf 数据报内容
     * @param length 数据报内容长度
     * @param address 目的地址
     * @param port 目的端口
     */
    public static void sending(DatagramSocket socket,
                               byte[] buf, int length,
                               InetAddress address, int port) {
        //创建一个待发送的数据报
        DatagramPacket sendPacket
        =new DatagramPacket(buf, length, address, port);
        try {
            //发送数据报
            socket.send(sendPacket);
        } catch(IOException e) {
            e.printStackTrace();
        }
    }
}
```

（2）客户端代码如下：

```
import java.io.*;
import java.net.*;
import java.util.*;
public class DatagramClientTest {
    public static void main(String[] args) {
        try {
            //创建一个 DatagramSocket
            DatagramSocket socket=new DatagramSocket();
            //初始化存放数据报内容的缓存
            byte[] buf=new byte[256];
            //初始化目的地址
            InetAddress address=InetAddress.getByName("127.0.0.1");
            //发送一个数据报到目的地址的 1688 端口
            sending(socket, buf, buf.length, address, 1688);
            //接收数据报
            String received=receiving(socket, buf, buf.length);
            //打印所接收到的数据报内容
            System.out.println(received);
```

```
            //创建一个Scanner对象捕获用户输入
            Scanner sc=new Scanner(System.in);
            while(sc.hasNextLine()) {
                String line=sc.nextLine();
                //如果用户输入"quit"，则结束输入
                if (!line.trim().equals("quit")) {
                    buf=new byte[256];
                    buf=line.getBytes();
                    sending(socket, buf, buf.length, address, 1688);
                    received=receiving(socket, buf, buf.length);
                    System.out.println(received);
                    buf=new byte[256];
                    sending(socket, buf, buf.length, address, 1688);
                    received=receiving(socket, buf, buf.length);
                    System.out.println(received);
                } else {
                    break;
                }
            }
            socket.close();
        } catch(IOException e) {
            e.printStackTrace();
        }
    }
    /**
     * 发送数据报
     * @param socket DatagramSocket 对象
     * @param buf 数据报内容
     * @param length 数据报内容长度
     * @param address 目的地址
     * @param port 目的端口
     */
    public static void sending(DatagramSocket socket,
                byte[] buf, int length, InetAddress address, int port) {
        DatagramPacket sendPacket
                =new DatagramPacket(buf, length, address, port);
        try {
            socket.send(sendPacket);
        } catch(IOException e) {
            e.printStackTrace();
        }
    }
    /**
     * 接收数据报
     * @param socket DatagramSocket 对象
     * @param buf 数据报内容
     * @param length 数据报内容长度
     * @return 数据报内容
     */
```

```
    public static String receiving(DatagramSocket socket,
                                   byte[] buf, int length) {
        DatagramPacket receivePacket=new DatagramPacket(buf, length);
        String received=null;
        try {
            socket.receive(receivePacket);
            received=newString(receivePacket.getData(),0,receivePacket.
            getLength());
        } catch(IOException e) {
            e.printStackTrace();
        }
        return received;
    }
}
```

在例 8-9 中，将客户端的英文输入通过数据包发送到服务器端程序，将小写字母转换为大写，并将结果传回给用户端。其功能与 Socket 和 ServerSocket 相似，但增加了统计并返回邮包的长度操作。

DatagramSocket 只允许数据报发送一个目的地址，java.net 包中提供了一个类 MulticastSocket，允许数据报以广播方式发送到该端口的所有客户。MulticastSocket 用在客户端，可监听服务器广播的数据。

下面这个例子演示了一种常见的数据广播通信，在运行此例前，先创建一个文本文件 MulticastInfo.txt，内容如下：

This is a Java program.

```
chapter 8.
example 8-10.
multicast socket.
Do you get it?
```

【例 8-10】一个常见的数据广播通信。

（1）客户端程序：MulticastClient.java。

```
import java.io.*;
import java.net.*;
public class MulticastClient {
    public static void main(String[] args) throws IOException {
        //创建 8089 端口的广播套接字
        MulticastSocket socket=new MulticastSocket(8089);
        //得到 230.0.0.1 的地址信息
        InetAddress address=InetAddress.getByName("230.0.0.1");
        //使用 joinGroup()将广播套接字绑定到地址上
        socket.joinGroup(address);
        DatagramPacket packet;
        for(int i=0;i<5;i++) {
            //创建缓冲区
            byte[] buf=new byte[256];
            //创建接收数据报
            packet=new DatagramPacket(buf, buf.length);
            //接收
            socket.receive(packet);
            //由接收到的数据报得到字节数组，并由此构造一个 String 对象
```

```
            String received=new String(packet.getData());
            //打印得到的字符串
            System.out.println("Quote of theMoment:" + received);
        }
        //把广播套接字从地址上解除绑定
        socket.leaveGroup(address);
        //关闭广播套接字
        socket.close();
    }
}
```

（2）服务器端程序：MulticastServer.java。

```
public class MulticastServer {
    public static void main(String[] args) throws java.io.IOException {
        //启动一个服务器线程
        new MulticastServerThread().start();
    }
}
```

（3）程序 MulticastServerThread.java。

```
import java.io.*;
import java.net.*;
import java.util.*;
public class MulticastServerThread extends QuoteServerThread {
    private long FIVE_SECONDS = 5000;  //定义常量，5 秒钟
    public MulticastServerThread() throws IOException {
        //调用父类，即 QuoteServerThread 的构造函数
        super("MulticastServerThread");
    }
    public void run()  //重写父类的线程主体
    {
        //根据标志变量判断是否继续循环
        while(moreQuotes) {
            try {
                //创建缓冲区
                byte[] buf=new byte[256];
                String dString=null;
                //如果初始化时打开文件失败，则使用日期作为要传送的字符串
                if (in==null) {
                    dString=new Date().toString();
                } else //否则调用成员函数从文件中读出字符串
                {
                    dString=getNextQuotes();
                }
                //把 String 转换成字节数组，以便传送
                buf=dString.getBytes();
                //得到 230.0.0.1 的地址信息
                InetAddress group=InetAddress.getByName("230.0.0.1");
                //根据缓冲区、广播地址和端口号创建 DatagramPacket 对象
                DatagramPacket packet=
                        new DatagramPacket(buf, buf.length, group, 8089);
```

```
            //发送该 packet
            socket.send(packet);
            try {
                //随机等待一段时间，0~5 秒之间
                sleep((long) (Math.random()*FIVE_SECONDS));
            } catch(InterruptedException e) {
                e.printStackTrace();
            }
        } catch(IOException e) {
            e.printStackTrace();  //打印错误栈
            moreQuotes=false;  //置结束循环标志
        }
    }
    socket.close();  //关闭广播套接字接口
  }
}
```

（4）程序：QuoteServerThread.java。

```
import java.io.*;
import java.net.*;
import java.util.*;
//服务器线程
public class QuoteServerThread extends Thread{
    //记录和本线程相对应的 DatagramSocket 对象
    protected DatagramSocket socket=null;
    //读取文件文件的 Reader
    protected BufferedReader in=null;
    //是否继续的标志
    protected boolean moreQuotes=true;
    public QuoteServerThread() throws IOException {
        this("QuoteServerThread");
    }
    public QuoteServerThread(String name) throws IOException {
        //调用父类的构造函数
        super(name);
        //在端口 8088 创建数据报套接字
        socket=new DatagramSocket(8088);
        try {
            //打开一个文件，构造相应的 BufferReader 对象
            FileReader f=new FileReader("MulticastInfo.txt");
            in=new BufferedReader(f);
        }catch(FileNotFoundException e) {
            System.err.println("Could not open quote file. "
                    + "Serving time instead.");
        }
    }
    public void run(){  //线程主体
        System.out.println("server starting...");
        while(moreQuotes) {
```

```
        try  {
            //创建缓冲区
            byte[] buf=new byte[256];
            //由缓冲区构造 DatagramPacket 对象
            DatagramPacket packet=new DatagramPacket(buf,buf.length);
            //接收数据报
            socket.receive(packet);
            String dString=null;
            //如果初始化时打开文件失败
            If  (in==null) {
                //则使用日期作为要传送的字符串
                dString=new Date().toString();
            }else  {
                //否则调用成员函数从文件中读出字符串
                dString=getNextQuotes();
            }
            //把 String 转换成字节数组，以便传送
            buf=dString.getBytes();
            //从客户端传来的 packet 中得到客户地址
            InetAddress address=packet.getAddress();
            //从客户端传来的 packet 中得到客户端口号
            int port=packet.getPort();
            //根据客户端信息构建 DatagramPacket
            packet=new DatagramPacket(buf,buf.length,address,port);
            //发送数据报
            socket.send(packet);
        }catch(IOException e) {
            e.printStackTrace();  //打印错误栈
            moreQuotes=false;      //标志变量置 false，以结束循环
        }
    }
    socket.close();  //关闭数据报套接字
}

protected String getNextQuotes()  {
    //成员函数，从文件中读数据
    String returnValue=null;
    Try  {
            //从文件中读一行，如果读到了文件尾
        If  ((returnValue=in.readLine())==null) {
            //关闭输入流
            in.close();
            //标志变量置 false，以结束循环
            moreQuotes=false;
            //置返回值
            returnValue="No more quotes. Goodbye.";
        }
    }catch(IOException e)  {
        //置异常返回值
```

```
            returnValue=e.getMessage();
        }
        return returnValue;
    }
}
```

先运行 MulticastClient.java，再运行 MulticastServer.java，可以看到在客户端会接收到广播信息，结果如下所示。

```
run:
Quote of theMoment: This is a Java program.
Quote of theMoment: chapter 8.
Quote of theMoment: example 8-10.
Quote of theMoment: multicast socket.
Quote of theMoment: Do you get it?
```

小　结

（1）因为 TCP/IP 是 Java 网络程序设计的基础知识，因此要重点理解 TCP/IP 中的一些基本概念，例如：主机名、IP 地址、端口、服务类型、TCP 协议、UDP 协议等。

（2）计算机网络形式多样，内容复杂。网络上的计算机要相互通信，必须遵循一定的协议。TCP/IP 和 UDP 是两个重要的网络通信协议。TCP 是面向连接的通信协议，UDP 是无连接的通信协议。Java 提供的 java.net 包是一种强有力的网络支持机制，其中分别为 TCP 和 UDP 提供了相应的类，TCP 为 ServerSocket（用于服务器端）和 Socket（用于客户端）类，UDP 为 DatagramPacket 和 DatagramSocket 类，它们构成了网络应用开发的基础。

（3）java.net 程序包提供的网络程序设计功能分为 3 大类：URL 编程、Socket 编程与 Datagram 编程。

（4）由于使用 URL 十分方便直观，尽管其功能有限，但还是一种值得推荐的网络编程方法，尤其是对于初学者特别容易接受。本质上讲，URL 网络编程在传输层使用的还是 TCP，通过 URL 类和 URLConnection 类访问 WWW 网络资源。

（5）Socket 编程是基于 TCP 协议的，用到的类主要有 Socket 和 ServerSocket。网络上的两个程序通过一个双向的通信连接实现数据的可靠交换，这个双向链路的一端被称为一个 Socket。Socket 是 TCP/IP 的一个十分流行的编程界面，通常用来实现客户端和服务端的链接。一个 Socket 由一个 IP 地址和一个端口号唯一确定。Socket 是一种用于网络通信的底层开发接口，借助于通信两端的应用程序（实际上是 Socket）可以利用输入/输出流完成数据交换。

（6）Datagram 编程是基于 UDP 协议的网络程序设计模式，用到的类主要有 DatagramSocket、DatagramPacket 和 MulticastSocket。DatagramSocket 用于在程序之间建立传送数据报的通信连接，DatagramPacket 用来表示一个数据报。每条报文仅根据该包中包含的信息从一台机器路由到另一台机器，从一台机器发送到另一台机器的多个包可能选择不同的路由，也可能按不同的顺序到达，不对包投递作出保证。另外，DatagramPacket 也可以被发送到多播组 MulticastSocket，以允许数据报以广播方式发送到该端口的所有客户。

思考与练习

一、选择题

1. 下列关于 TCP/IP 和 UDP 的说法，错误的是（　　）。
   A. TCP 是一种面向连接的保证可靠传输的协议
   B. UDP 是一种无连接的、不可靠的传输协议
   C. UDP 协议在 Socket 之间进行数据传输之前无须建立连接
   D. 使用 TCP 传输数据是有大小限制的，每个被传输的数据报必须限定在 64 KB 之内
2. Socket 编程实现是基于（　　）的网络程序设计。
   A. URL　　B. TCP/IP　　C. UDP　　D. Datagram
3. Datagram 编程实现是基于（　　）的网络程序设计。
   A. TCP/IP　　B. URL　　C. UDP　　D. Socket
4. 适用（　　）类建立一个 Socket，用于不可靠的数据报的传输。
   A. Applet　　B. Datagramsocket
   C. InetAddress　　D. AppletContext
5. （　　）类的对象中包含有 Internet 地址。
   A. Applet　　B. Datagramsocket　　C. InetAddress　　D. AppletContext
6. InetAddress 类的 getLocalHost 方法返回一个（　　）对象，它包含了运行该程序的计算机的主机名。
   A. Applet　　B. Datagramsocket　　C. InetAddress　　D. AppletContext
7. 下列创建 URL 类对象的语句中，错误的一句是（　　）。
   A. URL myurl=new URL("http://www.edu.cn");
   B. URL myurl=new URL("http","www.edu.cn","index.html");
   C. URL myurl=new URL("http","www.edu.cn", 80);
   D. URL myurl=new URL(myurl,"setup/local.html");
8. 下列语句的正确输出结果是（　　）。
```
URL url = new URL("http://www.csu.edu.cn:80/index.html");
System.out.printf("Protocal:%s  ", url.getProtocol());
System.out.printf("Host:%s  ", url.getHost());
System.out.printf("Port:%d  ", url.getPort());
System.out.printf("File:%s  ", url.getFile());
```
   A. Protocal:www Host:www.csu.edu.cn Port:80 File:/index.html
   B. Protocal:http Host:www.csu.edu.cn Port:80 File:/index.html
   C. Protocal:http Host:www.csu.edu.cn:80 Port:80 File:/index.html
   D. Protocal:http Host:www.csu.edu.cn/index.html Port:80 File:/index.html
9. URL 类中可以用来读取网站页面内容的方法是（　　）。
   A. String getProtocol()　　B. String getFile()
   C. String getQuery()　　D. InputStream openStream()

10. 下列哪个类，允许数据报以广播方式发送到该端口的所有客户（　　）。

    A. Socket　　B. MulticastSocke　　C. DatagramSocket　　D. ServerSocket

二、填空题

1. URL 由________和________两部分组成。
2. 在网络程序设计中需要得到更多 URL 对象所代表的 Web 信息和操作时，则应使用________类。
3. Socket 也称________，是利用软件技术虚拟通信设备，通过端口进行计算机间的通信。
4. Socket 提供了________类和________类分别应用于客户端和服务器端的 Socket 通信。
5. 使用 Socket 进行 Client/Server 程序设计的一般连接过程如下：Server 端________某个端口是否有连接请求，Client 端向 Server 端发出________请求，Server 端向 Client 端发回________消息，这样一个连接就建立完成。
6. 在 Datagram 编程中，________类用于在程序之间建立传送数据报的通信连接，________类则用来表示一个数据报。

三、问答题

1. URL 对象有何作用？其中包含哪 4 部分数据？URLConnection 类与 URL 类有何异同?功能上有哪些增强？
2. 用 Socket 建立一个简单的服务器需要什么步骤？
3. java.net 包中提供了 4 类套接字，请说明是哪 4 类套接字，并分别说明它们的功能。
4. 请说明 Socket 和 Datagram 的编程实现分别是基于什么协议？试比较这两种协议的优缺点。

四、程序分析题

1. 分析以下程序的功能。

```
import java.net.InetAddress;
import java.net.UnknownHostException;
public class NetDemo_1 {
    public static void main(String[] args) {
    try {
    //创建两个 InetAddress 的对象
    InetAddress ind=InetAddress.getByName("www.sohu.com");
    InetAddress ind1=InetAddress.getByName("sohu.com");
    if (ind.equals(ind1))        //判断两个网址是否一样
      System.out.println("这两个网址所显示的主机名一样！");
      else                  //输出两个网址的主机名不一样
      System.out.println("这两个网址所显示的主机名不一样。");
      } catch (UnknownHostException e) {
        //没有查找到网址对应的主机
        e.printStackTrace();
      }
    }
}
```

2. 分析以下程序的功能。

```
import java.io.IOException;
import java.net.Socket;
import java.net.UnknownHostException;
public class NetDemo_2 {
   public static void main(String[] args) {
```

```
        String str="localhost";
        if(args.length>0)
            str=args[0];
        for(int i=100;i<500;i++) {  //使用循环扫描端口
            try {
                Socket s=new Socket();
                System.out.println("There is a server on"+i+"of"+s);
                } catch (Exception e) {
            e.printStackTrace();
            break;
            }
        }
    }
}
```

五、程序填空题

1. 获取给定网址的 IP 地址。

```
import java.net.InetAddress;
import java.net.UnknownHostException;
public class NetDemo_3 {
    public static void main(String[] args) {
        try {
            InetAddress ind=InetAddress.getByName("192.108.33.32");
            System.out.println(________);
            InetAddress ind1=InetAddress.getByName("www.sina.com");
            System.out.println(________);
            } catch(UnknownHostException e) {
            System.out.println(e);
        }
    }
}
```

2. 在 Internet 上搜索对象。

```
import java.io.BufferedInputStream;
import java.io.IOException;
import java.io.InputStream;
import java.io.InputStreamReader;
import java.net.MalformedURLException;
import java.net.URL;
//在 Intenet 上搜索对象
public class NetDemo_4 {
      public static  void main(String[] args) throws IOException {
      String target="";
      for(int i=0;i<args.length;i++)
      target +=args[i]+"";
      target=________;
      URL url;
      try {
      url=new URL("http://www.baidu.com/");
      InputStream in=new BufferedInputStream(url.openStream());
      InputStreamReader isr=new InputStreamReader(in);
      int b;
      while((b= isr.read())!=-1)
      System.out.print(________);
```

```
        } catch(MalformedURLException e) {
        e.printStackTrace();
        }
    }
}
```

六、程序设计题

1. 一个用 Java 编写的完整的客户端程序，它从标准输入设备（键盘）获取客户的输入，发送给服务器端，并将服务器端返回的信息显示到标准输出设备（屏幕）上。

2. 从指定的网站获取该网站首页的 HTML 文本。

3. 使用 URLConnection 类实现获取网站页面信息与 HTML 文本。

4. 用 Socket 编程，读取服务器几个字符，再写入本地显示。

5. 编写程序，用面向连接的网络通信实现一个远程加法器；客户端向服务器发送两个数；服务器计算两个数的和，返回给客户端。分别写出客户端和服务器端的程序。

第 9 章　数据库应用开发

引言

在 Java 中，可以使用文件来保存和读取数据，但文件管理方式往往会产生数据重复导致数据无法同步的问题，而且数据的正确性和相容性，操作的完整性和安全性等诸多问题都不能保证，而采用数据库来存储和管理大量的数据，可以有效地解决这些问题，因此，采用数据库技术进行数据处理是当今的主流技术。

JDBC API 是 Java 中被广泛用来进行数据库操作的 API,通过它可以使用纯 Java 和标准的 SQL 语句编写各种数据库应用程序，并且真正实现了所开发软件的跨平台性。本章介绍 JDBC 的基本概念、JDBC 数据库的连接方式以及数据浏览、输入、删除和修改等数据库操作方法。

学习目标

通过对本章内容的学习，读者应该能够：

- 了解 Java 语言对数据库应用开发的支持。
- 理解数据库的基本概念以及 JDBC 的基本原理。
- 掌握使用 JDBC 技术连接数据库的步骤以及在数据库中添加、修改、查询和删除记录的方法。

9.1　JDBC 概述

JDBC 全称是 Java Database Connectivity，即 Java 数据库连接，它是一种可以执行 SQL 语句的 Java API，由 Java 编写的类、界面组成。程序可通过 JDBC API 连接到关系数据库，并使用结构化查询语言（Structured Query Language，SQL）来完成对数据库的查询、更新。

用 JDBC 编写的程序能够自动地将 SQL 语句传送给相应的数据库管理系统，而且通过使用 JDBC，开发人员可以很方便地将 SQL 语句传送给几乎任何一种数据库。

9.1.1　数据库的基本概念

数据库是按照数据结构来组织、存储和管理数据的仓库，用专业术语来说它是指长期存储在计算机内的、有组织的、可共享的数据集合。数据库管理系统（Database Management System，DBMS）是一种操纵和管理数据库的大型软件，用于建立、使用和维护数据库，对数据库进行统一的管理和控制，以保证数据库的安全性和完整性。它提供多种功能，可使多个应用程序和用户用不同的方法在同时或不同时刻去建立、修改和查询数据库。它使用户能方便地定义和操纵数据，维护数据的安全性和完整性，以及进行多用户下的并发控制和恢复数据库。

目前广泛使用的数据库主要是关系数据库。在关系型数据库中，数据以记录（Record）和字段（Field）的形式存储在数据表（Table）中，若干个表又构成一个数据库。数据表是关系型数据库的一种基本数据结构，它在概念上很像人们日常生活中所使用的二维表格。数据表中的一行称为一条记录，一列称为一个字段，字段有字段名和字段值之分。字段名是表的结构部分，由它确定该列的名称、数据类型和有关属性。字段值是该列中的一个具体值。目前流行的关系数据库管理系统有 Access、SQL Server、Oracle、Sybase 等。

结构化查询语言（Structure Query Language，SQL）是所有关系数据库管理系统的标准语言，其主要功能是同各种数据库建立联系并进行操作。虽然目前数据库的种类繁多，但是它们基本上都支持 SQL 语言标准。

普通用户在使用应用程序的时候也许不需要直接使用 SQL 访问数据库，但是这些应用程序本身肯定是在后台使用 SQL 访问数据库的，因此对于任何程序员都必须掌握基本的 SQL 命令。依照 SQL 命令操作关系型数据库的不同功能，可将 SQL 命令分成 DDL（Data Definition Language，数据定义语言）、DML（Data Manipulation Language，数据操纵语言）、DQL（Data Query Language，数据查询语言）和 DCL（Data Control Language，数据控制语言）四大类，但 SQL 并不是完整的编程语言（例如它不支持控制流等），所以在具体应用程序中它需要和其编程语言结合使用，例如，JDBC 就是将 Java 语言和 SQL 结合的编程接口。

限于篇幅，这里不对 SQL 进行全面细致的介绍，下面仅就最常见的创建数据表以及对表中数据实施增加、删除、修改和查询的 SQL 操作作简单介绍。

（1）创建数据表。使用 Create Table 语句来创建一个数据表。语句基本格式如下：

```
Create Table 表名(字段名 1 数据类型 1[限制条件 1], 字段名 2 数据类型 2[限制条件 2], …)
```

例如：

```
Create Table employee(no char(4) primary key,name char(8), sex char(2),salary
float)
```

上述语句将在数据库中创建一个职工信息表 employee，有 4 个字段，其中第 1 个字段是职工号 no，为 4 个字符宽的文本，并且是主键；第 2 个字段是职工姓名 name，为 8 个字符宽的文本；第 3 个字段是职工性别 sex，为 2 个字符宽的文本；第 4 个字段是职工工资 salary，为单精度浮点类型的数字。

（2）增加记录。使用 Insert 语句可以实现该功能。语句基本格式如下：

```
Insert Into 表名 Values(字段 1 的值,字段 2 的值,…)
```

例如：

```
Insert Into employee Values('1020', '张海明', '男', 3050.50)
Insert Into employee Values('1021', '李小萌', '女', 3690.50)
```

依次向 employee 表中插入 2 条记录。

（3）删除记录。使用 Delete 语句来删除表中的记录。语句基本格式如下：

```
Delete From 表名 [Where 条件]
```

例如：

```
Delete From employee Where no='1029'
```

表示从 employee 表中删除 no 值为 1029 的记录。

需要注意的是，删除语句如果省略了 where 条件，将会删除该表中的所有记录。

（4）更改记录。使用 Update 语句来实现表中记录的更新。语句基本格式如下：

```
Update 表名 Set 字段 1=字段值 1, 字段 2=字段值 2, … [Where 条件]
```

例如：

```
Update employee Set name='赵大海', salary=3650.50 Where no='1020'
```

表示将 employee 表中 no 为 1020 的职员的 name 改为“赵大海”，工资改为 3 650.50 元。

（5）查询。使用 Select 语句实现数据库查询，可以从数据库中查询出符合特定条件的记录（行）或字段（列）。语句基本格式如下：

```
Select 字段列表 From 表 [Where 条件] [Order By 字段]
```

例如：

```
Select no, name From employee Where sex='男'
```

语句执行后得到 employee 表中男职工信息列表，其中只列出职工号和职工姓名两字段信息。

如果要查询表中所有字段的信息，可以用“*”代替字段列表，如上述查询语句可改为：

```
Select * From employee Where sex='男'
```

此外，还可以利用 Order By 子句对查询结果进行排序。例如：

```
Select * From employee Order By name ASC
```

表示将查询结果按职工姓名升序排列。而下列语句：

```
Select * From employee Order By no DESC
```

则表示将查询结果按职工号降序排列。

9.1.2 JDBC 的原理

JDBC 是 Java 和数据库互联的接口，它提供了 SQL 数据库访问机制，在不同的数据库功能模块的层次上提供一个统一的接口。这样，Java 程序员就可以编写独立于特定 DBMS 的 Java 程序，而不必关心底层与具体的数据库相关的连接和访问过程，只需要把精力集中在上层的应用上。

1. JDBC 的结构

JDBC 通过定义一组 API 对象和方法实现同数据库进行交互，如图 9-1 所示。它主要包含两部分：面向 Java 程序员的 JDBC API 及面向数据库厂商的 JDBC Drive API。

（1）面向 Java 程序员的 JDBC API。Java 程序员通过调用此 API 从而实现连接数据库、执行 SQL 语句并返回结果集等功能，它主要是由一系列的接口定义所构成，这些接口基本都包含在包 java.sql.*中。

（2）面向数据库厂商的 JDBC Drive API。数据库厂商提供相应的驱动程序并实现 JDBC API 所要求的基本接口（每个数据库系统厂商提供对 DriveManager、Connection、Statement、ResultSet 等接口的具体实现），从而最终保证 Java 程序员通过 JDBC 实现对不同的数据库操作。

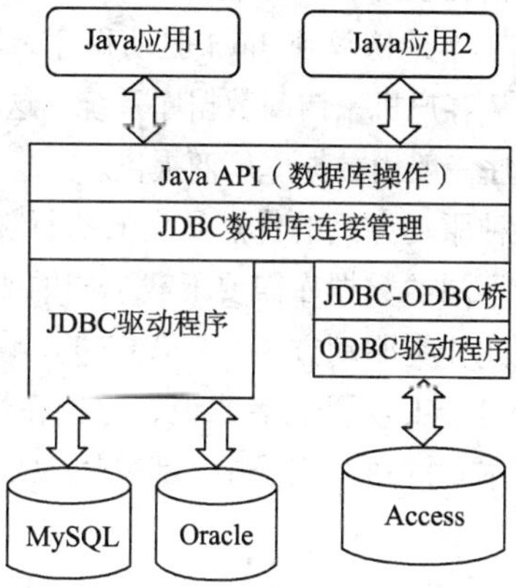

图 9-1　Java 应用程序通过 JDBC 访问不同数据库

2. JDBC 的驱动类型

当 Java 应用程序被移植到不同的平台或数据库系统时，应用程序主体不变，需要改变的是 JDBC 驱动程序，驱动程序扮演了多层数据库设计中的中间层（或中间件）角色。根据其运行条件的不同，常见的 JDBC 驱动程序有 4 种类型。

（1）JDBC-ODBC 桥。ODBC（Open Database Connectivity，开放数据库互连）是微软公司 WOSA（Windows Open Services Architecture，Windows 开放式系统体系结构）中有关数据库的一个组成部

分。ODBC 与 JDBC 类似，它提供了一组对数据库访问的标准 API，利用 SQL 来完成其大部分任务。由于 ODBC 标准出现较早，目前几乎所有的数据库系统都提供 ODBC 驱动程序，因此 Java 对没有提供相应 JDBC 驱动程序的数据库系统（如 Access）开发了特殊的驱动程序：JDBC-ODBC 桥连接。该类驱动程序必须先安装好 ODBC 驱动程序，然后通过 JDBC-ODBC 桥连接，将 JDBC 对数据库的调用方法转化为 ODBC 对数据库的调用方法，最终通过 ODBC 的驱动程序作用于数据库上。

这种驱动方式的优点是只要本地机装有相关的 ODBC 驱动，那么采用 JDBC-ODBC 桥几乎可以访问所有的数据库，但是它执行效率比较低，平台的依赖性比较大。

（2）本地 API。这种类型的驱动程序把客户端 API 上的 JDBC 调用转换为 DBMS 的调用。这种驱动方式将数据库厂商的特殊协议转换成 Java 代码及二进制代码，实现 Java 数据库客户端与数据库服务器的通信。

这种驱动方式的执行效率和 JDBC-ODBC 桥连接的执行效率相比要提高很多，但是由于需要在客户端加载数据库厂商提供的代码库，因此不太适合应用于基于 Internet 的应用。

（3）JDBC 网络纯 Java 驱动程序。这种类型的驱动程序将 JDBC 调用转换成与数据库无关的网络访问协议，利用中间件将客户端连接到不同类型的数据库系统。使用这种驱动程序不需要在客户端安装其软件，并且能访问多种数据库。这种驱动程序是与平台无关的，并且与用户访问的数据库系统无关，是最为灵活的 JDBC 驱动程序。

这种驱动方式的优点在于不需要在客户端加载数据库厂商提供的代码库，在执行效率和可升级性方面比较好，但是这种驱动在中间件层仍然需要有配置其他数据库驱动程序。

（4）本地协议纯 Java 驱动程序。这种类型的驱动程序不通过桥接或中间件来存取数据库，而是直接从客户机来访问数据库系统。这种驱动程序与平台无关，只与特定的数据库有关，因此这类驱动程序一般由数据库厂商提供。

这种驱动方式的优点是它的执行效率非常高，与平台无关，但是由于驱动程序是动态的，因此对于不同的数据库需要下载不同的驱动程序。

上述 4 类驱动方式中，第（3）、（4）两类都是纯 Java 的驱动程序，它们具有 Java 的所有优点，因此，对于 Java 开发者来说，它们在性能、可移植性、功能等方面都有一定的优势。

在本章的所有例子中，都采用 SQL Server 2005 的 JDBC 驱动程序，读者可以从网上下载安装。

9.2 数据库访问

Java 提供了丰富的类和接口用于数据库编程，利用它们可以方便地进行数据库的访问和处理。

9.2.1 JDBC 的常用接口和类

JDBC 提供了一个独立于数据库的统一 API，用以执行 SQL 命令。JDBC API 主要由两个包构成：java.sql 包（被称为 JDBC 核心 API）和 javax.sql 包（被称为 JDBC 可选 API），包中包含用于数据库连接和数据库访问方面的 API。

1. Driver 接口

每种数据库的驱动程序都应该提供一个实现 java.sql.Driver 接口的类，简称 Driver 类。以下代码演示如何加载 JDBC-ODBC 驱动程序：

```
Class.forName("sun.jdbc.odbc.JdbcOdbcDriver");
```

2．DriverManager 类

DriverManager 类是 JDBC 的管理器，作用于用户和驱动程序之间。它跟踪可用的驱动程序，并在数据库和相应驱动程序之间建立连接。

DriverManager 类的静态方法有：

（1）getConnection(String url,String user,String password)：用来建立数据库连接。

（2）setLoginTimeout(int seconds)：用来设置每次连接数据库的最长时间。

（3）println(String message)：用来输出指定消息到当前的 JDBC 日记流。

通过调用方法 Class.forName()可显式地加载驱动程序类。由于这与外部设置无关，因此推荐使用这种加载驱动程序的方法。以下代码为加载类 acme.db.Driver：

```
Class.forName("acme.db.Driver");
```

加载驱动程序后，可调用 DriverManager.getConnection 方法与数据库建立连接。

3．Connection 接口

Connection 接口代表与特定数据库的连接，在连接的上下文中可以执行 SQL 语句并返回结果，还可以通过 getMetaData()方法获得由数据库提供的相关信息。

createStatcmcnt()创建并返回一个 Statement 实例，通常在执行无参数的 SQL 语句时创建实例。

4．Statement 接口

Statement 接口用来执行静态 SQL 语句，并返回执行结果。对于 INSERT、UPDATE 和 DELETE 语句，调用 executeUpdate(Stringsql)方法；对于 SELECT 语句，则调用 executeQuery(Stringsql)方法，并返回一个永远不能为 null 的 ResultSet 实例。

5．PreparedStatement 接口

PreparedStatement 接口继承并扩展了 Statement 接口，用来执行动态的 SQL 语句，即包含参数的 SQL 语句，例如：

```
Insert Into StuInfo(学号,姓名,性别) Values(?,?,?)
```

其中，“？”称做占位符，用来指明参数的位置。

通过 setXXX()方法可为 SQL 语句中的参数赋值，其中 XXX 指代参数的数据类型，例如：

```
ps.setInt(1,6);  //其中，实参"1"代表第一个?位置处的参数，该参数类型为 int，值为 6
ps.setString(2,"马先生");  //其中，实参"2"代表第二个?位置处的参数，该字段类型为
                           String，值为马先生
```

建议用与参数数据类型相匹配的方法，也可以利用 setObject()为各种类型赋值。例如：

```
ps.setObject(3,"李先生");  //其中，实参"3"代表第三个？位置处的参数，该参数类型实际为
                           String,此处用 object 为其赋值
```

给参数赋完值后，可以通过调用 clearParameters()清除当前参数的值。

6．CallableStatement 接口

CallableStatement 接口继承并扩展 PreparedStatement 接口，用来执行 SQL 的存储过程。

7．ResultSet 接口

ResultSet 接口类似于一个数据表，通过该接口的实例可以获得检索结果集，以及对应数据表的相关信息，ResultSet 实例通过执行查询数据库的语句生成。

ResultSet 接口提供的常用成员方法如下：

（1）next()方法可以将指针移动到下一行，返回 boolean 类型。

（2）getXXX()方法均有两个重载方法，分别根据列的索引号和列的名称检索列值。

（3）first()方法移动记录指针到第一个记录，返回 boolean 值。

（4）last()方法移动记录指针到最后一个记录，返回 boolean 值。

（5）previous()将指针移动到上一行，返回 boolean 值。

（6）beforeFirst()方法移动记录指针到第一个记录之前。

（7）afterLast()方法移动记录指针到最后一个记录之后。

（8）absolute()移动到指定行。

（9）relative()相对当前位置移动到指定行。

（10）getRow()当前行索引编号。

（11）findColumn()查看指定列名的索引编号。

（12）isBeforeFirst()查看指针是否处于实例开头，返回 boolean 值。

（13）isFirst()查看指针是否处于第一行，返回 boolean 值。

（14）deleteRow()删除当前行，执行该方法后，在执行 close()之后才会同步到数据库。

9.2.2 JDBC 数据库连接

大致了解 JDBC API 的相关接口和类后，就可以开始 JDBC 数据库编程，下面要做的第一步工作，就是连接数据库。

1. 引用必要的包

Java 中所有与数据库操作的 API 都存在于 java.sql 中，因此首先应该调用 java.sql 包。代码如下：

```
import java.sql.*; //它包含操作数据库的各个类与接口
```

2. 加载连接数据库的驱动程序类

为实现与特定的数据库相连接，JDBC 必须加载相应的驱动程序类。这通常可以采用 Class.forName()方法显式地加载一个驱动程序类，由驱动程序负责向 DriverManager 登记注册并在与数据库相连接时，DriverManager 将使用此驱动程序。

```
Class.forName("sun.jdbc.odbc.JdbcOdbcDriver");
```

注意：这条语句直接加载了 Sun 公司提供的 JDBC-ODBC Bridge 驱动程序类。

以常用的数据库 Access 和 SQL Server 2005 为例，它们的驱动器相关信息如表 9-1 所示。

表 9-1　JDBC 驱动器

数　据　库	驱　动　器　类	来　源
Access	sun.jdbc.odbc.JdbcOdbcDirver	JDK 自带
SQL Server 2005	com.microsoft.sqlserver.jdbc.SQLServerDriver	Sqljdbc.jar

注意：如果使用非 JDK 自带的驱动器，如 SQL Server 2005、MySQL、Oracle 等这些数据库的驱动都需要从各自官方网站上下载相应的.jar 文件，然后再将其存放路径添加到系统的类路径（classpath）中,可在 Windows 操作系统里使用如下的 DOS 命令：

```
Classpath=%classpath%;[驱动程序完整路径]
```

例如，从网上下载 SQL Server 2005 的驱动程序 Sqljdbc.jar，并将其放在 C:\jdbc 目录下，然后执行如下 DOS 命令：

```
Classpath=%classpath%;C:\jdbc\Sqljdbc.jar
```

3. 创建与数据源的连接

通过 DriverManager.getConnection 连接数据库，获取数据库连接对象。例如：

```
String url="jdbc:odbc:DatabaseDSN";
Connection con=DriverManager.getConnection(url,"Login","Password");
```

注意：采用 DriverManager 类中的 getConnection()方法实现与 url 所指定的数据源建立连接并返回一个 Connection 类的对象，以后对这个数据源的操作都是基于该 Connection 类对象；但对于 Access 等小型数据库，可以不用给出用户名与密码。

```
String url="jdbc:odbc:DatabaseDSN";
Connection con=DriverManager.getConnection(url);
System.out.println(con.getCatalog()); //取得数据库的完整路径及文件名
```

JDBC 借用了 URL 语法来确定全球的数据库（数据库 URL 类似于通用的 URL），对由 URL 所指定的数据源的表示格式为：

```
jdbc:<subprotocal>:[ database locator]
```

其中 jdbc 指出要使用 JDBC，subprotocal 定义驱动程序类型，database locator 提供网络数据库的位置和端口号（包括主机名、端口和数据库系统名等）。例如

```
jdbc:odbc://host.domain.com:port/databasefile
```

表示主协议为 jdbc，驱动程序类型为 odbc，它指明 JDBC 管理器如何访问数据库，该例指名为采用 JDBC-ODBC 桥接方式；其他为数据库的位置表示。

（1）装载 MySQL JDBC 驱动程序。

```
Class.forName("org.gjt.mm.mysql.Driver");
String url=
"jdbc:mysql://localhost/softforum?user=soft&password=soft1234&useUnicode=t
rue&characterEncoding=8859_1"  //testDB 为的数据库名
Connection conn= DriverManager.getConnection(url);
```

对于 MySQL 数据库的 databaseURL 需要指定主机名和数据库名，下面的语句为本地 MySQL 数据库 test 创建一个 Connection 对象：

```
Connection connection=
      DriverManager.getConnection("jdbc:mysql://localhost/test")
```

（2）装载 Oracle JDBC OCI 驱动程序。

```
Class.forName("oracle.jdbc.driver.OracleDriver");
String url="jdbc:oracle:thin:@localhost:1521:orcl"; //orcl 为的数据库的 SID
String user="scott";
String password="tiger";
Connection conn= DriverManager.getConnection(url,user,password);
```

注意：也可以通过 con.setCatalog("MyDatabase")来加载数据库。

（3）装载 DB2 驱动程序。

```
Class.forName("com.ibm.db2. jdbc.app.DB2Driver ")
String url="jdbc:db2://localhost:5000/sample"; //sample 为的数据库名
String user="admin";
String password="";
```

```
Connection conn= DriverManager.getConnection(url,user,password);
```

（4）装载 MicroSoft SQL Server 驱动程序。

```
Class.forName("com.microsoft.jdbc.sqlserver.SQLServerDriver");
String  url="jdbc:microsoft:sqlserver://localhost:1433;DatabaseName=pubs";
//pubs 为数据库的名字
String user="sa";
String password="";
Connection conn= DriverManager.getConnection(url,user,password);
```

下面这段代码表示如何连接一个用 SQL Server 2005 建立的数据库，相应的 SQL Server 服务运行于本机（localhost）的 1433 端口，数据库名称为 student，登录所需的用户名为“sa”，密码为“123”，

【例 9-1】连接 SQL Server 2005 数据库。

```
import java.sql.*;

public class Statement {
   public static void main(String[] args) {
      String driverName="com.microsoft.sqlserver.jdbc.SQLServerDriver";
      String dbURL=
        "jdbc:sqlserver://localhost:1433;DatabaseName=student";
      Connection dbConn;
      try {
         Class.forName(driverName);              //加载 JDBC 驱动
         String username="sa";                   //数据库登录用户名
         String password="123";                  //数据库登录密码
         // 连接服务器和数据库
         dbConn=DriverManager.getConnection(dbURL,username,password);
         // 如果连接成功，则打印“连接成功！”字样
         System.out.println("连接成功!");
      } catch(Exception e) {
         e.printStackTrace();
      }
   }
}
```

其中，dbURL 称为连接字符串，它指明了要连接的服务器地址、端口号、数据库类型及名称。以上代码显示的是如何同位于本机的数据库进行连接，如果要连接一个远程服务器，只要用该服务器的 IP 地址替换上面的 localhost，如服务器的 IP 地址为 192.168.0.1，只需要将连接字符串 dbURL 改为：

```
"jdbc:sqlserver://192.168.0.1:1433;DatabaseName=student"
```

注意，本章的所有例题如无特殊说明，都是以例 9-1 中所连接的数据库做为示例数据库，请在运行代码前先安装 SQL Server 2005，并创建名为 student 的数据库，登录所需的用户名和密码可根据情况自行调整，本章例题一律使用用户名“sa”，密码“123”。

运行例 9-1，运行结果会输出“连接成功”。

4. 查询数据库的一些结构信息

这主要是获得数据库中的各个表、各个列及数据类型和存储过程等各方面的信息。根据这些信息，可以访问一个未知结构的数据库。这主要是通过 DatabaseMetaData 类的对象来实现并调用其中的方法来获得数据库的详细信息（即数据库的基本信息、数据库中的各个表的情况、表中的各个列的信息及索引方面的信息）。下面这段代码，首先连接数据库，之后获取数据库详细信息，

最后将当前所使用的数据库驱动程序的类型显示出来。

【例 9-2】获取数据库详细信息。

```
import java.sql.*;
public class Statement {
    public static void main(String[] args) {
        String driverName="com.microsoft.sqlserver.jdbc.SQLServerDriver";
        Stringd bURL="jdbc:sqlserver://localhost:1433;DatabaseName=student";
        Connection dbConn;
        try {
            Class.forName(driverName);           //加载 JDBC 驱动
            String username="sa";                //数据库登录用户名
            String password="123";               //数据库登录密码
            //连接服务器和数据库
            dbConn=DriverManager.getConnection(dbURL,username,password);
            //如果连接成功，则打印“连接成功！”字样。
            System.out.println("连接成功!");
            //获取数据库信息
            DatabaseMetaData dbms=dbConn.getMetaData();
            //打印所使用的数据驱动类型
            System.out.println("数据库的驱动程序为 "+dbms.getDriverName());
        } catch(Exception e) {
            e.printStackTrace();
        }
    }
}
```

运行例 9-2，结果如下所示。

```
连接成功!
数据库的驱动程序为 Microsoft SQL Server 2005 JDBC Driver
```

9.2.3　JDBC 数据库操作

用 JDBC 完成数据库连接之后，就可以对数据库进行操作，常用的操作有增加、删除、修改和查询。

在 JDBC 中完成数据库操作的接口主要有 3 个，它们分别是 Statement（用于执行不带参数的简单 SQL 语句字符串），PreparedStatement（预编译 SQL 语句）和 CallableStatement（主要用于执行存储过程）。

ResultSet 主要用来保存查询数据库所返回的结果集，也可用来进行数据库更新操作。

下面几个例子中，先创建一个学生基本信息表 StuInfo，然后再针对 StuInfo 表依次进行插入、查询、修改和删除操作。目的是介绍如何用 Statement 完成数据库表格的创建，以及基本的增、删、改、查操作。

1. 用 Statement 进行数据库操作

【例 9-3】创建数据库表格 CreateTable.java。

```
import java.sql.*;
public class CreateTable {
```

```
    public static void main(String[] args) {
        String driverName=
                "com.microsoft.sqlserver.jdbc.SQLServerDriver";
        String dbURL=
                "jdbc:sqlserver://localhost:1433;DatabaseName=student";
        Connection dbConn;
        try {
            //加载 JDBC 驱动
            Class.forName(driverName);
            String username="sa";
            String password="123";
            //连接服务器和数据库
            dbConn=
                DriverManager.getConnection(dbURL, username, password);
            Statement stmt=dbConn.createStatement();
            String sql="Create Table StuInfo (学号 Char(4) Primary Key, "
                + "姓名 Char(6) Null, 性别  Char(2));";
            stmt.executeUpdate(sql);
            System.out.println("创建成功!");  //如果创建成功
            stmt.close();
            dbConn.close();
        } catch (Exception  e) {
            e.printStackTrace();
        }
    }
}
```

运行例 9-3，结果会输出“创建成功”。

【例 9-4】在表中插入数据：InsertData.java。

```
import java.sql.*;
public class InsertData {
    public static void main(String[] args) {
        String driverName=
            "com.microsoft.sqlserver.jdbc.SQLServerDriver";
        String dbURL=
            "jdbc:sqlserver://localhost:1433;DatabaseName=student";
        Connection dbConn;
        try {
            // 加载 JDBC 驱动
            Class.forName(driverName);
            String username="sa";
            String password="123";
            // 连接服务器和数据库
            dbConn=
                DriverManager.getConnection(dbURL, username, password);
            Statement stmt=dbConn.createStatement();
            String sqlstr=
```

```
            "INSERT INTO StuInfo VALUES('2001', '小丽','女')";
        stmt.executeUpdate(sqlstr);
        sqlstr="INSERT INTO StuInfo VALUES('2020','国才','男')";
        stmt.executeUpdate(sqlstr);
        System.out.println("插入成功!");  // 如果插入成功
        stmt.close();
        dbConn.close();
      } catch(Exception  e) {
        e.printStackTrace();
      }
   }
}
```

运行例 9-4，结果会输出“插入成功”。

【例 9-5】查询表中数据：QueryData.java。

```
import java.sql.*;
public class QueryData {
  public static void main(String[] args) {
      String driverName=
              "com.microsoft.sqlserver.jdbc.SQLServerDriver";
      String dbURL=
              "jdbc:sqlserver://localhost:1433;DatabaseName=student";
      Connection dbConn;
      try {
         //加载 JDBC 驱动
         Class.forName(driverName);
         String username="sa";
         String password="123";
         //连接服务器和数据库
         dbConn=
               DriverManager.getConnection(dbURL, username, password);
         Statement stmt=dbConn.createStatement();
         ResultSet rs=stmt.executeQuery("SELECT * FROM StuInfo");
         while(rs.next()) {
            System.out.println("学号:  " + rs.getString("学号")+  "\t"
                  + "姓名:  " +  rs.getString("姓名") + "\t"
                  + "性别:  " + rs.getString("性别") );
         }
         rs.close();
         stmt.close();
         dbConn.close();
      } catch (Exception  e) {
         e.printStackTrace();
      }
   }
}
```

运行例 9-5，结果下所示。

```
学号: 2001          姓名: 小丽                  性别: 女
学号: 2020          姓名: 国才                  性别: 男
```

【例 9-6】修改表中数据：AlterData.java。

```
import java.sql.*;
public class AlterData {
   public static void main(String[] args) {
      String driverName=
            "com.microsoft.sqlserver.jdbc.SQLServerDriver";
      String dbURL=
            "jdbc:sqlserver://localhost:1433;DatabaseName=student";
      Connection dbConn;
      try {
         //加载 JDBC 驱动
         Class.forName(driverName);
         String username="sa";
         String password="123";
         //连接服务器和数据库
         dbConn=
               DriverManager.getConnection(dbURL,username,password);
         Statement stmt=dbConn.createStatement();
         String sqlstr="Update StuInfo Set 姓名='小勇' Where 学号='2020'";
         stmt.executeUpdate(sqlstr);
         System.out.println("修改成功!");  // 如果修改成功
         stmt.close();
         dbConn.close();
      } catch(Exception  e) {
         e.printStackTrace();
      }
   }
}
```

运行例 9 6，结果会输出“修改成功”。

此时，再运行例 9-5，查询数据库表中被修改后的数据，结果如下所示。

```
学号: 2001           姓名: 小丽                性别: 女
学号: 2020           姓名: 小勇                性别: 男
```

【例 9-7】删除表中数据：DeleteData.java。

```
import java.sql.*;
public class DeleteData {
   public static void main(String[] args) {
      String driverName="com.microsoft.sqlserver.jdbc.SQLServerDriver";
      String dbURL="jdbc:sqlserver://localhost:1433;DatabaseName=student";
      Connection dbConn;
      try {
```

```
            //加载 JDBC 驱动
            Class.forName(driverName);
            String username="sa";
            String password="123";
            //连接服务器和数据库
            dbConn=
                    DriverManager.getConnection(dbURL, username, password);
            Statement stmt=dbConn.createStatement();
            String  sqlStr="DELETE FROM StuInfo WHERE 姓名='小丽'";
            stmt.executeUpdate(sqlStr);
            System.out.println("删除成功!");  //如果删除成功
            stmt.close();
            dbConn.close();
        } catch(Exception e) {
            e.printStackTrace();
        }
    }
}
```

运行例 9-7，结果会输出“删除成功”。

此时，再运行例 9-5，查询数据库表中剩下的数据，结果如下所示。

```
学号: 2020              姓名: 小勇              性别: 男
```

上面几个例子中，都是用 Statement 接口对数据库表进行操作，Statement 用于执行不带参数的简单 SQL 语句字符串，而不能执行带参数的 SQL 语句。要执行带参数的 SQL 语句，需要用到 PreparedStatement。

2. 用 PreparedStatement 操作数据库

下面再举几个例子，演示用 PreparedStatement 如何实现数据库表的操作。

【例 9-8】用 PreparedStatement 接口在表中插入数据：InsertData.java。

```
import java.sql.*;
public class InsertData {
    public static void main(String[] args) {
        String driverName="com.microsoft.sqlserver.jdbc.SQLServerDriver";
        String dbURL="jdbc:sqlserver://localhost:1433;DatabaseName=student";
        Connection dbConn;
        try {
            //加载 JDBC 驱动
            Class.forName(driverName);
            String username="sa";
            String password="123";
            //连接服务器和数据库
            dbConn=DriverManager.getConnection(dbURL, username, password);
            //SQL 语句，? 为占位符，指明参数的位置
            String insertsql=
                    "Insert Into StuInfo(学号,姓名,性别) Values(?,?,?)";
```

```
            PreparedStatement pstmt = dbConn.prepareStatement(insertsql);
            pstmt.setString(1, "2001");             //1 代表第一个参数
            pstmt.setString(2, "小丽");             //2 代表第二个参数
            pstmt.setString(3, "女");               //3 代表第三个参数
            pstmt.executeUpdate();
            //SQL 语句，? 为占位符，指明参数的位置
            insertsql=
                  "Insert Into StuInfo(学号,姓名,性别) Values(?,?,?)";
            pstmt=dbConn.prepareStatement(insertsql);
            pstmt.setString(1,"2008");              //1 代表第一个参数
            pstmt.setString(2,"国才");              //2 代表第二个参数
            pstmt.setString(3,"男");                //3 代表第三个参数
            pstmt.executeUpdate();
            System.out.println("插入成功!");        //如果插入成功
            pstmt.close();
            dbConn.close();
        } catch(Exception e) {
            e.printStackTrace();
        }
    }
}
```

运行例 9-8，结果会输出“插入成功”。

此时，再运行例 9-5，查询插入结果，如下所示。

```
学号: 2001          姓名: 小丽          性别: 女
学号: 2008          姓名: 国才          性别: 男
学号: 2020          姓名: 小勇          性别: 男
```

【例 9-9】用 PreparedStatement 接口在表中查询数据：QueryData.java。

```
import java.sql.*;
public class QueryData {
  public static void main(String[] args) {
      String driverName="com.microsoft.sqlserver.jdbc.SQLServerDriver";
      String dbURL="jdbc:sqlserver://localhost:1433;DatabaseName=student";
      Connection dbConn;
      try {
          //加载 JDBC 驱动
          Class.forName(driverName);
          String username="sa";
          String password="123";
          //连接服务器和数据库
          dbConn=DriverManager.getConnection(dbURL,username,password);
          String sqlStr="Select * From StuInfo Where 性别=?";
          PreparedStatement pstmt=dbConn.prepareStatement(sqlStr);
          pstmt.setString(1, "男");
          ResultSet rs=pstmt.executeQuery();
```

```
        while(rs.next()) {
           System.out.println("学号:  " + rs.getString("学号")+  "\t"
                   + "姓名:  " +  rs.getString("姓名") + "\t"
                   + "性别:  " + rs.getString("性别") );
        }
        rs.close();
        pstmt.close();
        dbConn.close();
      } catch(Exception  e) {
        e.printStackTrace();
      }
   }
}
```

运行例 9-9，结果如下所示。

```
学号: 2008              姓名: 国才            性别: 男
学号: 2020              姓名: 小勇            性别: 男
```

【例 9-10】用 PreparedStatement 接口在表中删除数据：DeleteData.java。

```
import java.sql.*;
public class DeleteData {
   public static void main(String[] args) {
      String driverName="com.microsoft.sqlserver.jdbc.SQLServerDriver";
      String dbURL="jdbc:sqlserver://localhost:1433;DatabaseName=student";
      Connection dbConn;
      try {
         //加载 JDBC 驱动
         Class.forName(driverName);
         String username="sa";
         String password="123";
         //连接服务器和数据库
         dbConn=DriverManager.getConnection(dbURL,username,password);
         String deletesql="Delete From StuInfo Where 学号=?";
         PreparedStatement pstmt=dbConn.prepareStatement(deletesql);
         pstmt.setString(1, "2001");
         //如果 result>0 则成功，否则失败。
         int result=pstmt.executeUpdate();
         if  (result>0)  {
            System.out.println("删除成功!");  //如果删除成功
         }
         pstmt.close();
         dbConn.close();
      } catch(Exception e) {
         e.printStackTrace();
      }
   }
}
```

运行例 9-10，结果会输出“删除成功”。

此时，再运行例 9-5，查询数据库表中剩下的数据，结果如下所示。

```
学号: 2008            姓名: 国才           性别: 男
学号: 2020            姓名: 小勇           性别: 男
```

【例 9-11】用 PreparedStatement 接口在表中修改数据：AlterData.java。

```
import java.sql.*;
public class AlterData {
   public static void main(String[] args) {
      String driverName="com.microsoft.sqlserver.jdbc.SQLServerDriver";
      String dbURL="jdbc:sqlserver://localhost:1433;DatabaseName=student";
      Connection dbConn;
      try {
         //加载 JDBC 驱动
         Class.forName(driverName);
         String username="sa";
         String password="123";
         //连接服务器和数据库
         dbConn=DriverManager.getConnection(dbURL, username, password);
         String updateSql="Update StuInfo Set 姓名=? Where 学号=?";
         PreparedStatement pstmt=dbConn.prepareStatement(updateSql);
         pstmt.setString(1,"小强");
         pstmt.setString(2,"2020");
         //如果 result>0 则成功，否则失败
         int result=pstmt.executeUpdate();
         if (result>0) {
            System.out.println("修改成功!");  //如果修改成功
         }
         pstmt.close();
         dbConn.close();
      } catch(Exception e) {
         e.printStackTrace();
      }
   }
}
```

运行例 9-11，结果如会输出“修改成功”。

此时，再运行例 9-5，查询数据库表中的数据，结果如下所示。

```
学号: 2008        姓名: 国才        性别: 男
学号: 2020        姓名: 小强        性别: 男
```

通过以上例子的比较，可以了解到 Statement 和 PrepardStatement 的用法。在实际应用中，PreparedStatement 与 Statement 是有区别的。PreparedStatement 所包含的 SQL 语句在执行前已经被预编译过，因而当其执行时，只需 DBMS 运行 SQL 语句，而不必预先编译，大大降低了运行时间，加快了访问数据库的速度。

作为 Statement 的子类，PreparedStatement 继承了 Statement 的所有方法，由于 PreparedStatement 接口执行带参数的 SQL 语句，因此需要使用 setXXX（参数的序号，参数的值）方法来完成参数的赋值，其中 XXX 是与该参数相对应的数据类型。

但是，无论 Statement 和 PreparedStatement，都不能执行存储过程的调用。而 CallableStatement 语句，可用于执行对数据库的存储过程的调用。

3. 用 CallableStatement 操作数据库

下面通过一个例子，演示 CallableStatement 的用法，在看下面这个例子之前，请在数据库中新建一个存储过程 Query，创建存储过程的 SQL 语句如下：

```
CREATE PROCEDURE Query(@gender CHAR(2)) AS
BEGIN
SELECT * FROM StuInfo WHERE 性别=@gender
END
```

完成存储过程的创建之后，就可以用 Java 来调用这个存储过程。

【例 9-12】用 CallableStatement 调用存储过程：CallProc.java。

```
import java.sql.*;
public class CallProc {
  public static void main(String[] args) {
        String driverName=
                "com.microsoft.sqlserver.jdbc.SQLServerDriver";
        String dbURL=
                "jdbc:sqlserver://localhost:1433;DatabaseName=student";
        Connection dbConn;
        try {
            //加载 JDBC 驱动
            Class.forName(driverName);
            String username="sa";
            String password="123";
            //连接服务器和数据库
            dbConn=DriverManager.getConnection(dbURL,username,password);
            //参数调用存储过程的 SQL 字符串
            String sqlStr="{call Query(?)}";
            //调用存储过程
            CallableStatement cstmt=dbConn.prepareCall(sqlStr);
            cstmt.setString(1,"男");  //给参数赋值
            ResultSet rs=cstmt.executeQuery();
            while(rs.next()) {
                System.out.println("学号:  " + rs.getString("学号")+  "\t"
                        + "姓名:  " +  rs.getString("姓名") + "\t"
                        + "性别:  " + rs.getString("性别") );
            }
            rs.close();
            cstmt.close();
            dbConn.close();
        } catch(Exception  e) {
            e.printStackTrace();
        }
    }
```

```
}
```

运行例 9-12，结果如下所示。

```
学号: 2008          姓名: 国才          性别: 男
学号: 2020          姓名: 小强          性别: 男
```

通过以上例子，可以了解到在 JDBC 中有 Statement、PreparedStatement 和 CallableStatement 3 种 Statement 接口。Statement 用于执行不带参数的简单 SQL 语句；PreparedStatement 继承了 Statement，用于处理需要被多次执行的 SQL 语句，可以带参数；CallableStatement 继承了 PreparedStatement，用于执行对数据库的存储过程的调用。

除了以上 3 种重要的接口之外，还有另一个重要的接口 ResultSet。从上面的例子中可以看到，ResultSet 可以用来保存 SQL 语句执行的结果。但是 ResultSet 的功能不仅限于此，除了可以用来保存 SQL 语句的执行结果之外，还可以实现对数据库的更新操作。下面这个例子演示了如何用 ResultSet 更新数据库。

【例 9-13】利用 ResultSet 接口可以实现数据库的更新操作：ResultSetDemo.java。

```
import java.sql.*;
public class ResultSetDemo {
   public static void main(String[] args) {
       String driverName="com.microsoft.sqlserver.jdbc.SQLServerDriver";
       String dbURL="jdbc:sqlserver://localhost:1433;DatabaseName=student";
       Connection dbConn;
       try {
           //加载 JDBC 驱动
           Class.forName(driverName);
           String username="sa";
           String password="123";
           //连接服务器和数据库
           dbConn=DriverManager.getConnection(dbURL, username, password);
           Statementstmt=dbConn.createStatement(ResultSet.TYPE_SCROLL_SENSITIVE,
ResultSet.CONCUR_UPDATABLE);
           //查询数据
           ResultSet rs=stmt.executeQuery("Select * From StuInfo");
           System.out.println("查询数据: ");
           showInfo(rs);
          //插入数据
           rs.moveToInsertRow();          //插入数据
           rs.updateString("学号","2057");
           rs.updateString("姓名","佳佳");
           rs.updateString("性别","男");
           rs.insertRow();              //将插入的数据保存到数据库
           //显示插入后的结果
           System.out.println("插入数据: ");
           rs.beforeFirst();
           showInfo(rs);
           //删除数据
```

```
            rs.last();
            rs.deleteRow();
            rs.close();
            rs=stmt.executeQuery("SELECT*FROM StuInfo");
            //显示删除后的结果
            System.out.println("删除数据: ");
            rs.beforeFirst();
            showInfo(rs);
            //修改数据
            rs.last();
            rs.updateString("学号","2083");
            rs.updateString("姓名","小勇");
            rs.updateRow();                //将修改的数据保存到数据库
            rs.last();                     //移动光标到新增数据上
            //显示修改后的结果
            System.out.println("修改数据: ");
            rs.beforeFirst();
            showInfo(rs);
            rs.close();
            stmt.close();
            dbConn.close();
        } catch(Exception e) {
            e.printStackTrace();
        }
    }
//打印指定 ResultSet 的内容
    public static void showInfo(ResultSet rs) {
        try {
            while (rs.next()) {
                System.out.println("学号:  " + rs.getString("学号") + "\t"
                        + "姓名:  " + rs.getString("姓名") + "\t"
                        + "性别:  " + rs.getString("性别"));
            }
        } catch (SQLException e) {
            e.printStackTrace();
        }
    }
}
```

运行例 9-13，结果如下所示。

```
查询数据:
学号: 2008            姓名: 国才            性别: 男
学号: 2020            姓名: 小强            性别: 男
插入数据:
学号: 2008            姓名: 国才            性别: 男
```

```
学号: 2020              姓名: 小强              性别: 男
学号: 2057              姓名: 佳佳              性别: 男
删除数据:
学号: 2008              姓名: 国才              性别: 男
学号: 2020              姓名: 小强              性别: 男
修改数据:
学号: 2008              姓名: 国才              性别: 男
学号: 2083              姓名: 小勇              性别: 男
```

小　　结

（1）JDBC（Java DataBase Connecticity）是使用 Java 实现的，在 Java 中支持基本 SQL 功能的通用应用程序编程接口（API），它实现了一个独立于特定数据库管理系统 DBMS 的通用的 SQL 数据访问和存储结构。JDBC 由 JDBC API、JDBC 驱动程序管理器和 JDBC 驱动程序三部分组成。

（2）JDBC API 是由 JDBC 核心 API 和 JDBC 扩展 API 构成，其中 JDBC 核心 API 位于 Java.sql 包中，实现了 JDBC 最基本的功能，而 JDBC 扩展 API 则位于包 Javax.sql 中，提供了对数据库高级特性的使用，如数据源，连接池等。

（3）JDBC 驱动程序分成 4 类：JDBC-ODBC 桥通过 ODBC 与数据库通信；本地 API 把 JDBC 调用直接转换为对特定数据库（如 Oracle、SQL Sever、 Sybase 等）提供的 API 的调用；JDBC 网络纯 Java 驱动程序将 JDBC 转换成一种特定的网络协议，然后这种协议又被网络服务器转换成某种 DBMS 协议；本地协议纯 Java 驱动程序将 JDBC 转换成 DBMS 能直接使用的网络协议，该类驱动程序的提供者通常是数据库的开发商。

（4）使用 JDBC 开发任何应用程序都需要 4 个基本接口：java.sql.Driver、java.sql.Connection、java.sql.Statement 和 java.sql.ResultSet。一个 JDBC 应用程序首先使用 java.sql.Driver 接口装载一个合适的驱动器，然后使用 java.sql.Connection 接口连接到数据库，接着使用 java.sql.Statement 接口创建和执行 SQL 语句，如果 SQL 语句有返回值（注意：有些 SQL 语句是没有返回值的，比如 SQL 数据定义语句或者 SQL 数据修改语句），则最后使用 java.sql.ResultSet 接口处理结果。

（5）此外，还有 java.sql.DriverManager、java.sql.PreparedStatement 和 java.sql.CallableStatement 等常用接口。java.sql.DriverManager 接口是 JDBC 的管理层，作用于用户和驱动程序之间，负责在它们之间建立连接；java.sql.PreparedStatement 接口继承并扩展了 java.sql.Statement 接口，主要用于执行动态的 SQL 语句，即包含参数的 SQL 语句；java.sql.CallableStatement 接口又继承并扩展了 java.sql.PreparedStatement 接口，特别用来执行 SQL 的存储过程。

思考与练习

一、选择题

1. JDBC 驱动程序有（　　）种类型。

　A. 2　　　B. 3　　　C. 4　　　D. 5

2. JDBC API 是由 JDBC 核心 API 和 JDBC 扩展 API 构成，其中 JDBC 核心 API 位于（　　）包中。
   A. Java.sql　　B.Java.jdbc
   C. Java.db　　D.Java.Connection
3. 在下列选项中，（　　）可用于调用存储过程或函数。
   A. CallableStatement　　B. Statement
   C. PreparedStatement　　D. Connection
4. 接口 Statement 中定义的 execute 方法的返回类型所代表的含义是（　　）。
   A. 结果集 ResultSet　　B. 受影响的记录数量
   C. 有无 ResultSet 返回　　D. 被查询的数据库表格
5. 接口 Statement 中定义的 executeQuery 方法的返回类型是（　　）。
   A. ResultSet　　B. int　　C. boolean　　D. Object
6. 如果要限制某个查询语句返回的最多的记录数，可以通过调用 Statement 的（　　）方法来实现。
   A. setFetchSize　　B. setMaxFieldSize
   C. setMaxRows　　D. setMaxSize;
7. 下列关于 Statement 的说法，错误的是（　　）。
   A. JDBC 在编译时会对将要执行的 SQL 查询语句作安全检查，对于错误的 SQL 查询语句，在执行时将会产生 SQLException
   B. 一个 Statement 对象在同一时间只能打开一个结果集，对第二个结果集的打开隐含着对第一 个结果集的关闭
   C. 如果想对多个结果集同时操作，必须创建出多个 Statement 对象，在每个 Statement 对象上执行 SQL 查询语句以获得相应的结果集
   D. 如果不需要同时处理多个结果集，则可以在一个 Statement 对象上顺序执行多个 SQL 查询语句，对获得的结果集进行顺序操作
8. 要想执行一个 SQL 查询语句，必须首先创建出 Statement 对象，假设 conn 为 Connection 类对象，下列创建 Statement 对象的方法，不正确的是（　　）。
   A. Statement stmt = new Statement();
   B. Statement stmt = conn.createStatement();
   C. Statement stmt = conn.createStatement(ResultSet.TYPE_SCROLL_INSENSITIVE, ResultSet.CONCUR_READ _ONLY);
   D. Statement stmt = conn.createstatement(Result.TYPE_SCROLL_INSENSITIVE, Result.CONCUR _UPDATABLE);
9. 要建立一个基本的 ResultSet，下列语句正确的是（　　）。
   A. ResultSet rs = new ResultSet();
   B. Statement st = conn.CreateStatement();ResultSet rs = Statement.excute(sqlStr);
   C. Statement st = conn.CreateStatement();ResultSet rs = Statement.excuteUpdate(sqlStr);
   D. Statement st = conn.CreateStatement();ResultSet rs = Statement.excuteQuery(sqlStr);
10. 假设 ResultSet 对象 rs 由 Statement 对象创建，rs 又由 Connection 对象 conn 创建，这些对象在使用完毕时，都需要关闭以释放资源，下列关闭顺序正确的是（　　）。

A. rs.close(); st.close(); conn.close();

B. conn.close(); rs.close(); st.close();;

C. rs.close(); conn.close(); st.close();

D. conn.close(); st.close(); rs.close();

二、填空题

1. JDBC API 的含义是 Java 应用程序连接________的编程接口。
2. Java 编程语言前台应用程序使用________来和 JDBC 驱动管理器进行交互。
3. JDBC 由________、________和________3 部分组成。
4. 查询数据库的 7 个标准步骤是：载入 JDBC 驱动器、定义连接的网址 URL、建立连接、建立声明对象、执行查询或更新、处理结果、________。
5. 使用 JDBC 开发任何应用程序都需要 4 个基本接口：________、________、________和________。
6. 预编译方式执行 SQL 语句要用________类，执行存储过程要用________类。

三、问答题

1. 在 JDBC 中有 Statement、PreparedStatement 和 CallableStatement3 种 Statement 对象，试分别说明这 3 种对象的作用。
2. 在 JDBC 中，PreparedStatement 与 Statement 都可以用来执行 SQL 语句，但在实际应用中，PreparedStatement 与 Statement 是有区别的。作为 Statement 的子类， PreparedStatement 继承了 Statement 的所有方法，还具有 Statement 所不具有的优点，试说明 PreparedStatement 相比 Statement 有哪些优点？
3. Statement 接口提供了 3 种执行 SQL 语句的方法：excuteQuery()、excuteUpdate() 和 excute()。试分别说明其功能、返回值和特点。
4. JDBC API 由一系列的接口定义构成，这些接口基本都包含在包 java.sql.*中。请列举出至少 4 个接口，并说明其用途。

四、程序分析题

分析下面的程序，说明其功能。

```
import java.sql.Connection;
import java.sql.DriverManager;
import java.sql.PreparedStatement;
import java.sql.ResultSet;
import java.sql.ResultSetMetaData;
import java.sql.SQLException;
import java.sql.Statement;
public class JDBCSearch {
    static ResultSet rs=null;
    public static void main(String[] args) throws SQLException {
        try {
            Class.forName("com.mysql.jdbc.Driver");
            Connection con=DriverManager.getConnection(
            "jdbc:mysql://localhost:3306/myuser","root","root");  //建立连接
            Statement usest=con.createStatement();
            usest.setMaxRows(100);  //设置选项
```

```
            ResultSet users=usest.executeQuery("select * from gods");
            System.out.println("ResultSet MaxRows:" + usest.getMaxRows());
            System.out.println("Query Time Out:" + usest.getMaxRows() + "\n");
            String sqlstr="Select * From goods Where price>?";
            PreparedStatement ps=con.prepareStatement(sqlstr);
            ps.setString(1,"15");
            rs=ps.executeQuery();
            ResultSetMetaData rsmd=rs.getMetaData();
            int cc=rsmd.getColumnCount();
            System.out.println("ColumnName\t\tColumnType");
            for(int i=1;i<=cc;i++) {
            System.out.println(rsmd.getColumnClassName(i) + "\t"
                + rsmd.getColumnTypeName(i));
            }
        con.close();
      } catch (ClassNotFoundException e) {
        System.out.println(e.getMessage());
        e.printStackTrace();
        }
      }
  }
```

五、程序填空题

阅读下面的程序，请补充填空。

```
  public static void insert() {
      conect=getConnection();
      try {
          String sql="Insert Into staff(name,age,sex,address,depart,wage)"
              +"VALUES('lucy',27,'w','china','Personnel','2000')";
          st=()conect.createStatement();
          int count=st.executeUpdate();
          System.out.println("向 staff 表中插入" + count + " 条数据");
      } catch(SQLException e) {
          System.out.println("插入数据失败" + e.getMessage());
      }
  }
```

六、程序设计题

1. 设 Access 数据库中有 student 表，表中存放学生学号、姓名两个字段，请编写程序输出表中所有记录信息。假定已经配置好数据源为：mydb11。
2. 编程实现对数据库的添加、更新、删除和查询等基本操作。

第 10 章 Java 图形用户界面设计

引言

图形用户界面（Graphical User Interface，GUI）是人与计算机交互操作的重要方式，既形象生动，又使用户的操作更加方便灵活。所谓图形用户界面是指由窗口、菜单、对话框等各种界面元素组成的用户界面。当今软件开发环境与应用程序都采用图形用户界面，流行的开发工具都可以进行图形用户界面的设计。

Java 语言为了适应发展趋势，也具有开发图形用户界面的功能。当 Java 在 1995 年第一次发布时，它包含了一个称为抽象窗口工具包 AWT（Abstract Windowing Toolkit）的库，用来构建图形用户界面应用程序。随后 Java 构建图形用户界面的能力不断增强，推出了新一代 GUI 工具包 Swing。Swing 提供了许多比 AWT 更丰富、更方便的用户界面元素集合，并且用纯 Java 写成，所以同 Java 本身一样可以跨平台运行，同时 Swing 对低层平台的依赖更少。本章先介绍 GUI 的相关概念，然后重点介绍用 Swing 工具包设计图形用户界面的方法。

学习目标

通过对本章内容的学习，读者应该能够：

- 了解图形用户界面的组成要素、AWT 与 Swing 的关系。
- 理解组件、容器与布局管理器的概念。
- 掌握 Swing 包的组成及其常用控件的使用以及利用常用控件进行界面设计的方法。
- 掌握使用 Netbeans 开发 GUI 程序的方法。

10.1 图形用户界面设计概述

图形用户界面是用户和计算机之间进行信息交互的接口，用户可以通过这个接口观察程序的运行状态、向计算机输入数据、操纵和控制程序的运行、获取程序的运行结果。用户通过用户界面（UI）向软件系统发出操作指令，软件系统通过用户界面向用户反馈运行的信息。软件的 UI 分为两类：命令行界面（Command line User Interface，CLUI）和图形用户界面（Graphical User Interface，GUI）。其中图形用户界面是现代软件的主流操作界面。

10.1.1 Java 图形用户界面工具

为了方便图形用户界面的开发，Java 设计了专门的类库来生成各种标准图形界面元素和处理图形界面的各项事件。Java 语言提供了 AWT、Swing 和 SWT（Standard Widget Toolkit）3 种组件库实现图形用户界面设计。

1. AWT

AWT 是 Java 语言提供的第一个图形用户界面设计工具，存放在 java.awt 包中。早期的 Java 版本 JDK 1.0 和 JDK 1.1 均采用的是 AWT 组件，因此，AWT 是使用 Java 进行 GUI 设计的基础，其特点是简单、易于理解。

AWT 工具包提供了一套与本地图形界面交互的接口。AWT 中的图形函数与操作系统所提供的图形函数之间有着一一对应的关系。也就是说，当利用 AWT 来构建图形用户界面的时候，实际上是在利用操作系统所提供的图形库；不过由于不同操作系统的图形库所提供的功能是不完全一样，所以在一个平台上存在的功能在另外一个平台上则可能不存在。这就导致一些应用程序在测试时界面非常美观，而一旦移植到其他操作系统平台上后就可能变得面目全非。为了实现 Java "一次编译，到处运行"，AWT 不得不通过牺牲功能来实现其平台无关性，其所提供的图形功能被定格为各种通用型操作系统所提供的图形功能的交集。由于 AWT 是依靠本地方法来实现其功能的，所以通常把 AWT 组件称为重量级组件。

AWT 是最早的 Java GUI 包，内嵌到 JDK 中，无须另外引入包；AWT 的内存消耗更少，这对运行在有限环境中的 GUI 程序的开发，是合适的；另外它也非常稳定。但 AWT 对有些经常使用的组件，例如表、树、进度条等，都不支持；AWT 的组件是本地组件，组件的创建完全依赖于运行的操作系统的实现，导致不同的操作系统下有不同的外观和事件，缺乏扩展性。

2. Swing

Java 1.2 以后的版本，图形用户界面功能被大幅度地扩展和加强，形成了称为 Java 基础类库（Java Foundation Class，JFC）的一整套 API 集合，主要包括 5 个部分：AWT 抽象窗口工具集、Swing 图形界面类库、支持二维图形的类库（Java 2D）、支持拖放的类库（Drag and Drop）、支持易用性的类库（Accessibility）。

Swing 在 AWT 的基础上构建的一套新的图形界面系统，是 JFC 的一部分。它提供了 AWT 所能够提供的所有功能，并且用纯粹的 Java 代码对 AWT 的功能进行了扩充。Swing 组件存放在 javax.swing 包中，所有 Swing 组件在名称上前面多了一个字母"J"。

Swing 具有强大的 GUI 工具集，现在的 Swing 有着明显优势：

（1）丰富的组件类型。Swing 提供了非常广泛的标准组件，这些组件和 SWT 一样丰富。基于它良好的可扩展性，除了标准组件，Swing 还提供了大量的第三方组件。

（2）丰富的组件特性。Swing 不仅包含了所有平台上的特性，它还支持根据程序所运行的平台来添加额外特性。Swing 组件特性遵循特定原则，易于扩展，因此能够提供较 SWT 和 AWT 更多的功能。

（3）良好的组件 API 模型支持。Swing 遵循 MVC 模式，这是一种非常成功的架构模式。它的 API 成熟并设计良好。经过多年的演化，Swing 组件 API 变得越来越强大、灵活和可扩展。它的 API 设计被认为是最成功的 GUI API 之一。较之 SWT 和 AWT 更面向对象，也更灵活而可扩展。

（4）标准的 GUI 库。Swing 和 AWT 一样是 JRE 中的标准库。因此，不用单独地将它随应用程序一起分发。它是平台无关的，不用担心平台兼容性。

（5）成熟稳定。由于它是纯 Java 实现的，不会有 SWT 的兼容性问题。Swing 在每个平台上都有相同的性能，不会有明显的性能差异。

（6）可扩展和灵活性。Swing 完全由 Java 代码实现，基于 MVC 的结构使得它可以发挥 Java 作为一门面向对象语言的优势，提供了许多良好的性能。

当然，Swing 也有不足之处。例如，Swing 比 AWT 和 SWT 需要更多的内存消耗。Swing 自己实现了所有组件。因此，它在运行时装载了大量的类，而在运行时 Java 在堆上创建小的对象导致了额外的堆空间消耗，而许多小的对象难以有效地被垃圾回收机制回收。因此，Swing 应用程序通常会因无法及时回收冗余的对象而导致性能下降。

3．SWT

SWT 是由 IBM 构建的一个新的 GUI 库，于 2001 年与 Eclipse 集成开发环境一起集成发布。在这个最初发布版之后，SWT 发展和演化为一个独立的版本。所有的 SWT 类都用 org.eclipse.swt 作为包的前缀，例如：org.eclipse.swt.widgets 包。其目的在于尝试彻底解决 AWT 和 Swing 带来的诸多问题，提供比 AWT 更为丰富的组件集。不过与 AWT 的概念相比，SWT 是一个低级的 GUI 工具包，在构建 SWT 的过程中，构建者从 AWT 和 Swing 实现中学习了很多经验，试图构建一个集两者优点于一体的系统。因此 SWT 可以说是 AWT 与 Swing 的融合体。

SWT 有如下优点：

（1）丰富的组件类型。SWT 提供了种类繁多的组件，从基础组件（如按钮和标签）到高级的表格和树。

（2）相对的丰富组件特性。SWT 采用模拟的方式重新设计了对更多组件特性的支持，所以同 AWT 相比，它有着相对丰富的组件特性。

（3）更快的响应时间。基于和 AWT 同样的原因，SWT 组件包装了本地组件，由操作系统实现渲染。操作系统通常对渲染处理做了优化，保存 GUI 二进制代码为标准库，减少了内存的使用，提高了响应性能。

（4）更少的内存消耗。

SWT 不足之处在于：

（1）不在 JRE 的标准库中，因此必须将它和程序捆绑在一起，并为所要支持的每个操作系统创建单独的安装程序。

（2）不够成熟和稳定。SWT 因其设计上的一些缺陷，如资源管理、Windows 友好等，被认为是不稳定的。它可以在 Windows 上表现得很好，但在其操作系统上，它经常是不稳定且容易崩溃。这很大程度上是因为它把资源管理交给开发者来处理，而并不是所有的开发人员能够正确地处理这些。

（3）在非 Windows 平台下的性能不高，不可扩展。

10.1.2 Java 图形用户界面的构成

图形用户界面是图形界面成分和界面元素的有机组合。Java 中构成图形用户界面的各个元素和成分大致分为两类：组件和容器。

1．组件

图形用户界面的各种元素称为组件（Component），它是一个以图形化方式显示在屏幕上与用户交户的对象。组件分容器类（Container）和非容器类组件。容器类组件可包含其他组件，也可以是其他容器。非容器类组件不包含其他组件，提供人机交互，如按钮类（JButton）、标签类（JLabel）等。

控件指具有用户界面的一类组件。控件可以是任何子窗口，例如：按钮（JButton）、列表框（JList）

或者编辑框（JTextField）等。每个控件都是一个组件，但并不是每个组件都是控件。

2．容器

容器是用来组织其他界面元素的单元。Component 类中定义了各种 GUI 组件对象所需的属性和方法。容器类对象可使用父类 Component 中的 add()方法添加组件。

容器分顶层容器和非顶层容器两类：顶层容器可以是独立窗口，顶层容器类是 Windows 常用的子类，分为窗口（框架）类、对话框类，这两个类带有边框、可移动、放大、缩小和关闭等功能。非顶层容器必须位于某个顶层容器窗口之内，不能独立存在。面板类属非顶层容器类，如滚动面板子类、面板子类，都是无边框的容器类。容器有如下特点：

（1）容器有一定范围：一般矩形边界有边框，有些无可见标记。

（2）容器有一定位置：位置可是屏幕四角的绝对位置，也可是相对其他容器的相对位置。

（3）容器有一个背景：背景覆盖全部容器，可透明，也可以指定一幅图案，使界面生动活泼。

（4）容器包含许多界面成分和元素：容器打开显示时，其上面的所有成分和元素被显示出来，关闭时被隐藏。

（5）容器可按一定的物理规则排列其元素的相对位置和前后关系。

10.1.3　Java 事件响应及处理机制

图形用户界面之所以被广泛接受，很重要的一点在于其事件驱动机制，即可以根据事件的随机发生来动态决定将要执行的代码。事件（Event）是指某组件状态的改变，或者组件上某操作动作的发生。例如，单击一个按钮，将产生单击事件；单击窗口关闭按钮，产生窗口关闭事件。在 Java 中，用不同的类代表不同的事件，在 java.awt.event 包中定义了许多事件类，常用的有单击事件类（ActionEvent）、窗口事件类（WindowEvent）等。

事件由用户操作组件产生，而被操作的组件则称为事件源。例如，用户用鼠标单击一个按钮，将产生单击事件，而该按钮是事件源；用户单击某窗口组件的关闭按钮，将产生窗口关闭事件，该窗口组件则是事件源。

为使用户界面与程序处理逻辑分离，进一步提高系统适应变化的能力，Java 采用了事件委托模型来实现事件驱动，其最大特点是将事件的处理逻辑委托给独立的第三方对象（通常称为监听者对象），而不是发生事件的组件本身。

在事件发生时，产生事件的组件将会把与事件相关的信息封装在一个称为“事件对象”的对象中，然后将该事件对象传递给监听者对象，监听者对象再根据传过来的事件对象内的信息决定具体处理方法。

可见，事件监听对象需要负责一个组件能响应哪些事件，以及响应事件后需执行的语句序列存放在什么位置。为了实现上述要求，在开发程序时，用户需要做以下两件事：

（1）向事件源注册事件监听器。通过调用事件源对象的 addXXXListener()等类的方法注册本监听器对象，这样，当事件发生时，事件源对象才能够通知到它。例如，某单击事件监听器对象欲向按钮对象 button 注册自身时，需要在其相应的代码（通常是其初始化代码）中使用以下语句：

```
button.addActionListener(this);
```

当程序运行时，事件监听器将时刻监听 button 按钮，一旦用户有单击行为发生，事件监听器将马上收到事件通知。

（2）实现事件处理方法。Java 为每个事件类定义了一个相应的事件监听器接口，其中声明了事件处理的抽象方法，该方法以事件对象作为参数，以便在事件处理时，可以通过访问事件对象的成员获取更多事件发生时的相关信息，更好地完成对事件的处理。例如，单击事件的监听器接口是 ActionListener，其中声明了 actionPerformed(ActionEvent e)方法，程序运行过程中，当用户单击一个按钮时，事件监听器将通知执行该方法。可见，事件监听器必须是实现了对应事件监听接口类的对象。

另外，根据接口的性质，一个类如果要实现一个接口，必须实现该接口中所有的抽象方法。如果事件监听器接口中包含多个方法，即使只需要处理一个事件，也必须实现接口中的所有的处理方法，程序编写起来比较麻烦。为此，Java 提供了一种简便方法，为包含多个事件处理方法的事件监听器接口提供了抽象的实现类，称为适配器（Adpater）类，类名带有 Adapter 标记。每个适配器类实现了对应的事件监听器接口，用空方法体实现该接口中的每个抽象方法。

例如，WindowAdapter 类实现了 WindowListener 接口，用空方法体实现了 WindowListener 接口中声明的以下 7 个方法：

```
windowClosing(WindowEvent e)        //窗口关闭（按下窗口关闭按钮）
windowClosed(WindowEvent e)         //窗口已关闭
windowOpened(WindowEvent e)         //窗口打开事件
windowActivated(WindowEvent e)      //窗口由“非活动”变为“活动”状态
windowDeactived(WindowEvent e)      //窗口由“活动”变为“非活动”状态
windowIconified(WindowEvent e)      //窗口由一般状态变为最小化状态
windowDeiconified(WindowEvent e)    //窗口由最小化状态转变为一般状态
```

这样一来，处理窗口事件的监听器类便可以声明为继承 WindowAdapter 类，而仅需要覆盖所响应的窗口事件处理方法。例如，需要响应关闭窗口事件，只需覆盖 windowClosing(WindowEvent e)方法即可。

10.2 容器和布局管理器

前面简要介绍了 AWT、Swing 和 SWT 3 种图形用户界面工具的特点，然而现在使用 Java 进行图形界面设计时，已较少使用 AWT 组件，而 SWT 受系统影响比较大，因此，绝大部分时候都是用 Swing 组件来进行界面设计开发。Swing 是一种轻量级组件，它完全由 Java 实现，不再依赖于本地平台的图形界面，所以可以在所有平台上保持相同的运行效果，对跨平台支持更加出色。

10.2.1 Swing 的常用容器

java.swing 包中的很多类都是从 java.awt 包的类继承而来，如图 10-1 所示。javax.swing.JComponent 类就是继承于 java.awt.Container。Swing 中提供大部分控件都是从抽象类 java.swing.JComponent 扩展而来，JComponent 类在 Swing 中起着导向框架的作用，它也是 java.awt 包中 Container 类的一个直接子类。在 JComponent 类中的 AbstractButton 类和 JTextComponent 类都是一个抽象类，它们提供了许多组件需要使用的成员方法，为其子类继承和使用提供了方便。javax.swing 包中的 JFame 类和 JDialog 类分别是 java.awt 包中 Frame 类和 Dialog 类的直接子类、Window 类的间接子类,JWindow 是 Window 类的直接子类。

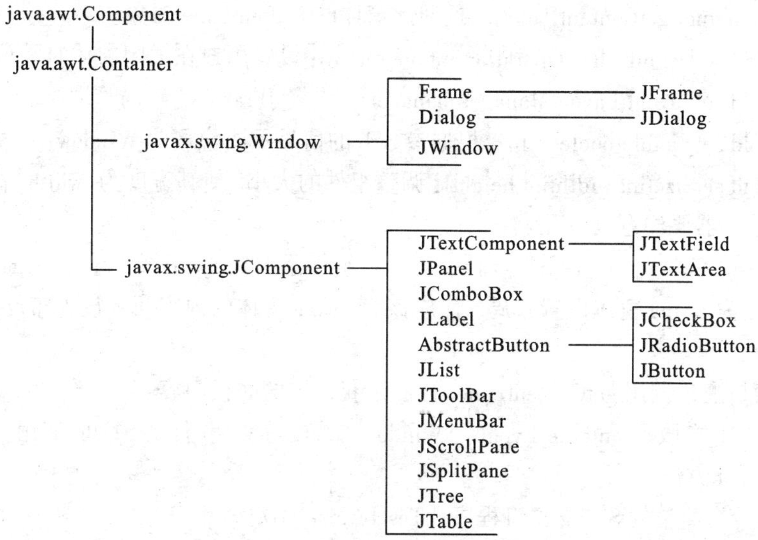

图10-1　Swing控件继承关系图

在 Java 中，由 Component 类的子类或间接子类创建的对象都可以称为一个组件，这是图形用户界面中的可见部分，如按钮、标签，而由 Container 的子类或间接子类创建的对象可以称为一个容器，是图形用户界面中容纳其他组件的部分，如窗体。

组件从功能上分可分为：

（1）顶层容器：主要有 JFrame、JApplet、JDialog、JWindow 等 4 个。

（2）中间容器：主要有 JPanel、JScrollPane、JSplitPane 等 3 个。

（3）特殊容器：在 GUI 上起特殊作用的中间层，例如 JlayeredPane、JRootPane。

（4）基本控件：实现人机交互的组件，如 JButton、JComboBox、JList、JMenu、JJTextField。

（5）不可编辑信息的显示：向用户显示不可编辑信息的组件，例如 JLabel、ToolTip。

（6）可编辑信息的显示：向用户显示能被编辑的格式化信息的组件，如 JTable、JTextArea。

在本节中将主要介绍顶层容器和中间容器。

1. 顶层容器

每个使用 Swing 组件的程序都至少有一个顶层容器。这个顶层容器是包含层次的根节点，这个层次会包含所有将在这个顶层容器中出现的 Swing 组件。非顶层容器必须位于某个顶层容器窗口之内，不能独立存在。每个顶层容器都有一个内容面板（content pane），一般情况下，这个内容面板会包含（直接或间接地）所有顶层容器 GUI 的可视组件。

Swing 提供 4 种顶层容器类：JFrame、JApplet、JDialog、JWindow。

（1）JFrame 类。JFrame 是 Java Application 程序的图形用户界面容器，是一个有边框的容器。JFrame 类包含支持任何通用窗口特性的基本功能，如最小化窗口、移动窗口、重新设定窗口大小等。JFrame 容器作为最底层容器，不能被其他容器所包含，但可以被其他容器创建并弹出成为独立的容器。

JFrame 的常用方法如下：

① public JFrame()：构造一个初始时不可见的新窗体。

② public JFrame(String title)：创建一个新的、初始不可见的、具有指定标题的新窗体。

③ public Container getContentPane()：返回此窗体的 contentPane 对象。

④ public void setDefaultCloseOperation(int operation)：设置用户在关闭窗体时默认执行的操作。

⑤ public void setLayout(LayoutManager manager)：设置 JFrame 的布局管理器。

⑥ public void setVisible(boolean b)：根据参数 b 的值显示或隐藏此 Window。

⑦ public void setSize(int width,int height)：调整组件的大小，使其宽度为 width，高度为 height。

使用 JFrame 容器要注意以下几点：

① 不能直接向 Swing 窗口中添加组件，必须把组件添加到 Swing 窗口包含的面板中。

② 不能直接为 Swing 窗体设置布局，而应该为 Swing 窗体的内容面板设置布局，默认布局为 BorderLayout。

③ Swing 窗口通过调用 getContentPane()方法来获得它的面板内容。

④ JFrame 可接收 ContainerEvent、WindowEvent 等类事件，还可使用 JFrame 类的 processWindowEvent 方法。

【例 10-1】一个简单的 Swing 窗口程序：TestJFrame.java。

```
import javax.swing.*;
import java.awt.*;
public class TestJFrame extends JFrame {
   public TestJFrame(String s)  {
      super(s);
      setSize(200,400);
      setVisible(true);  //设置窗口为可见
      setDefaultCloseOperation(JFrame.EXIT_ON_CLOSE);//单击窗口关闭按钮关闭窗口
      Container con=getContentPane();            //获得面板内容赋给容器类对象引用变量
      con.setLayout(new FlowLayout());           //设置容器中面板为流布局管理器
      JButton button=new JButton("你好！");      //创建按钮对象
      JTextArea text=new JTextArea(2,8);         //创建多行文本框对象
      test.setTest（“你好这是一个简单的 Swing 窗口程序。”）;
      con.add(button);                           //在面板中添加按钮
      con.add(text);                             //在面板中添加多行文本框
      pack();                                    //窗口为紧凑方式
   }
      public static void main(String[] args) {
        TestJFrame win=new TestJFrame("Mywindow"); //创建 TestJFrame 类对象传送
                                                     参数 TestJFrame 到构造函数
        win.pack();                                //窗口为紧凑方式
      }
}
```

程序运行结果如图 10-2 所示。

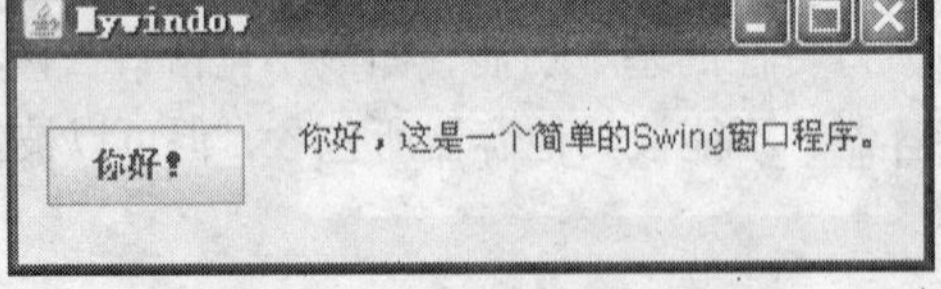

图 10-2　窗口对象执行结果

（2）JApplet 类。javax.swing.JApplet 是 java.applet.Applet 的子类，它扩展了 Applet 类。使用 Swing 的小应用程序必须是 JApplet 的子类。通常情况下，可以构造一个扩展了 JApplet 的类，然

后在一个 Web 页面中使用该类时，浏览器会自动创建 JApplet 对象。

【例 10-2】 创建一个简单的 Java Applet 的程序：TestJApplet.java。

```
import javax.swing.*;
import java.awt.*;
import java.awt.event.*;
public class TestJApplet extends JApplet implements ActionListener {
    JButton  button;
    JTextArea text1,text2;                          //按钮、多行文本框对象引用变量
     public void init(){                            // init()方法
        button=new JButton("确定");                 //创建按钮和单行文本框对象
        text1=new JTextArea(5,20);                  //创建 2 个多行文本框对象
        text2=new JTextArea(5,20);
        test1.setTest（“你好这是一个简单的 Java Applet 的程序。”）;
        test2.setTest（“你好这是一个简单的 Java Applet 的程序。”）;
        Container con=getContentPane();               //在 Swing 窗口容器中获得面板对象
        con.setLayout(new FlowLayout());          //设置流布局
        con.add(text1);                             //在面板中添加 2 个多行文本框对象
        con.add(text2);
     con.add(button);                               //在内容面板中添加按钮组件
     button.addActionListener(this);                //按钮添加监听器
   }
    public void actionPerformed(ActionEvent e) {
        if  (e.getSource()==button) {                 //如果事件源来自按钮
            text2.setText(text1.getText());             //将文本框 1 的值赋给文本框 2
        }
}
```

程序运行结果如图 10-3 所示。

图 10-3　JApplet 类的执行结果

（3）JDialog 类为用于对话框的类。对话框常用来向用户提供一些简短的信息，或获取用户的一些简短输入。

JDialog 的常用构造方法如下：

① JDialog()：创建一个没有标题并且没有指定 Frame 所有者的无模式对话框。

② JDialog(Dialog owner)：创建一个没有标题但将指定的 Dialog 作为其所有者的无模式对话框。

③ JDialog(Dialog owner, boolean modal)：创建一个具有指定所有者 Dialog 和模式的对话框。

④ JDialog(Dialog owner, String title)：创建一个具有指定标题和指定所有者对话框的无模式对话框。

⑤ JDialog(Dialog owner, String title, boolean modal)：创建一个具有指定标题、模式和指定所有者 Dialog 的对话框。

⑥ JDialog(Frame owner)：创建一个没有标题但将指定的 Frame 作为其所有者的无模式对话框。

⑦ JDialog(Frame owner, boolean modal)：创建一个具有指定所有者 Frame、模式和空标题的对话框。

⑧ JDialog(Frame owner, String title)：创建一个具有指定标题和指定所有者窗体的无模式对话框。

⑨ JDialog(Frame owner, String title, boolean modal)：创建一个具有指定标题、所有者 Frame 和模式的对话框。

注意：通常程序员不直接使用 JDialog 创建对话框，而是使用 Swing 提供的 JOptionPane 弹出各种对话框。因为 JOptionPane 可以为程序员设计对话框完成一些辅助工作，大幅度简化了程序的编写。

【例 10-3】创建一个简单的 JDialog 程序：TestJDialog.java。

```
import javax.swing.*;
import java.awt.*;
import java.awt.event.*;
class Dwindow extends JFrame {                //定义窗体子类
    JButton button1,button2;                  //定义 2 个按钮对象引用变量
    Dwindow(String s) {                       //构造函数
        super(s);                             //调用父类构造函数并传递字符串参数初始化
        Container con=getContentPane();       //获得内容面板
        button1=new JButton("打开");          //创建 2 个按钮对象
        button2=new JButton("关闭");
        con.setLayout(new FlowLayout());      //设置内容面板为流布局
        con.add(button1);
        con.add(button2);
        pack();                               //在内容面板中添加按钮对象
        setVisible(true);
        setDefaultCloseOperation(JFrame.HIDE_ON_CLOSE);
    }
}
class Mydialog extends JDialog {              //建立对话框子类
    JButton  button1,button2;
    Mydialog(JFrame F,String s) {             //构造方法
    super(F,s);                               //调用父类构造函数并传递字符串参数初始化
    button1=new JButton("open");              //创建 2 个按钮对象
    button2=new JButton("close");
    setSize(90,90);                           //设置对话框尺寸
    setVisible(true);                         //设置对话框可视
    setModal(false);                          //设置带对话框窗口模式 Modal 为不可见
    Container con=getContentPane();           //获得内容面板
    con.setLayout(new FlowLayout());          //设置内容面板为流布局
    con.add(button1);con.add(button2);        //在内容面板中添加按钮对象
    setDefaultCloseOperation(JFrame.HIDE_ON_CLOSE);
  }
}
public class TestJDialog extends JApplet {    //定义对话框测试类
    Dwindow window;
    Mydialog dialog;
    JButton button;
    public void init()  {
        window=new Dwindow("带对话框窗口");          //创建窗口对象
        dialog=new Mydialog(window,"是对话框");     //创建对话框对象
        button=new JButton("ok");                  //创建 ok 按钮对象
        getContentPane().add(button);              //获得面板并添加按钮到面板上
    }
}
```

该程序编译后，将编译的主类文件的文件名放入到 HTML 文件中，具体代码如下：

```
<HTML>
<HEAD>
</HEAD>
<BODY BGCOLOR="000000">
<CENTER>
<APPLET code="TestJDialog.class" width="500" height="300">
</APPLET>
</CENTER>
</BODY>
</HTML>
```

然后将网页文件与 Java 文件放在同一个文件夹中，最后使用系统命令执行 appletviewer：appletviewer TestCardLayout.class　或用浏览器执行 TestCardLayout.html 即可。程序结果如图 10-4 所示。

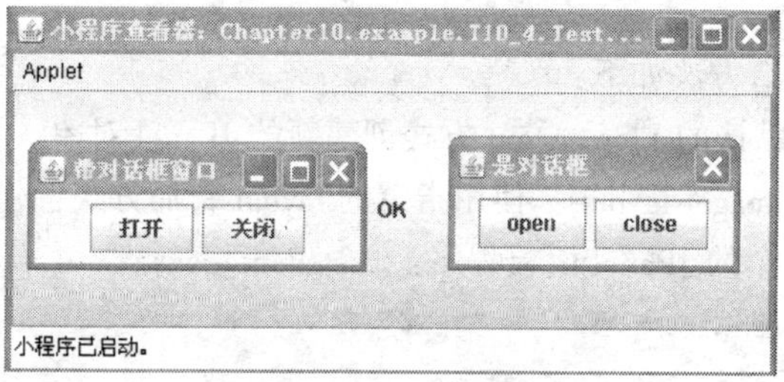

图 10-4　对话框执行结果

（4）JWindow 类。这是一个可以显示在用户桌面上任何位置的窗体，它没有标题栏、窗口管理按钮或者其他与 JFrame 关联的修饰。

JWindow 的常用方法如下：

① JWindow()：创建未指定所有者的窗体。

② JWindow(Frame owner)：使用指定的所有者框架创建窗体。

③ JWindow(Window owner)：使用指定的所有者窗口创建窗体。

【例 10-4】创建一个简单的 JWindow 的程序：TestJWindow.java。

```
import java.awt.*;
import javax.swing.*;
public class TestJWindow {
  public static void main(String[] args) throws Exception {
    JWindow window=new JWindow();          //创建 JWindow 窗口对象
    JButton component=new JButton("这是一个 JWindow 容器！"); //创建按钮对象
    component.setBackground(Color.gray);  //设置按钮背景色
   window.getContentPane().add(component, BorderLayout.CENTER);
    //在窗口取得面板并在面板中间添加 component 对象
    window.setSize(300,300);
    window.setVisible(true);
  }
}
```

程序运行结果如图 10-5 所示。

图 10-5　JWindow 执行结果

2. 中间容器

容器（JContainer）是 JComponent 抽象类的一个子类，一个容器可以容纳多个组件，并使它们成为一个整体。当然，容器本身也是一个组件，因而具有组件的所有通用性质，另外还具有容纳其他容器和组件的功能。Swing 的中间容器不能独立存在，必须包含在其他容器中。

（1）JPanel 面板。JPanel 面板是一种中间容器，它可容纳各种组件，并且将组件按一定布局添加到 JPanel 面板中，然后将整个 JPanel 面板添加到底层容器或其他中间容器中。JPanel 容器的默认布局为 FlowLayout。

JPanel 类的常用构造方法如下：

① JPanel()：使用默认的 FlowLayout 方式创建新的 JPanel 对象。

② JPanel(LayoutManager layout)：使用指定的 layout 布局方式创建新的 JPanel 对象。

【例 10-5】一个简单的 JPanel 面板程序：TestJPanel.java。

```
import javax.swing.*;
import java.awt.*;
class Mycanvas extends JPanel {                        //定义画布类继承 JPanel 类
    public void paintComponent(Graphics g) {           // paintComponent()方法
        super.paintComponent(g);                       //调用父类 paintComponent()方法
        g.setColor(Color.red);                         //设置绘字颜色为红色
        g.drawString("The sky is blue!",80,30);        //在坐标 80，30 处绘制字符串
    }
}
public class TestJPanel extends JApplet {              //定义测试类继承 JApplet 类
    Mycanvas canvas;
    JLabel label;
    public void init() {                               //小程序 init()
        canvas=new Mycanvas();                         //创建画布面板容器和标签对象
        label=new JLabel("你好，这是一个简单的 JPanel 面板程序。");
        Container con=getContentPane();                //获得内容面板
        con.add(label,BorderLayout.NORTH);             //在内容面板北部（上部）添加标签
        con.add(canvas,BorderLayout.CENTER);           //在内容面板中部添加画布面板
    }
}
```

程序运行结果如图 10-6 所示。

图 10-6　面板程序执行结果

（2）JScrollPane 面板。JScrollPane 面板是一个滚动窗口组件，可将尺寸较大的组件放在 JScrollPane 对象中滚动浏览。JScrollPane 类提供布局管理器 JScrollPaneLayout 来设定布局，它的常用构造方法如下：

① JScrollPane()：创建一个空的 JScrollPane，需要时水平和垂直滚动条都可显示。

② JScrollPane(Component view)：创建一个显示指定组件内容 view 的 JScrollPane，只要组件的内容超过视图大小就会显示水平和垂直滚动条。

【例 10-6】带滚动窗口组件的应用：TestJScrollPane.java。

```
import javax.swing.*;
import java.awt.*;
class Mywindow extends JFrame {                    //定义Mywindow子窗口类
    JButton button;
    JTextArea text;
    JScrollPane scroll;
    Mywindow(String s) {                           //Mywindow类构造函数
      super(s);
      setSize(200,400);
      setVisible(true);
      Container con=getContentPane();         //获得内容面板
      button=new JButton("Please write your notes");  //创建按钮对象
      text=new JTextArea(10,20);              //创建多行文本框对象
      scroll=new JScrollPane(text);           //创建包含多行文本框对象滚动窗口对象
      con.add(button,BorderLayout.SOUTH);        //添加按钮到内容面板下部
      con.add(scroll,BorderLayout.CENTER);       //将滚动窗口添加到内容面板的中部
      setDefaultCloseOperation(JFrame.EXIT_ON_CLOSE);
   }
}
public class TestJScrollPane {
public static void main(String[] args) {
    Mywindow win=new Mywindow("TestJScrollPane");  //创建Mywindow类窗口对象
    win.pack();
   }
}
```

程序运行结果如图 10-7 所示。

图 10-7　滚动窗口执行结果

（3）JSplitPane 面板。JSplitPane 面板可将容器分为上下或左右两部分，各放一个组件，分隔线可移动。JSplitPane 有两个构造方法如下：

① JSplitPane(int a,Component b,Component c)，其中参数 a 取静态常量 HORIZONTAL_SPLIT 或 VERTICAL_SPLIT，决定是上下分隔还是左右分隔，后两个参数是要放置的组件，当分隔线移动时，组件不连续变化。

② JSplitPane(int a,Boolean b,Component c,Component d)，其中参数 a 取静态常量 HORIZONTAL_SPLIT 或 VERTICAL_SPLIT，决定是上下分隔还是左右分隔，b 决定分隔线移动时组件是否变化，后两个参数是要放置的组件。

【例 10-7】一个简单的 JSplitPane 面板程序：TestJSplitPane.java。

```
import javax.swing.*;
import java.awt.*;
import java.awt.event.*;
class Mywindow extends JFrame implements ActionListener {
    JButton button1;
    JTextArea text1, text2;
    JSplitPane split_one, split_two;
    Mywindow() {
        setSize(200, 400);
        setVisible(true);
        Container con=getContentPane();          //获得内容面板
        button1=new JButton("发送");             //创建按钮
        text1=new JTextArea(10, 20);             //创建多行文本框 1
        text2=new JTextArea(10, 20);
        //VERTICAL_SPLIT 垂直分割表示 Component 沿 y 轴分割，text1 将被分割在
          button1
         的顶上
        split_one=new JSplitPane(JSplitPane.VERTICAL_SPLIT,text1,button1);
        //HORIZONTAL_SPLIT 水平分割表示 Component 沿 x 轴分割组件 split_one 将被分割在
         text2 的左边
        split_two=new JSplitPane(JSplitPane.HORIZONTAL_SPLIT, true,
        split_one,text2);
        con.add(split_two, BorderLayout.CENTER); //添加分隔框到内容面板中
        button1.addActionListener(this);         //添加按钮监听器
        setDefaultCloseOperation(JFrame.EXIT_ON_CLOSE);
    }
public void actionPerformed(ActionEvent e) {   // 激活按钮监听器接口的方法
    if (e.getSource()==button1)
        text2.setText(text1.getText());          // 将文本框1的值复制到文本框2去
    }
}
public class TestJSplitPane {
    public static void main(String[] args) {
        Mywindow win=new Mywindow();
        win.pack();
    }
}
```

程序运行结果如图 10-8 所示。

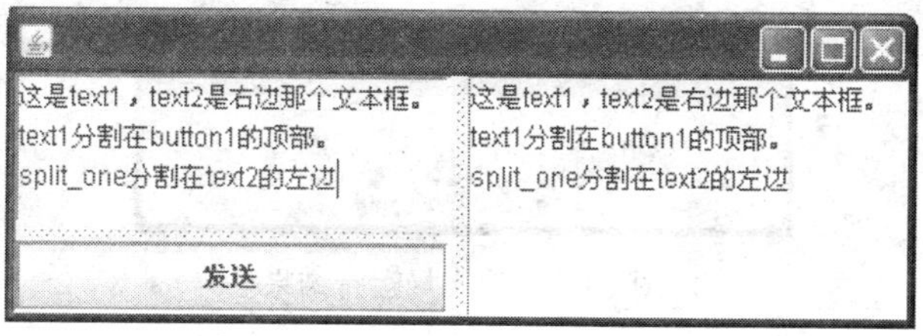

图 10-8　JSplitPane 面板执行结果

10.2.2　常用的布局管理器

为生成具有良好与平台无关性的图形用户界面，Java 中提供了布局管理器工具来管理组件在容器中的布局，而不手工设置组件位置和大小。每个容器都有一个布局管理器，当容器需对组件定位或判断大小尺寸时，就会调用其对应的布局管理器。

Java 目前提供有 FlowLayout、BorderLayout、GridLayout、BoxLayout、CardLayout 等布局管理器。

1. 流布局管理器

流布局管理器（FlowLayout）是 JPanel 类的默认容器布局管理器。FlowLayout 布局对组件逐行定位，行内从左到右，一行排满后换行，默认对齐为居中对齐。不改变组件的大小，按组件原有尺寸显示组件，可在构造方法中设置不同的组件间距，行距及对齐方式。

FlowLayout 的常用构造方法如下:

（1）new FlowLayout(FlowLayout.RIGHT,20,40)：右对齐，组件之间水平间距 20 个像素，垂直间距 40 个像素。

（2）new FlowLayout(FlowLayout.LEFT)：左对齐，水平间距和竖直间距为默认 5 个像素。

（3）new FlowLayout()：居中对齐，水平间距和竖直间距为默认 5 个像素。

【例 10-8】流布局的应用：TestFlowLayout.java。

```
import java.awt.*;
import javax.swing.*;
public class TestFlowLayout {
   public static void main(String[] args) {
      JFrame f=new JFrame("Flow Layout");             //创建窗口容器组件对
                                                        象实例
      JButton button1=new JButton("Ok");              //创建 3 个按钮组件对象
      JButton button2=new JButton("Open");
      JButton button3=new JButton("Close");
      f.setLayout(new FlowLayout());                  //创建居中对齐的流布局对
                                                        象并将窗口设置为流布局
      f.add(button1);                                 //将 3 个按钮添加到容器 f 中
      f.add(button2);
      f.add(button3);
      f.setSize(100,100);                             //设置窗口（框架）容器大小
      f.setVisible(true);                             //设置窗口容器为可视
   }
}
```

程序执行结果如图 10-9 所示。

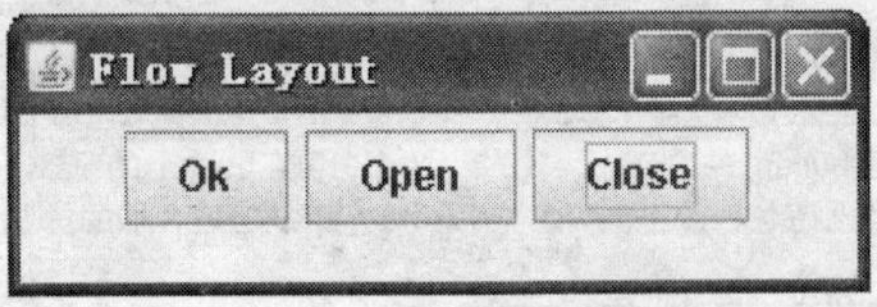

图 10-9　流布局运行结果

2. 边界布局管理器

边界布局管理器（BorderLayout）将整个容器的布局划分成东、南、西、北、中 5 个区域，组件只能被添加到指定的区域、每个区域只能加入一个组件，后加入的组件会代替前组件，不指定组件区域默认放在 Center（中）区域。

BorderLayout 边界布局容器尺寸缩放原则是：南、北区域在水平方向缩放；东、西区域在垂直方向缩放；中部区域在两个平方向缩放。

【例 10-9】边界布局管理器的应用（Frame 窗口默认是 BorderLayout）：TestBorderLayout.java。

```
import java.awt.*;
import javax.swing.*;
public class TestBorderLayout {
    public static void main(String[] args) {
      JFrame f;
      f=new JFrame("Border Layout");              //创建 Frame 窗口容器
      JButton bn=new JButton("BNorth");           //创建 5 个对应按钮
      JButton bs=new JButton("BSouth");
      JButton bw=new JButton("BWest");
      JButton be=new JButton("BEast");
      JButton bc=new JButton("BCenter");
      f.add(bn, "North");                         //添加 5 个组件按钮到窗口容器 f 的
                                                    边界布局
      f.add(bs, "South");
      f.add(bw, "West");
      f.add(be, "East");
      f.add(bc, "Center");
      f.setSize(200,200);                         //设置窗口容器尺寸
      f.setVisible(true);                         //设置窗口容器可视
    }
}
```

程序执行结果如图 10-10 所示。

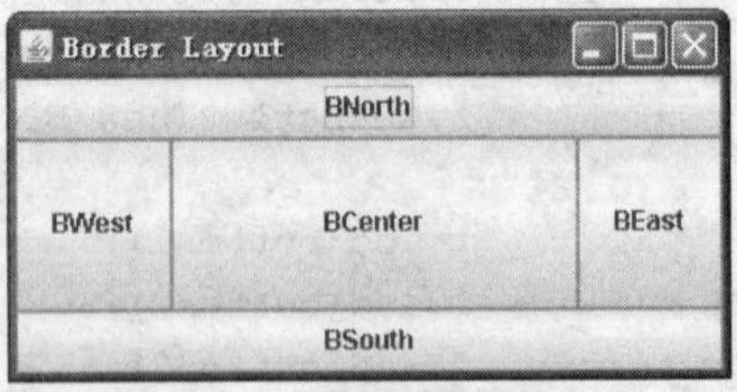

图 10-10　边界布局运行结果

3. 网格布局管理器

网格布局管理器(GridLayout)将布局划分为矩形网格，每个单元格区域大小相等。组件被添加到每个单元格中，按从左到右的顺序添满换行，再从上到下放置。

GridLayout 的常用构造方法如下：

（1）GridLayout()：创建具有默认值的网格布局，即每个组件占据一行一列。

（2）new GridLayout(int rows, int cols)：创建具有指定行数 rows 和列数 cols 的网格布局。

（3）new GridLayout(int rows, int cols, int hgap, int vgap):创建具有指定行数 rows、列数 cols、水平间隔 hgap 和垂直间隔 vgap 的网格布局。

【例 10-10】网格布局管理器应用：TestGridLayout.java。

```
import java.awt.*;
import javax.swing.*;
public class TestGridLayout {
    public static void main(String args[]) {
        JFrame f=new JFrame("GridLayout Example");   //创建 Frame 窗口容器
        JButton b1=new JButton("b1");                //创建 6 个按钮
        JButton b2=new JButton("b2");
        JButton b3=new JButton("b3");
        JButton b4=new JButton("b4");
        JButton b5=new JButton("b5");
        JButton b6=new JButton("b6");
        f.setLayout (new GridLayout(3,2)); //设置窗口容器布局为 3 行 2 列的网格布局
        f.add(b1);                         //将 6 个按钮添加到窗口 3 行 2 列网格布局中
        f.add(b2);
        f.add(b3);
        f.add(b4);
        f.add(b5);
        f.add(b6);
        f.pack();                          //设置窗口容器为紧凑格式
        f.setVisible(true);                //设置窗口容器可视
    }
}
```

程序执行结果如图 10-11 所示。

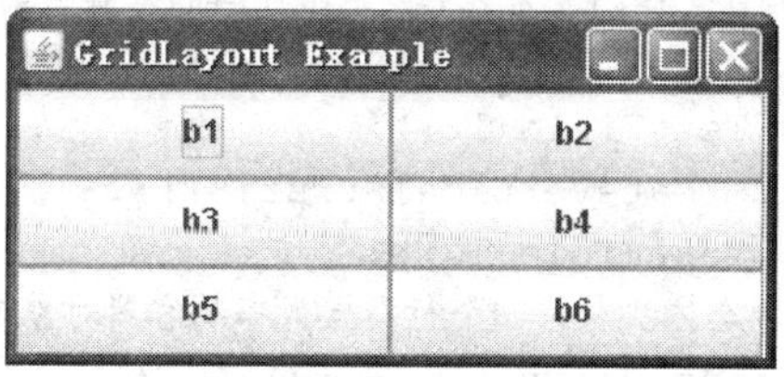

图 10-11　网格布局运行结果

4．盒式布局管理器

盒式布局管理器（BoxLayout）在 java.swing.border 包中，也是 Container 类中的一个子类，因此为盒式容器。

创建 BoxLayout 类的对象的构造方法是：

```
BoxLayout(Container con, int axis)
```

其中 con 是容器对象，axis 指明 con 中组件的排列方式，其值可为表示水平排列的 BoxLayout.X_AXIS 或为表示垂直排列的 BoxLayout.Y_AXIS。

组件加入的顺序是从左（上）到右（下）排列，容器的两端为剩余空间。与 FlowLayout 流布局不同的是，它仅有一行（列），无论组件多少只排列在该行（列）中，因此组件可能被压缩变形。

【例 10-11】盒式布局的应用: TestBoxLayout.java。

```
import javax.swing.*;                                   //引入 swing.*
import java.awt.*;
import javax.swing.border.*;
public class TestBoxLayout {
   public static void main(String[] args) {
      new WindowBox();                                  //创建窗口对象并调用构造方法
   }
}
//声明 WindowBox 子类继承 Frame 类
class WindowBox extends JFrame {
   super("这是 TestBoxLayout 程序");
   Box baseBox ,boxV1,boxV2;
   //声明行型盒式布局容器对象 baseBox，列型盒式布局容器对象 boxV1，boxV2 引用变量
   WindowBox(){                                         //构造方法
      boxV1=Box.createVerticalBox();                    //使用 Box 类的静态方法获得一个
                                                          列型盒式布局容器对象 boxV1
      boxV1.add(new Label("姓名"));                     //在容器中添加姓名标签组件
      boxV1.add(Box.createVerticalStrut(8));            //在容器中添加垂直支撑高度为 8
                                                          (控制组件间的垂直距离)，宽度为 0
      boxV1.add(new Label("email"));                    //在容器中添加 email 标签组件
      boxV1.add(Box.createVerticalStrut(8));            //在容器中添加垂直支撑高度为
                                                          8，宽度为 0
      boxV1.add(new Label("职业"));                     //在容器中添加职业标签组件
      boxV2=Box.createVerticalBox();                    //使用 Box 类的静态方法获得一个列型盒
                                                          式布局容器对象 boxV2
      boxV2.add(new TextField(12));                     //在容器中添加单行文本框组件长度 12 个
                                                          字符
      //在容器中添加垂直支撑高度为 8（控制组件间的垂直距离），宽度为 0
      boxV2.add(Box.createVerticalStrut(8));
      boxV2.add(new TextField(12));
      boxV2.add(Box.createVerticalStrut(8));
      boxV2.add(new TextField(12));
      //使用 Box 类的静态方法获得一个行型盒式布局容器对象 baseBox
      baseBox=Box.createHorizontalBox();
      baseBox.add(boxV1);    //在行型盒式布局容器中添加列型盒式布局容器对象 boxV1
      //在容器中添加水平支撑高度为 0，宽度为 10（控制组件间的水平距离）
      baseBox.add(Box.createHorizontalStrut(10));
      //在行型盒式布局容器中添加列型盒式布局容器对象 boxV2
      baseBox.add(boxV2);
      setLayout(new FlowLayout());                      //设置为流布局
      add(baseBox);                                     //将行型盒式布局容器对象 baseBox 添加到
                                                          窗口容器中
      //设置窗口在屏幕显示位置为距屏幕左面 120 像素，距上方 125 像素，宽 250 高为 150
      setBounds(120,125,250,150);
      setVisible(true);                                 //设置窗口容器可视
      setDefaultCloseOperation(JFrame.EXIT_ON_CLOSE);
   }
}
```

程序执行结果如图 10-12 所示。

图 10-12 盒式布局运行结果

5．卡片布局管理器

卡片布局管理器（CardLayout）能够帮助用户处理两个或更多的组件成员共享同一显示空间，将组件像卡片一样前后依次排列，这种布局在一张卡片中只能显示一个组件，因此可以使用容器嵌套方法显示多个组件。使用 CardLayout 布局常用到以下 3 个方法：

（1）First(Container parent)：显示布局设置为 CardLayout 的容器中的第一张卡片。

（2）Last(Container parent)：显示布局设置为 CardLayout 的容器中的最后一张卡片。

（3）Next(Container parent)：显示当前卡片的下一张卡片。

10.3 Swing 的常用控件

控件是建立程序界面的基本元素，是可视化编程的基础。控件的使用，充分地体现了当今流行的面向对象的编程思想。

10.3.1 Swing 标签和文本框

1．Swing 标签（JLabel）

Swing 允许通过 JLabel 控件建立可以包含文本、图像或者两者都包含的标签。

JLabel 构造方法如下：

（1）JLabel(Icon icon)：icon 表示使用的图标。

（2）JLabel(String text,Icon icon,int align)：text 表示使用的字符串；icon 表示使用的图标；align 表示水平对齐方式，其值可以为：LEFT、RIGHT、CENTER。

JLabel 常用方法有：

（1）getText()：获取文本。

（2）setText(String text)：设置文本。

【例 10-12】在 JLabel 控件中放入图片和文字：JLabelTest.java。

```
import java.awt.*;
import javax.swing.*;
public class JLabelTest extends JFrame {
   private JLabel label1,label2,label3;
   public JLabelTest() {
      super("testing JLabel");
      Container c=getContentPane();
      c.setLayout(new FlowLayout());              //将窗口设置为流布局
      label1=new JLabel("label with text");       //创建具有指定文本的 JLabel 实例
      label1.setToolTipText("this is label1"); //光标处于该组件上时显示的文本
      c.add(label1);
      Icon bug=new ImageIcon("bug1.jpg");
      label2=new JLabel("label with text and icon",bug,SwingConstants.LEFT);
                                    //创建具有指定文本、图像和对齐方式的 JLabel 实例
```

```
        label2.setHorizontalTextPosition(SwingConstants.CENTER);
                                              //设置标签的文本相对其图像的水平位置
        label2.setVerticalTextPosition(SwingConstants.BOTTOM);
                                              //设置标签的文本相对其图像的垂直位置
        c.add(label2);
        label3=new JLabel();
        label3.setText("label with icon and text at bottom");
        label3.setIcon(bug);                  //定义此组件将要显示的图标
        label3.setHorizontalTextPosition(SwingConstants.CENTER);
        label3.setVerticalTextPosition(SwingConstants.BOTTOM);
        label3.setToolTipText("this is label3");
        c.add(label3);
        setSize(275,170);
        setVisible(true);
    }
    public static void main(String arg[]) {
        JLabelTest Lat=new JLabelTest();
        Lat.setDefaultCloseOperation(JFrame.EXIT_ON_CLOSE);
    }
}
```

程序运行结果如图 10-13 所示。

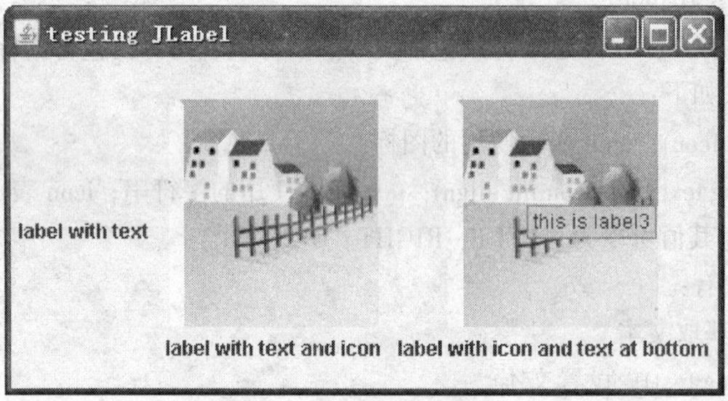

图 10-13　标签运行结果

2. Swing 文本字段（JTextField）

文本字段是一个用户可以输入字符的输入区。允许用户输入各种数据，如姓名和描述文字。

JtextField 有以下 4 个构造方法：

（1）public JTextField()：创建一个空文本域。

（2）public JTextField(int columns)：创建一个指定列数的空文本域。

（3）public JTextField(String text)：指定初始文字创建一个文本域。

（4）public JTextField(String text,int columns)：创建一个文本域，并指定文字和列数的初始化。

JTextField 除了 text、horizontalAlignment 等属性外，还有如下属性：

（1）Editable：布尔型属性，表明用户能否修改文本域。

（2）Columns：文本域的宽度。

JTextField 的方法有：

（1）getText()：从文本域返回字符串。

（2）setText(String text)：将给定字符串写入文本域中。

（3）setEditable(boolean editable)：使文本域变为可编辑的，默认为 true。

（4）setColumns(int)：设置文本域的列数，文本域的长度可变。

3．Swing 的多行文本（JTextArea）

如想让用户输入多行文本，只能通过创建多个 JTextField 实例来实现，解决问题的更好办法是使用 JTextArea，它允许用户输入多行文字。

JTextArea 的 3 个构造方法是：

（1）public JTextArea()：创建一个空的文本区。

（2）JTextArea(int rows, int columns)：创建一个指定行数和列数的文本区。

（3）JTextArea(String s, int rows, int columns)：创建一个指定文本、行数和列数的文本区。

除了 text、editable、columns 外，JTextArea 还有以下属性：

（1）lineWrap：换行策略。

（2）wrapStyleWord：换行方式。

（3）rows：JTextArea 行数。

（4）lineCount：文本区的行数。

JTextArea 的方法有：

（1）public void insert(String s,int pos)：将字符串 s 插入到文本区的指定位置 pos。

（2）public void append(String s)：将字符串 s 添加到文本的末尾。

（3）public void replaceRange(String s,int start,int end)：用字符串 s 替换文本中从位置 start 到 end 的文字。

JTextArea 使用"\n"作为内部表示的换行符号，例如：

```
myTextArea.append("换行演示代码"+"\n");
```

默认情况下，文本区是可编辑的。可以使用 setEditable(false)将 JextArea 设置为不可编辑。此时，JTextArea 任然是可选择的，用户也可以复制其中的数据，但不能改变其中的数据。

【例 10-13】密码框验证进入聊天室欢迎词：TestJpassword.java。

```
import javax.swing.*;
import java.awt.*;
import java.awt.event.*;
public class TestJpassword extends JApplet implements ActionListener {
   JTextField text1;
   JPasswordField text2;
   JTextArea textarea;
   JSplitPane split1,split2;  //声明文本框、密码框、文本区、多行文本、分隔框引用变量
   public void init() {
   Container con=getContentPane();                        //获得内容面板
   text1=new JTextField(8);                               //创建输入框对象
   text2=new JPasswordField(8);                           //创建密码输入框对象
   text2.setEchoChar('*');                                //设置密码框的回显字符
   textarea=new JTextArea(8,8);                           //创建多行输入框对象
   textarea.setEditable(false);                           //设置多行文本区不能编辑
   JPanel p1=new JPanel();                                //创建面板对象 1，2
```

```
    JPanel p2=new JPanel();
    p1.add(new Label("输入姓名"));
    p1.add(text1);                          //在面板对象1中添加标签和文本框
    p2.add(new Label("输入密码"));
    p2.add(text2);                          //在面板对象2中添加标签和密码输入框
    //创建左右分隔框对象1左放p1右放p2
    split1=new JSplitPane(JSplitPane.VERTICAL_SPLIT,true,p1,p2);
    JScrollPane pane=new JScrollPane(textarea);//创建滚动面板对象包含多行文本框
    //创建上下分隔框对象2，上放左右分隔框对象1下放面板
    plit2=new JSplitPane(JSplitPane.HORIZONTAL_SPLIT,true,split1,pane);
    text1.addActionListener(this);
    text2.addActionListener(this);          //文本框1，2添加（注册）监听器
    con.add(split2, BorderLayout.CENTER); //添加分隔框对象2到面板并设置布局
  }
  public void actionPerformed(ActionEvent e) {        //接收文本框监听器发生
                                                        事件的方法
    if  (e.getSource()==text2) {                      //如果事件来自 text2
        String s=new String(text2.getPassword()); //取得密码并创建字符串对象
        if  (s.equals("54321")) {                     //如果密码等于 54321
           textarea.setText("欢迎光临，可以聊天啦");  //在多行文本区中设置欢迎词
           textarea.setEditable(true);}               //设置多行文本区能编辑
        else {
           textarea.setText("密码不正确");}//在多行文本区中显示密码不正确信息
        }
    else if (e.getSource()==text1) {         //如果事件来自 text1
        textarea.setText("请输入密码");}      //在多行文本区中显示请输入密码
  }
}
```

程序运行结果如图 10-14 所示。

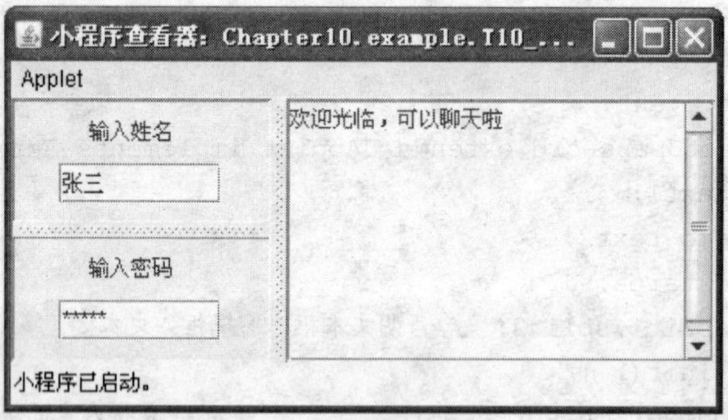

图 10-14　密码框验证执行结果

10.3.2 Swing 命令按钮

Swing 命令按钮（JButton）是一种单击时触发行为事件的组件。

Swing 按钮有以下 4 个构造方法：

（1）public Jbutton()：创建一个空按钮。

（2）public JButton(String text)：创建一个标有指定文字的按钮。

（3）public JButton(Icon icon)：创建一个标有指定图标的按钮。

（4）public JButton(String text,Icon icon)：创建一个标有指定文字和图标的按钮。

其中，图标是一个固定大小的图片，典型的图标体形较小，用于装饰组件。利用类 ImageIcon 可以从图像文件中得到图标。例如：

```
Icon icon=new ImageIcon("photo.gif");
```

JButton 的属性有：

（1）text：按钮上的标签，例如可用 jbt.setText("OK")给按钮 jbt 设置标签。

（2）icon：按钮上的图标，例如可用 jbt.setTextIcon(new ImageIcon("a.gif"))设置图标。

（3）mnemonic：指定快捷键，同时按下【Alt】键和指定快捷键相当于按下该按钮。例如使用 jbt.setMnemonic('O')可将 O 设置为按钮 jbt 的快捷键。

（4）horizontalAlignment：此属性只有 3 个值 SwingConstants.LEFT、SwingConstants.CENTER 和 SwingConstants.RIGHT。它指定按钮上标签的水平对齐方式，默认值为居中。

（5）verticalAlignment：此属性也有 3 个值 SwingConstants.TOP、SwingConstants.CENTER 和 SwingConstants.BOTTOM。它指定按钮上标签的垂直对齐方式，默认值为居中。

（6）horizontalTextPosition：此属性有 3 个值 SwingConstants.LEFT、SwingConstants.CENTER 和 SwingConstants.RIGHT。它指定文本相对于图标的水平位置，默认为 SwingConstants.RIGHT，对应方法为 setHorizontalTextPosition。

（7）verticalTextPosition：此属性有 3 个值 SwingConstants.TOP、SwingConstants.CENTER 和 SwingConstants.BOTTOM。它指定文字相对图标的垂直位置，默认值为 SwingConstants.CENTER，对应方法为 setVerticalTextPosition。

10.3.3 Swing 的组合框和列表框

1. Swing 的组合框（JComboBox）

组合框是一些项目的简单列表，也可以称为列表框，用户能够从中进行选择。

JComboBox 的两个构造方法是：

（1）public JComboBox()：默认构造方法。

（2）public JComboBox(Object[] stringItems)：带有字符串列表的构造方法，其中 stringItems 是一个字符串数组。

JComboBox 的属性有：

（1）selectedIndex：该属性取 int 值，表示组合框中选定项的序号。

（2）selectedItem：该属性取 Object 类型，表示选定项。

JComboBox 的方法有：

（1）public void addItem(Object item)：在组合框中添加一个选项，它可以是任何对象。

（2）public Object getItemAt(int index)：得到组合框中指定序号的项。

（3）public void removeItem(Object anObject)：删除指定的项。

（4）public void removeAllItems()：删除列表中所有项。

2．Swing 列表框（JList）

JList 控件类似一组复选框或者一组单选按钮，JList 的各个项目放在单个列表框中，它是通过单击选项本身而不是单击按钮来选定的，它允许用户同时选择多项。

JList 的两个构造方法是：

（1）JList()：创建一个空的列表框。

（2）JList(Object[] stringItems)：创建一个有初始项的列表框。

JList 不会自动滚动。给列表框加滚动条的方法与文本区相同，只需创建一个滚动窗格并将列表框加入其中即可。

JList 的属性有：

（1）selectedIndexd：选定单元索引。

（2）selectedValue：所选单元格的值。

（3）selectionMode：确定单选还是多选。

10.3.4 Swing 复选框和单选按钮

1．Swing 复选框（JCheckBox）

复选框是一种用户能够打开、关闭选项的组件，允许多选。

JCheckBox 的 5 个构造方法如下：

（1）JCheckBox()：创建不带标签的复选框。

（2）JCheckBox(String text)：创建带标签 text 的复选框。

（3）JCheckBox(String text, boolean selected)：创建带标签 text 的复选框，并指定它的选中状态。

（4）JCheckBox(Icon icon)：创建有一个图标、最初未被选定的复选框。

（5）JCheckBox(String text, Icon icon, boolean selected)：创建一个带文本和图标的复选框，并指定其最初是否处于选中状态。

JCheckBox 除了具有 JButton 的所有属性如 text、icon、mnemonic、verticalAlignment、horizontalAlignment、horizontalTextPosition 和 verticalTextPosition 外，还有 selected 属性，该属性指明复选框是否被选中。

【例 10-14】复选框应用：Testcheckbox.java。

```
import java.awt .*;
import javax.swing.*;
import java.applet .*;
import java.awt.event.* ;
public class Testcheckbox extends Applet implements ItemListener {
    public void init() {
        JCheckBox one=new JCheckBox("跳舞");          //创建带标签"跳舞"的复选框
        JCheckBox two= new JCheckBox("唱歌",true); //创建带标签"唱歌"的复选框,
                                                    true 代表它被选中
        JCheckBox three=new JCheckBox("画画",false);//创建带标签"画画"的复选框,
                                                      并指定它不被选中
        JCheckBox four=new JCheckBox("钢琴",true); //创建带标签"钢琴"的复选框
        one.addItemListener(this);                  //向复选框 one 添加监听器
        add(one);                                   //添加复选框 one 到 applet 容器
```

```
            two.addItemListener(this);                   //向复选框 two 添加监听器
            add(two);
            three.addItemListener(this);                 //向复选框 three 添加监听器
            add(three);
           four.addItemListener(this);
            add(four);
        }
        public void itemStateChanged(ItemEvent e) {    //复选框状态改变产生事件的处理
                                                         方法
        }
    }
```

程序执行结果如图 10-15 所示。

图 10-15　复选框执行结果

2. Swing 单选按钮（JRadioButton）

单选按钮或称选择按钮，可让用户从一组组件中选择唯一的一个选项。

JRadioButton 的 7 个构造方法如下：

（1）JRadioButton()：创建不带标签的单选按钮。

（2）JRadioButton(String text)：创建带标签 text 的单选按钮。

（3）JRadioButton(String text, boolean selected)：创建带标签 text 的单选按钮，并指定它的选中状态。

（4）JRadioButton(Icon icon)：将单选按钮加入 icon 组。

（5）JRadioButton(String text, Icon icon, boolean selected)：创建带标签 text 的单选按钮，并按状态加入 icon 组成单选框.

JRadioButton 除具有 JButton 的所有属性如 text、icon、mnemonic、verticalAlignment、horizontal Alignment、horizontalTextPosition、verticalTextPosition 外，还具有 selected 属性，该属性指明单选按钮是否被选中。

单选按钮可以像按钮一样添加到容器中。要将单选按钮分组，需要创建 java.swing.ButtonGroup 的一个实例，并用 add 方法把单选按钮添加到该实例中，例如：

```
ButtonGroup btg=new ButtonGroup();
btg.add(jrb1);
btg.add(jrb2);
```

上述代码创建了一个单选按钮组，这样就不能同时选择 jrb1 和 jrb2。

【例 10-15】综合应用：使用 JList、JComboBox（网格布局、文本区、单选按钮、组合框等组件的应用）设计一个用户信息录入的小程序。

```
import java.awt.*;
import java.awt.event.*;
```

```
import javax.swing.*;
public class UserJFrame extends JFrame implements ActionListener {
   private int number=1;                                    //编号
   private JTextField text_number,text_name;                //编号、姓名文本框
   private JRadioButton radiob_male,radiob_female;          //性别按钮
   private Object cities[][];                               //存储多省的城市
   private JComboBox combox_province,combox_city;           //省份、城市组合框
   private JButton button_add;                              //添加按钮
   private JTextArea text_user;                             //文本区
   public UserJFrame(Object provinces[],Object cities[][])  { //参数指定省份和
                                                                城市数组
      super("输入用户信息");                                    //设置窗口标题
      this.setBounds(300,240,360,200); //在坐标点 300，240 设置窗口宽度和高度
      this.setDefaultCloseOperation(EXIT_ON_CLOSE);
      //内容面板网格布局，1 行 2 列，左右分隔
      this.getContentPane().setLayout(new GridLayout(1,2));
      text_user=new JTextArea();                            //创建文本区
      this.getContentPane().add(text_user);                 //文本区占据窗口左半部分
      JPanel panel=new JPanel(new GridLayout(6,1)); //创建面板 1 对象网格
                                                      布局，6 行 1 列
      this.getContentPane().add(panel);                     //面板 1 占据窗口右半部分
      text_number=new JTextField("1");                      //编号文本框
      text_number.setEditable(false);                       //不可编辑，编号自动生成
      panel.add(text_number);                               //添加编号文本框到面板第 1 行
      text_name=new JTextField("姓名");                      //创建姓名输入框对象
      panel.add(text_name); //添加姓名输入框到面板 1 第 2 行
      JPanel panel_rb=new JPanel(new GridLayout(1,2));   //创建单选按钮面板,
                                                           网格布局，1 行 2 列
      panel.add(panel_rb); //添加单选钮面板到面板第 3 行
      ButtonGroup bgroup=new ButtonGroup();                 //创建按钮组对象
      radiob_male=new JRadioButton("男",true);   //创建单选按钮，默认选中男
      bgroup.add(radiob_male);                              //单选按钮添加到按钮组
      panel_rb.add(radiob_male);                            //单选按钮添加到子面板
      radiob_female=new JRadioButton("女");                  //创建单选按钮
      bgroup.add(radiob_female);                            //单选按钮添加到按钮组
      panel_rb.add(radiob_female);                          //单选按钮添加到子面板
      this.cities=cities;
      combox_province=new JComboBox(provinces); //省份组合框
      combox_province.setEditable(true);                    //设置组合框可编辑
      combox_province.addActionListener(this);              //省份组合框注册监听器
      panel.add(combox_province);                           //添加省份组合框到面板第 4 行
      combox_city=new JComboBox(cities[0]);                 //创建城市组合框
      panel.add(combox_city);                               //添加城市组合框到面板第 5 行
      button_add=new JButton("添加");                        //创建添加按钮对象
      button_add.addActionListener(this);                   //按钮对象注册监听器
      panel.add(button_add);                                //添加按钮添加到面板第 6 行
```

```
        this.setVisible(true);
    }
    public void actionPerformed(ActionEvent e) {  //单击事件处理方法
        if (e.getSource()==combox_province) {      //如果事件源来自省份组合框
            int i=combox_province.getSelectedIndex();//省份组合框当前选中项序号
            combox_city.removeAllItems();           //清除城市组合框中原所有内容
            for (int j=0; j<this.cities[i].length; j++)
                combox_city.addItem(this.cities[i][j]);     //城市组合框添加数据项
        }
        if (e.getSource()==button_add) {                    //单击按钮
            String aline=number+",  "+text_name.getText(); //取得序号和姓名输入
                                                              框的值存入 aline
            if (radiob_male.isSelected())           //性别为男单选按钮选中时
                aline += ",  "+radiob_male.getText();        //获得单选按钮表示的
                                                               性别字符串
            if (radiob_female.isSelected())         //性别为女单选按钮选中时
                aline += ",  "+radiob_female.getText();     //获得单选按钮表示的
                                                              女性字符串
            aline += ",  "+combox_province.getSelectedItem();//获得省份组合框选
                                                                中项的字符串
            aline += ",  "+combox_city.getSelectedItem();     //获得城市组合框选
                                                                中项的字符串
            text_user.append(aline+"\n");           //文本区添加 1 行字符串
            this.number++;                          //编号自动加 1
            text_number.setText(""+this.number);    //设置编号输入框自动加 1 的值
            text_name.setText("姓名");             //设置姓名输入框的值为姓名字符串
        }
    }
    public static void main(String[] arg)  {
        Object provinces[]={"江苏省", "浙江省"};  //创建一维数组存省份
        //创建二维数组存城市
        Object cities[][]={{"南京市","苏州市","无锡市"},{"杭州市","宁波市","温州市
      "}};
        new UserJFrame(provinces, cities);      //调用构造函数创建用户输入窗口对象
    }
}
```

程序运行结果如图 10-16 所示。

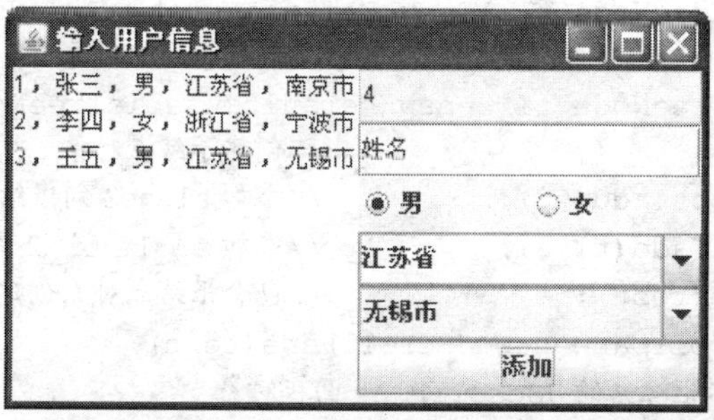

图 10-16　信息录入的小程序运行结果

10.3.5 Swing 中的高级控件

1. 树状列表（JTree）

树状列表是一种以树形结构分层显示数据的视图，是一种非常重要的数据组织形式。树中只有一个根结点和带子结点的分支结点或不带子结点的叶结点。每个结点都关联着描述该结点的文本标签和图像图标，文本标签是结点的字符串表示，图像图标指明该结点是否是叶结点。使用树要引入包“import javax.swing.tree.*”，创建树的步骤如下：

（1）必须先创建 Swing 中提供 DefaultMutableTreeNode 类（默认树结点）对象作为结点，创建结点对象的方法是：

```
DefaultMutableTreeNode note=new DefaultMutableTreeNode()
```

此方法创建了一个没有父结点和子结点的树结点，该树结点允许有子结点。

（2）创建结点后可用 add()方法添加其结点作为该结点的子结点。

（3）结点创建和连接完毕后，用 JTree 类的构造函数创建根结点 root 的树：tree =new JTree(root);

（4）树的结点可在鼠标单击时发生选择类型事件（TreeSelectionEvent），树结点可用 tree.addTreeSelectionListener(TreeSelectionListener tr) 添加一个监听器，处理事件的接口是 TreeSelectionListener。树通过 getLastSelectedPathComponent()方法获得被选中的结点，使用 getUserObject()方法获得结点的相关信息。

【例 10-16】一个简单的使用 JTree 控件的程序：Testjtree.java。

```
import javax.swing.*;
import javax.swing.tree.*;
import java.awt.*;
import java.awt.event.*;
import javax.swing.event.*;
class Mytree extends JFrame implements TreeSelectionListener {  //处理事件的
                                                                    接口
   JTree tree=null;                        //定义树类引用变量 tree，创建多行文本框对象
   JTextArea text=new JTextArea(20,20); //创建多行文本框
   Mytree() {                              //构造函数
   Container con=getContentPane();       //获得内容面板//创建根节点对象,创建 4 个子结点
   DefaultMutableTreeNode root=new DefaultMutableTreeNode("院系组成");
   DefaultMutableTreeNode t1=new DefaultMutableTreeNode("计算机系");
                                           //创建子结点对象 t1
   DefaultMutableTreeNode t2=new DefaultMutableTreeNode("自动化系");
                                           //创建子结点对象 t2
   DefaultMutableTreeNode t1_1=new DefaultMutableTreeNode("计算机软件专业");
                                           //创建子结点对象 t1_1
   DefaultMutableTreeNode t1_2=new DefaultMutableTreeNode("计算机硬件专业");
                                           //创建子结点对象 t1_2
   root.add(t1);root.add(t2);             //添加 t1、t2 到根结点下
   t1.add(t1_1);t1.add(t1_2);             //添加 t1_1、t1_2 到子结点 t1 下
   tree =new JTree(root);                  //包含根结点对象创建树对象
   JScrollPane scrollpane=new JScrollPane(text);
   //创建包含多行文本框对象的 JScrollPane 面板对象
   //创建左右分隔框对象 splitpane，左边放树对象，右边放滚动面板
```

```
    JSplitPane splitpane=new JSplitPane(JSplitPane.VERTICAL_SPLIT, true, tree,
    scrollpane);
    tree.addTreeSelectionListener(this);            //添加一个树监听器
    con.add(splitpane);                             //添加左右分隔框对象到内容面板中
    addWindowListener(new WindowAdapter()           //添加窗口监听器和窗口适配器对象
    { public void windowClosing(WindowEvent e)      //关闭窗口事件发生时关闭窗口的方法
        {System.exit(0);} });
    setVisible(true);setBounds(70, 80, 200, 300); //设置可视及边界
  }
  public void valueChanged(TreeSelectionEvent e)//当树结点事件发生时处理事件的方法
   {if  (e.getSource()==tree)                       //如果事件源来自树
                                                    //获得被选中的结点
      {DefaultMutableTreeNode node
      =(DefaultMutableTreeNode)tree.getLastSelectedPathComponent();
       If  (node.isLeaf())                            //如果是叶结点
         {String str=node.toString();             //将结点标签转换为字符串
           If  (str.equals("计算机软件专业"))          //如果标签为计算机软件专业
             {text.setText(str+":拥有教授20个,研究生100个");}  //设置文本框显示信息
           else if  (str.equals("计算机硬件专业"))
             {text.setText(str+":是重点建设学科，具有硕士学位授予权");}}
      else
       {text.setText(node.getUserObject().toString());}}
       //设置文本框显示获得结点的相关信息
   }
}
class Testjtree {
    public static void main(String[] args) {
    Mytree win=new Mytree();
    win.pack();   //创建Mytree类对象
    }
}
```

程序运行结果如图 10-17 所示。

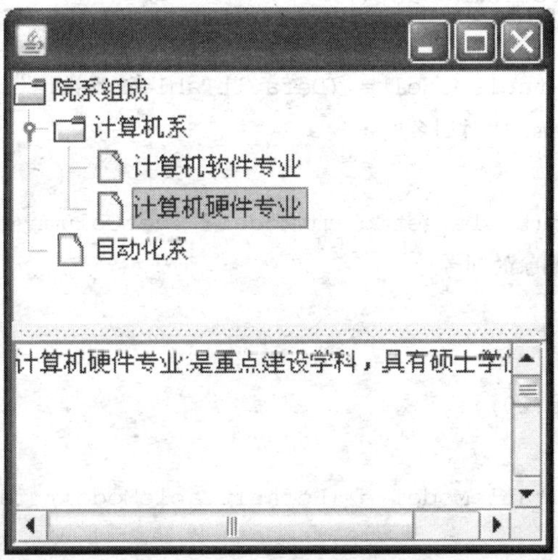

图 10-17　树状列表运行结果

2. 表格（JTable）

使用表格要引入包“import.javax.swing.*”，创建表格对象。有 7 个默认构造方法，常用的一个构造方法是：

```
JTable table=new JTable(Object[][] rowdata, Object[] columnName)
```

这个方法构造了一个 JTable 来显示二维数组 rowdata 中的值，其列名称为 columnName。

（1）创建表格控件的方法。

① 调用无参构造函数：

```
JTable table=new JTable();
```

② 以表头和表数据创建表格：

```
Jtable table=new JTable(Object[][] rowdata, Object[] columnName);
```

其中二维数组 rowdata 指定表中内容，一维数组 columnName 指定表中列名。

③ 以表头和表数据创建表格，并且让表单元格不可改：

```
String[] headers={"表头一", "表头二", "表头三"};
```

（2）对表格列的控制。

① 设置列不可随容器组件大小变化自动调整宽度：

```
table.setAutoResizeMode(JTable.AUTO_RESIZE_OFF);
```

② 限制某列的宽度：

```
TableColumn firsetColumn = table.getColumnModel().getColumn(0);
firsetColumn.setPreferredWidth(30);
firsetColumn.setMaxWidth(30);
firsetColumn.setMinWidth(30);
```

③ 设置当前列数：

```
DefaultTableModel tableModel = (DefaultTableModel) table.getModel();
int count=5;
tableModel.setColumnCount(count);
```

④ 取得表格列数：

```
int cols=table.getColumnCount();
```

⑤ 添加列：

```
DefaultTableModel tableModel = (DefaultTableModel) table.getModel();
tableModel.addColumn("新列名");
```

⑥ 删除列：

```
table.removeColumn(table.getColumnModel().getColumn(columnIndex));
//columnIndex 是要删除的列号
```

（3）对表格行的控制。

① 设置行高：

```
table.setRowHeight(20);
```

② 设置当前行数：

```
DefaultTableModel tableModel = (DefaultTableModel) table.getModel();
int n=5;
tableModel.setRowCount(n);
```

③ 取得表格行数：

```
int rows = table.getRowCount();
```

④ 添加表格行：

```
DefaultTableModel tableModel = (DefaultTableModel) table.getModel();
tableModel.addRow(new Object[] {"sitinspring", "35", "Boss"});
```

⑤ 删除表格行：

```
DefaultTableModel tableModel = (DefaultTableModel) table.getModel();
model.removeRow(rowIndex);  // rowIndex 是要删除的行号
```

（4）存取表格单元格的数据。

① 取单元格数据：

```
DefaultTableModel tableModel = (DefaultTableModel) table.getModel();
String cellValue=(String) tableModel.getValueAt(row, column);  // 取单元格数据,row 是行号,column 是列号
```

② 填充数据到表格：

注：数据是 Member 类型的链表，Member 类如下：

```
public class Member {
    //名称
    private String name;
    //年龄
    private String age;
    //职务
    private String title;
}
```

填充数据的代码：

```
public void fillTable(List<Member> members) {
  DefaultTableModel tableModel=(DefaultTableModel) table
  .getModel();
  tableModel.setRowCount(0);   // 清除原有行
    // 填充数据
   for(Member member:members) {
    String[] arr=new String[3];
    arr[0]=member.getName();
    arr[1]=member.getAge();
    arr[2]=member.getTitle();
    // 添加数据到表格
    tableModel.addRow(arr);
  }
  // 更新表格
  table.invalidate();
}
```

（5）取得表格中的数据。

代码如下：

```
public List<Member> getShowMembers() {
   List<Member> members=new ArrayList<Member>();
   DefaultTableModel tableModel=(DefaultTableModel) table.getModel();
   int rowCount=tableModel.getRowCount();
    for(int i=0;i<rowCount;i++) {
     Member member=new Member();
     member.setName((String)tableModel.getValueAt(i, 0));
    //取得第 i 行第 1 的数据
     member.setAge((String)tableModel.getValueAt(i, 1));
    //取得第 i 行第 2 的数据
     member.setTitle((String)tableModel.getValueAt(i, 2));
    //取得第 i 行第 3 的数据
     members.add(member);
    }
   return members;
 }
```

【例 10-17】一个简单的 JTabel 程序：TestJTable.java。

```
import javax.swing.*;
import java.awt.*;
import java.awt.event.*;
public class TestJTable extends JFrame {
   JTable table;
   Object a[][];
   JPanel cp;                               //声明表格类对象引用变量、声明二维数
                                              组、面板引用
   JScrollPane jsp = new JScrollPane();     //创建 JScrollPane 面板对象
   public TestJTable()  { //构造函数
      cp=(JPanel) this.getContentPane(); //获得内容面板
      this.setTitle("建立表格");              //设置表格标题
      this.setSize(500, 300);               //设置表格尺寸
      cp.setLayout(new FlowLayout());       //设置面板布局
                                            //二维数组静态初始化 4 行 5 列
      Object[][] data={
          {"刘明","女","舞蹈",new Integer(90),new Integer(70)},
          {"王杰","男","唱歌",new Integer(60),new Integer(85)},
          {"杨仪","女","跑步",new Integer(70),new Integer(88)},
          {"董良","女","看书",new Integer(90),new Integer(96)}};
      Object name[]={"姓名","性别","爱好","英语成绩","数学成绩"};
                                            //一维数组指定表中表头列名
      table=new JTable(data, name);         //创建表格对象包含 data 指定表中内容,
                                              name 指定表中列名（表头）
      table.setRowHeight(20);                   //设置行高
```

```
    jsp.getViewport().add(table);              //添加表格到 JScrollPane 面板显示窗口
    cp.add(jsp);                               //添加 JScrollPane 面板对象到内容面板
        setDefaultCloseOperation(JFrame.EXIT_ON_CLOSE);
    }
    public static void main(String[] args) {
        TestJTable jtable1=new TestJTable();   // 创建 TestJTable 类对象
        jtable1.setVisible(true);
    }
}
```

程序运行结果如图 10-18 所示。

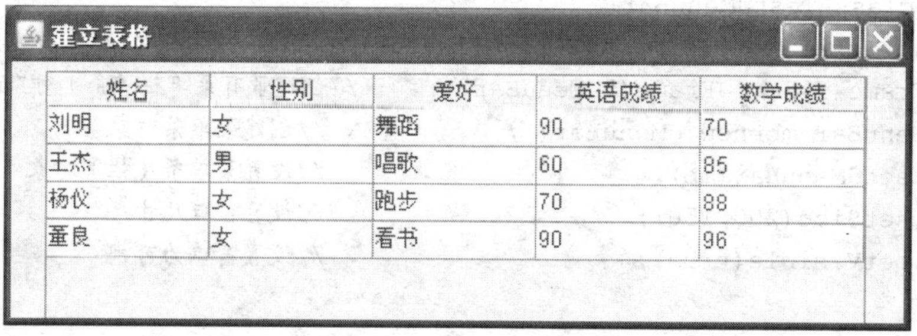

图 10-18　表格对象运行结果

3. 菜单（JMenuBar）

JMenuBar 类的对象就是菜单条，菜单条内包含菜单，由 Menu 类创建菜单对象，菜单内包含菜单选项，菜单选项对象由 MenuItem 类创建。

（1）JMenuBar 类的常用方法：

① JMenuBar()：创建一个菜单条。

② add(JMenu m)：将指定的菜单加入菜单条。

③ remove(int index)：删除指定位置上的菜单。

④ remove(MenuComponent mc)：删除指定菜单条。

（2）JMenu 类的常用方法

① JMenu()：创建一个菜单。

② JMenu(String s)：用指定的标签 s 创建一个菜单。

③ add(JMenuItem mi)：添加一个菜单项。

④ remove(int index)：在指定位置删除菜单项。

⑤ RemoveAll()：删除所有菜单项。

⑥ insert(JMenuItem mi,int index)：在指定位置处插入一个菜单项。

⑦ insert(String label,int index)：在指定位置处插入一个菜单项（标签）。

⑧ insertSeperator(int index)：在指定位置处插入一个分隔符。

（3）菜单选项 MenuItem 类的常用方法：

① JMenuItem()：创建一个菜单项。

② JMenuItem(String s)：用指定的标签 s 创建一个菜单项。

③ JMenuItem(String s,MenuShortcut s)：用指定的标签 s 和快捷键创建一个菜单项。

④ setLabel(String label)：设置菜单项标签。

⑤ setShortcut(MenuShortcut s)：设置菜单项快捷键。

⑥ setActionCommand(String command)：设置菜单事件的命令字符串，默认值为菜单项标签。

⑦ getActionCommand()：取得事件源命令字符串。

⑧ delete Shortcut()：删除与字符串相关的快捷键。

（4）创建菜单的步骤：

① 创建一个菜单条对象 JMenuBar（水平菜单），添加到 Frame 窗口对象中，代码如下：

```
import java.awt.*;
import javax.swing.*;
public class TestJMenuBar{
   public static void main(String[] args) {
     JFrame f=new JFrame("JMenuBar");     //创建带有菜单栏（条）对象的窗口对象
     JMenuBar mb=new JMenuBar();            //创建菜单条对象
     f.setJMenuBar(mb);                     //设置菜单条（栏）对象
     f.setSize(200,150);                    //设置窗口尺寸
     f.setVisible(true);                    //设置窗口为可视
   }
}
```

② 创建一个或多个菜单 Menu 对象，并将它们添加到菜单条对象中。代码如下：

```
import java.awt.*;
import javax.swing.*;
public class TestMenu{
   public static void main(String[] args) {
   JFrame f=new JFrame("JMenu");          //创建带有菜单标题的窗口对象
   JMenuBar mb=new JMenuBar();            //创建菜单条（栏）对象
   f.setJMenuBar(mb);                     //将菜单条对象添加到窗口顶端
   JMenu m1=new JMenu("File");            //创建菜单标题为 File 的菜单对象
   JMenu m2=new JMenu("Edit");
   mb.add(m1);                            //将菜单 File 对象添加到菜单条对象中
   mb.add(m2);
   f.setSize(150,120);                    //设置窗口尺寸
   f.setVisible(true);                    //设置窗口为可见
     }
}
```

③ 创建一个或多个菜单项 MenuItem 对象。代码如下：

```
import java.awt.*;
import javax.swing.*;
public class TestMenuItem {
public static void main(String[] args) {
   JFrame f=new JFrame("JMenu");          //创建带有菜单标题的窗口对象
   JMenuBar mb=new JMenuBar();            //创建菜单条（栏）对象
   f.setJMenuBar(mb);                     //将菜单条对象添加到窗口顶端
   JMenu m1=new JMenu("File");            //创建菜单标题 File 对象用 m1 代表
   JMenu m2=new JMenu("Edit");
   JMenu m3=new JMenu("Settings");
```

```
        JMenu m4=new JMenu("View");
        JMenu m5=new JMenu("Help");
        mb.add(m1);                              //添加文件对象File到菜单条选项中
        mb.add(m2);
        mb.add(m3);
        mb.add(m4);
        mb.add(m5);
        JMenuItem m11=new JMenuItem("New");
        JMenuItem m12=new JMenuItem("Save");
        JMenuItem m13=new JMenuItem("Load");
        JMenuItem m14=new JMenuItem("Quit");
        m1.add(m11);                   //将4个菜单项对象添加到菜单条File对象中
        m1.add(m12);
        m1.add(m13);
        m1.addSeparator();           //添加一个分隔符（水平线）到菜单条File对象中
        m1.add(m14);
        f.setSize(150,170);            //设置窗口尺寸
        f.setVisible(true);
    }
}
```

菜单效果如图 10-19 所示。

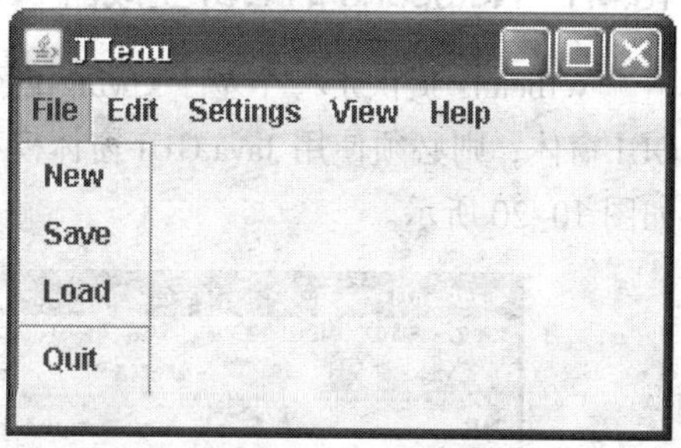

图 10-19　菜单效果

④ 添加 ActionListener 动作监听器，完成相应的操作。代码如下：

```
import java.awt.*;
import javax.swing.*;
import java.awt.event.*;
class WindowExit extends JFrame implements
ActionListener {
    JMenuBar JMenuBar;
    JMenu menu;
    JMenuItem itemExit;
    WindowExit() {
    JMenuBar=new JMenuBar();                    //创建菜单条对象
        menu=new JMenu("文件");                  //创建菜单对象
        itemExit=new JMenuItem("退出");          //创建菜单项对象
        menu.add(itemExit);                     //添加菜单项对象到菜单对象
        JMenuBar.add(menu);                     //添加菜单对象到菜单条对象
        setJMenuBar(JMenuBar);                  //将菜单条对象添加到窗口顶端
        itemExit.addActionListener(this);       //退出菜单项注册监听器
        setBounds(100,100,150,150);
        setVisible(true);
        validate();
    }
    public void actionPerformed(ActionEvent e) {  //单击退出菜单项的事件方法
```

```
            System.exit(0);                         //退出系统
        }
    }
    public class Example {
        public static void main(String args[]) {
            WindowExit win=new WindowExit();      //创建窗口对象并调用构造函数
        }
    }
```

此操作实现了菜单中的退出操作。

10.4 使用 Netbeans 开发简单的 GUI 应用

Netbeans 为开发 Swing 程序提供了强大的支持。在 Netbeans 中，所有的 Swing 控件都可以通过鼠标拖放的方式添加到容器中，使得程序设计人员可以从繁重的界面设计中解放出来，把更多的时间放在实现程序的业务逻辑上。

10.4.1 Netbeans 的 GUI 生成器

Netbeans 提供了一个基于 Swing 创建桌面应用程序的框架。如果希望以可视化方式编辑 Java GUI 窗体，则必须使用 Java GUI 窗体模板组中的模板创造窗体源文件。打开 GUI 生成器，其界面如图 10-20 所示。

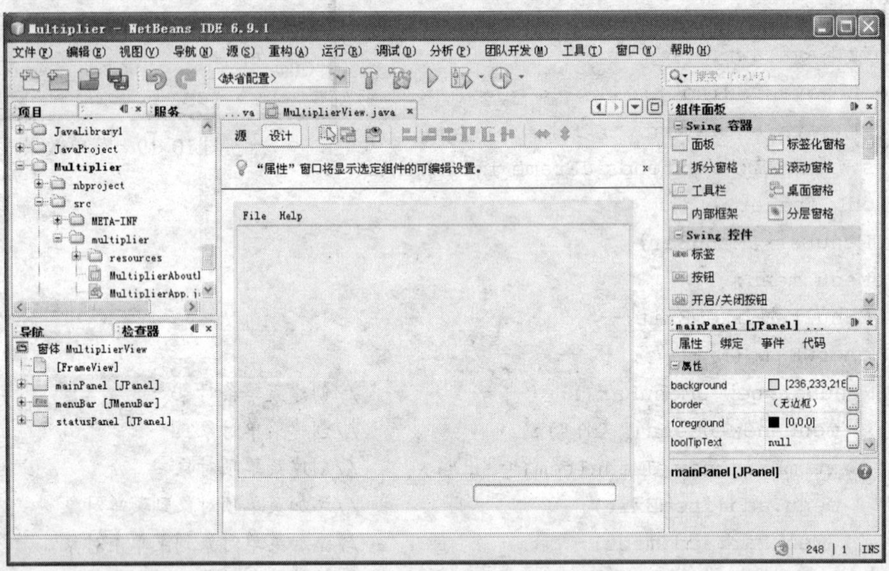

图 10-20 GUI 生成器主界面

GUI 生成器的窗口包括：

（1）设计区域。这是 GUI 生成器的主窗口，用于创建和编辑 Java GUI 的窗体。通过使用工具栏的“源”和“设计”切换按钮，可以查看类的源代码或其 GUI 组件的图形视图。使用其工具栏按钮可以方便地访问常用命令，例如，在“选择模式”和“连接模式”之间切换、对齐组件、设置自动调整组件大小行为以及预览窗体。

（2）检查器。以树状分层结构的形式提供应用程序中所有组件（包括可视组件和非可视组件）的表示。“检查器”还提供有关树中哪个组件当前正在 GUI 生成器中进行编辑的可视反馈，并且可以在可用面板中组织这些组件。

（3）组件面板。可用组件的可定制列表，其中包含 Swing、AWT 和 JavaBeans 组件以及布局管理器的标签，另外也可以使用定制器在组件面板中创建类别以及删除和重新排列其中显示的类别。

（4）属性窗口。显示 GUI 生成器、检查器窗口、项目窗口或文件窗口中当前选定组件的属性。

设置窗体布局时，GUI 生成器将提供可视基准线，用于建议最佳组件间距和对齐方式。在后台，GUI 生成器会将开发人员的设计理念转化为使用新的 GroupLayout 布局管理器和其 Swing 结构实现的功能性 UI。由于它使用动态布局模型，因此使用 GUI 生成器生成的 GUI 在运行时将按预期方式工作，同时会在不改变组件之间的定义关系的情况下进行相应的调整以适应所做的任何更改。只要开发人员调整窗体大小、转换语言环境或指定不同的外观，GUI 就会根据目标外观的插入和偏移量自动进行调整。

因此通过简化创建图形界面的工作流，Netbeans 的 GUI 生成器解决了创建 Java GUI 应用程序的核心问题，从而使开发者不必再使用抽象而复杂的 Swing 布局管理器，而通过使用支持直观、“所见即所得”的“自由设计”模式实现界面设计。

10.4.2　Netbeans 的 GUI 开发案例

1. 创建 Java 桌面应用程序项目

选择“文件”→“新建项目”菜单命令，打开“新建项目”对话框，如图 10-21 所示。在“类别”中选择“Java”选项，在项目中选择“Java 桌面应用程序”选项，单击“下一步”按钮。

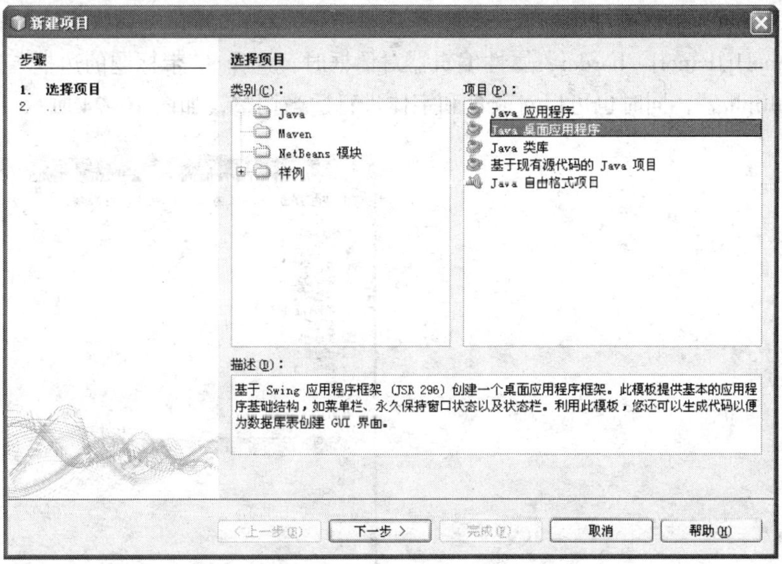

图 10-21　创建 Java 桌面应用程序界面

等待“名称和位置”窗口出现后，在“项目名称”文本框中键入“Multiplier”，单击“完成”按钮，如图 10-22 所示。

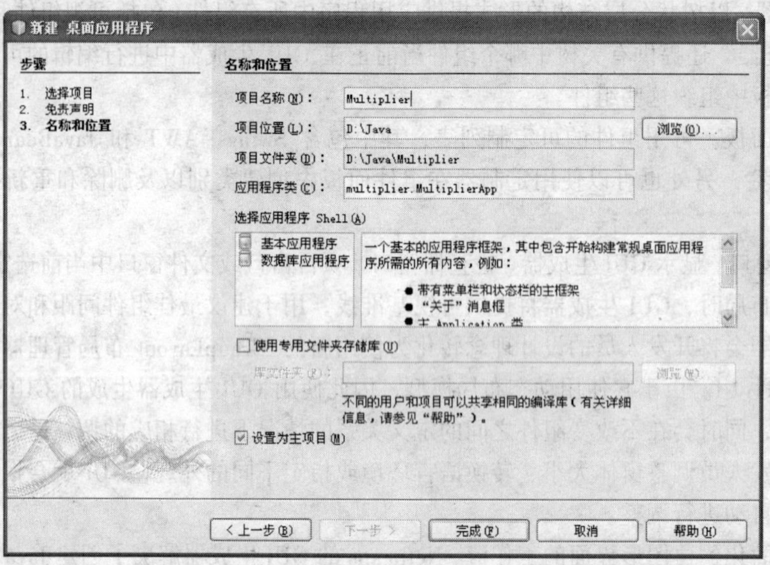

图 10-22　创建 Multiplier 基本应用程序

2. 在项目中设置面板

将“Swing 容器”列表中的“面板”组件拖动至设计窗口的左上角，如图 10-23 所示。当该组件放至靠近该容器的左上边缘时，会出现水平和垂直基准线，这时指示出首选的边界。单击表单，可将面板置于此处。

改变该 JPanel 组件的大小的操作，拖动“JPanel”右边的大小调整柄至布满点的基准线出现在表单边缘。

设置该“JPanel”组件属性。在右下角的属性窗格中，单击 border 属性旁边的省略按钮。注意到出现“jPanel1[JPanel] - border”属性编辑器对话框时，选择 “带标题的边框”选项，将“标题”改为“Multiplier”，同时也可以对颜色和字体进行适当调整，如图 10-24 所示。

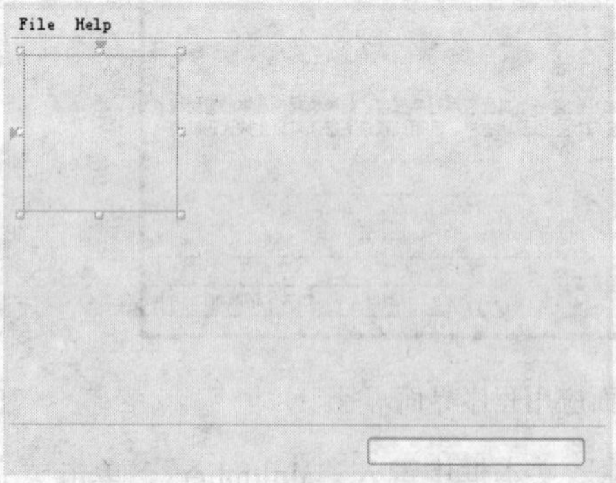

图 10-23　在设计窗口添加面板组件

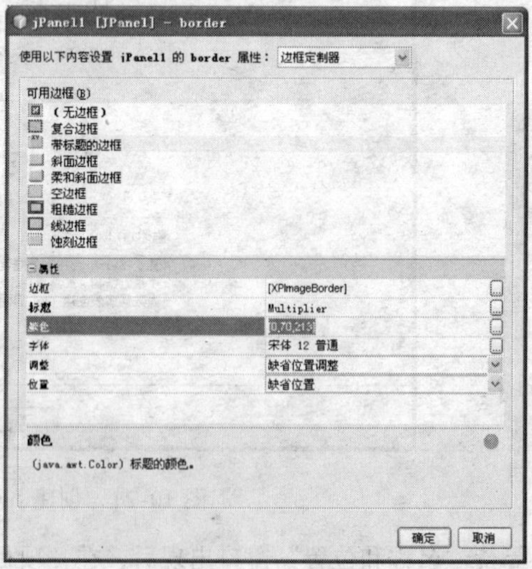

图 10-24　设置面板的边框属性

3. 为面板添加控件

添加 3 个标签控件、3 个文本字段控件和 3 个按钮控件。在拖放控件的过程中可以直接使用标尺进行对齐，也可以选定多个控件进行排列布局。

分别右击 3 个标签控件，在弹出的快捷菜单中选择“编辑文本”命令，然后逐一将标签控件的文本显示值分别改为“被乘数:”、“乘数:” 和“积:”；分别右击 3 个文本字段控件，在弹出的快捷菜单中选择“编辑文本”命令，然后逐一清空“jTextField1”、“jTextField2”和“jTextField3”，并调整其大小；分别右击 3 个“按钮”控件，选择“编辑文本”命令后将 3 个键值分别修改为“×”、“AC”和“退出”，如图 10-25 所示。

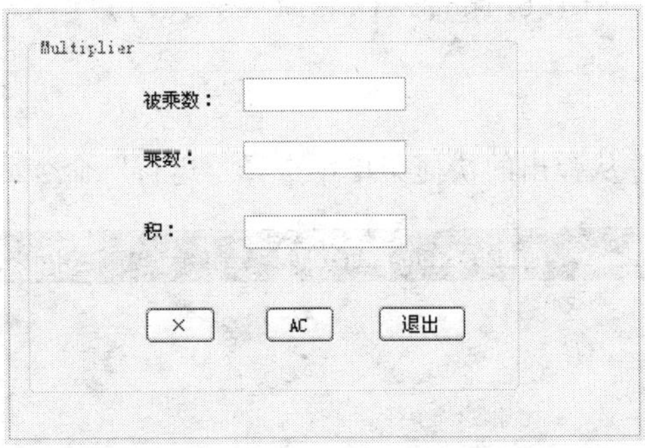

图 10-25 完成面板的控件布局

注意，jTextField1 对应“被乘数”，jTextField2 对应“乘数”，jTextField3 对应“积”。jButton1 对应“×”，jButton2 对应“AC”，jButton3 对应“退出”。

4. 事件处理

事件处理部分将注册事件处理程序到按钮。当按下按钮，注册到该按钮的事件处理程序将被调用。

右击“退出”按钮并从弹出的快捷菜单中选择“事件”→Action→actionPerformed 命令，此处需要修改“退出”按钮的事件处理程序。当按住“退出”按钮，名称为“jButton3ActionPerformed”的事件处理程序将被调用：

```
private void jButton3ActionPerformed(java.awt.event.ActionEvent evt) {
System.exit(0);   //此处为添加的代码
}
```

右击“AC”按钮并从弹出的快捷菜单中选择“事件”→“Action”→“actionPerformed”命令，此处需要修改“AC”按钮的事件处理程序。当按住“AC”按钮，名称为“jButton2ActionPerformed”的事件处理程序将被调用：

```
private void jButton2ActionPerformed(java.awt.event.ActionEvent evt) {
    jTextField1.setText("");
    jTextField2.setText("");
    jTextField3.setText("");
}
```

右键单击“×”按钮并从弹出的快捷菜单中选择“事件”→“Action”→“actionPerformed”命令，此处需要修改“×”按钮的事件处理程序。当按住“×”按钮，名称为“jButton1ActionPerformed”的事件处理程序将被调用：

```
private void jButton1ActionPerformed(java.awt.event.ActionEvent evt) {
    // 首先定义浮点变量
    float num1, num2, result;
    // 完成字符到浮点型的转换
    num1=Float.parseFloat(jTextField1.getText());
    num2=Float.parseFloat(jTextField2.getText());
    // 乘法运算
    result=num1*num2;
    // 将结果传递给 jTextField3，同时完成浮点型到字符型的转换
    jTextField3.setText(String.valueOf(result));
}
```

5. 程序运行

右击“Mutiplier”项目并从弹出的快捷菜单中选择“运行”命令，结果如图 10-26 所示。

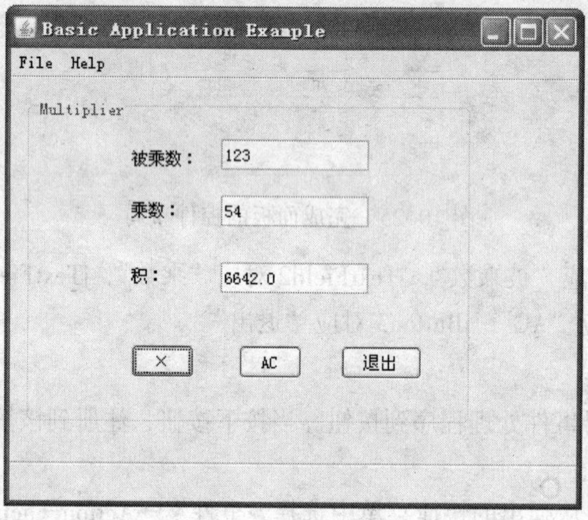

图 10-26 乘法器 Multiplier 运行界面

小 结

（1）Java 图形用户界面基础类库（Java Foundation Class，JFC）是一整套 API 集合，主要包括以下 5 个部分：AWT 抽象窗口工具集；Swing 图形界面类库；支持二维图形的类库（Java 2D）；支持拖放的类库（Drag and Drop）；支持易用性的类库（Accessibility）。随着 Java GUI 的发展和演化，形成了 3 个主要的构建窗口类库：AWT、Swing 和 SWT。

（2）Swing 是在 AWT 的基础上构建的一套新的图形界面系统，是 JFC 的一部分。它提供了 AWT 所能够提供的所有功能，并且用纯粹的 Java 代码对 AWT 的功能进行了扩充。Swing 组件存放在 javax.swing 包中，所有 Swing 组件在名称上前面均多了一个字母“J”。

（3）Java 中构成图形用户界面的各个元素和成分大致分为 2 类：容器和组件。图形用户界面的各种元素称为组件（Component），它是一个图形化方式显示在屏幕上与用户交户的对象。容器是用来组织其他界面元素的单元。Component 类中定义了各种 GUI 组件对象所需的属性和方法。容器类对象可使用父类 Component 中的 add()方法添加组件。

（4）为生成具有良好与平台无关性的图形用户界面，Java 中提供了布局管理器工具来管理组件在容器中的布局，而不手动设置组件位置和大小。每个容器都有一个布局管理器，当容器需对组件定位或判断大小尺寸时，就会调用其对应的布局管理器。Java 语言目前提供有 FlowLayout、BorderLayout、GridLayout、BoxLayout、CardLayout、GridBagLayout 等布局管理器。

（5）控件是建立程序界面的基本元素，是可视化编程的基础。控件的使用，充分地体现了当今流行的面向对象的编程思想。Swing 的基本控件包括：JLabel、JButton、JCheckbox、JList、JTextField 等；高级控件包括：树、菜单、表格等。

（6）Netbeans 提供了一个基于 Swing 创建桌面应用程序的框架，利用它可以很方便地进行图形用户界面的设计。

思考与练习

一、选择题

1. 在 Java 图形用户界面编程中，若显示一些不需要修改的文本信息，一般可使用（　　）类的对象。

   A. JLabel　　B. Jbutton　　C. JTextArea　　D. JTextField

2. 每个使用 Swing 组件的程序必须至少有一个（　　）。

   A. 按钮　　B. 标签　　C. 顶层容器　　D. 菜单

3. 在 Java 中，一般菜单格式包含有（　　）类对象。

   A. JMenuBar　　B. JMenu

   C. JMenuItem　　D. JMenuBar、JMenu、JMenuItem

4. Java 中提供了多种布局对象类，其中使用卡片式布局的是（　　）。

   A. FlowLayout　　B. BoederLayout　　C. BoxLayout　　D. CardLayout

5. 类 JPanel 默认的布局管理器是（　　）。

   A. GridLayout　　B. BorderLayout　　C. FlowLayout　　D. GardLayout

6. 容器被重新设置大小后，（　　）布局管理器容器中的组件大小不随容器大小变化而改变。

   A. CardLayout　　B. FlowLayout　　C. BorderLayout　　D. GridLayout

7. 下列说法中错误的一项是（　　）。

   A. 使用 FlowLayout 在容器中放置组件的策略是：从上到下、从左到右

   B. 使用 FlowLayout 进行布局管理时，组件的大小采用的是最佳尺寸

   C. 使用 FlowLayout 进行布局管理时，不能调节组件之间的距离

   D. 用 FlowLayout 管理的组件随容器大小变化的规律是：组件大小不变，组件之间的相对位置改变

8. 在 Frame 容器中使用 FlowLayout 管理布局时，若要设定紧凑排列，则需要调用下列方法的是（　　）。

   A. setVisible(true)　　B. add()

   C. setLayout(new FlowLayout())　　D. pack()

9. 下列不属于 Swing 中组件的是（　　）。

A. JPanel　B. Jtable　C. Menu　D. JFrame

10. 下列不属于容器是（　　）。

A. JFrame　B. JButton　C. JPanel　D. JScrollPane

二、填空题

1. 容器 java.awt.Container 是________的子类，一个容器可以容纳多个组件，并使它们成为一个整体。
2. Swing 组件中的顶层容器有：________、________、________和________。
3. ________是 JPanel 和 JApplet 的默认布局管理器，________是 Jwindow、JFrame 和 JDialog 的默认布局管理器。
4. 包含 Swing 组件的 Applet 程序是________类的直接子类。
5. 容器类对象可使用父类 Component 中的________方法添加组件。
6. Swing 窗口通过调用________方法来获得它的面板内容。
7. 创建一个标有指定文字按钮的构造方法是________。
8. 在 Applet 中显示文字、图形等信息时，应使用的方法是________。

三、问答题

1. 简述 AWT 与 Swing 的区别。
2. Swing 组件的顶层容器有哪些？JFrame 添加控件的方法有哪些？
3. 什么是面板和窗体？
4. 标签和文本框、组合框和列表框、复选框和单选按钮有何区别？
5. 使用 Netbeans 开发 GUI 有何优势？

四、程序分析题

1. 分析下面的程序，说明其功能和结果。

```
import javax.swing.*;
import java.awt.*;
import java.applet.*;
public class Applet1 extends Applet {
    public void paint (Graphics g) {
        int r=20;
        Color co[]={Color.red,Color.blue,Color.yellow,Color.orange,
        Color.green,Color.magenta,Color.cyan};
        for(int i=0;i<7;i++) {
              g.setColor(Color.black);
              g.drawArc(30, 40, 150, 150, r, 20);
              g.setColor(co[i]);
              g.fillArc(30, 40, 149, 149, r, 20);
              r+=20;
        }
    }
}
```

2. 分析下面的程序，说明其功能和结果。

```
import java.awt.Container;
import java.awt.GridLayout;
import java.awt.event.WindowAdapter;
import java.awt.event.WindowEvent;
import java.util.Vector;
import javax.swing.BorderFactory;
import javax.swing.JComboBox;
import javax.swing.JFrame;
public class BBTest1 {
    public static void main(String[] args) {
        JFrame f=new JFrame("JComboBoxDemo1");
        Container contentPane = f.getContentPane();
        contentPane.setLayout(new GridLayout(1, 2));
        String[] s={"中国","日本","美国","英国","法国","巴西","新西兰","韩国"};
        Vector v=new Vector();
        v.addElement("Nokia N80");
        v.addElement("Nokia 8250");
        v.addElement("Motorola v8088");
        v.addElement("Motorola v3");
        v.addElement("Panasonic 8850");
        v.addElement("其他");
        JComboBox combo1=new JComboBox(s);
        combo1.addItem("中国");
        combo1.setBorder(BorderFactory.createTitledBorder("喜欢到哪里?"));
        JComboBox combo2=new JComboBox(v);
        combo2.setBorder(BorderFactory.createTitledBorder("喜欢哪种手机？ "));
        contentPane.add(combo1);
        contentPane.add(combo2);
        f.pack();
        f.show();
        f.addWindowListener(new WindowAdapter() {
              public void windowClosing(WindowEvent e) {
                      System.exit(0);
                  }
              }
    }
}
```

五、程序填空题

1. 阅读下面的程序，请补充填空。

```
import java.awt.Container;
import java.awt.Dimension;
import java.awt.event.WindowAdapter;
import java.awt.event.WindowEvent;
import javax.swing.Box;
import javax.swing.JButton;
import javax.swing.JFrame;
```

```
public class BoxLayout {
    public BoxLayout() {
        JFrame f = new JFrame();
        Container contentPane = f.getContentPane();
        Box baseBox = Box.createHorizontalBox();
        contentPane.add(________);
        baseBox.add(new JButton("A"));              //定义一个"A"按钮
        baseBox.add(new JButton("B"));              //定义一个"B"按钮
        f.setTitle("BoxLayout");
        f.setSize(new Dimension(200, 50));          //设置窗口的大小
        f.setVisible(true);
        f.addWindowListener(new WindowAdapter() {     //对窗口进行监听
                public void windowClosing(WindowEvent e) {;}
        }
    }
    public static void main(String[] args) {
        BoxLayout b=new BoxLayout();
    }
}
```

2. 阅读下面的程序，请补充填空。

```
import java.io.*;
import java.awt.*;
public class test extends Frame {
    Panel pn1,pn2;
    Button[] bt=new Button[4];
    public static void main(String[] args) {
        new test();
    }
    public test() {
        pn1=new Panel();
        pn2=new Panel();
        pn1.setBackground(Color.yellow);
        pn2.setBackground(Color.green);
        for(_________){
            bt[i]=new Button("Button"+i);
        }
        pn1.add(bt[0]);
        pn1.add(bt[1]);
        pn2.add(bt[2]);
        pn2.add(bt[3]);
        add(pn1,________.NORTH);
        add(pn2,________.SOUTH);
        this.setSize(300,200);
        this.setVisible(true);
    }
}
```

六、程序设计题

1. 编写一个程序，画出函数 $f(x)=x^2$ 的图形。
2. 编写一个屏幕变色程序，要求当用记单击“变色”按钮时，程序界面颜色就自动随机变为另一种颜色。
3. 设置一个 JLabel 组件和 JList 组件，单击列表框中的选项，将所选的值作为 JLabel 组件的文本输出。
4. 使用 BordetLayout 布局在 5 个位置上分别加入 5 个按钮和 1 个标签，当单击按钮时，标签的文本就是按钮的文本。
5. 利用 3 个复选框和 3 个单选按钮来改变标签组件的文本大小和颜色，复选框改变标签文本颜色，单选按钮改变标签文本的大小。

参 考 文 献

[1] 邵维忠，杨芙清．面向对象的系统分析[M]．北京：清华大学出版社，2006.

[2] 张白一，崔尚森．面向对象程序设计：Java[M]2 版．西安：西安电子科技大学出版社，2006.

[3] 孙卫琴．Java 面向对象编程[M]．北京：电子工业出版社，2006.

[4] 谭浩强．Java 编程技术[M]．北京：人民邮电出版社，2002.

[5] 张跃平，耿祥义. Java 2 使用教程[M]．3 版．北京：清华大学出版社，2006.

[6] 李尊朝，苏军．Java 语言程序设计[M]．2 版．北京：中国铁道出版社，2007.

[7] 雷学生．Java 语言程序设计教程[M]．北京：中国水利水电出版社，2004.

[8] 朱福喜．面向对象与 Java 程序设计[M]．北京：清华大学出版社，2009.

[9] 杜春涛．面向对象程序设计—Java 语言[M]．北京：中国铁道出版社，2007.

[10] 黄斐．Java 面向对象程序设计[M]．北京：机械工业出版社，2007.

[11] 吴亚峰，王鑫磊．精通 NetBeans—Java 桌面、Web 与企业级程序开发详解[M]．北京：人民邮电出版社，2007.